Flash CS4中文版
从入门到精通

张琨 毕靖 成晓静 编著

Publishing House of Electronics Industry
北京·BEIJING

内 容 简 介

    Flash CS4属于Adobe公司发布的Adobe Creative Suite 4系列中的产品，主要用于动画制作。本书通过深入浅出的讲解，介绍了Flash CS4的基础知识和操作、各种动画创建的方法和技巧，以及ActionScript高级编程技巧，同时提供大量素材和源程序供读者学习。

    本书适合网站动画制作人员、网页制作开发人员、多媒体开发人员、高等院校电脑美术专业师生和动画培训班学员使用。

未经许可，不得以任何方式复制或抄袭本书之部分或全部内容。
版权所有，侵权必究。

图书在版编目（CIP）数据

Flash CS4中文版从入门到精通/张琨，毕靖，成晓静编著.—北京：电子工业出版社，2009.10
ISBN 978-7-121-09521-4

Ⅰ.F⋯ Ⅱ.①张⋯②毕⋯③成⋯ Ⅲ.动画—设计—图形软件，Flash CS4 Ⅳ.TP391.41

中国版本图书馆CIP数据核字（2009）第163954号

责任编辑：李红玉　wuyuan@phei.com.cn
文字编辑：姜　影
印　　刷：北京天竺颖华印刷厂
装　　订：三河市鑫金马印装有限公司
出版发行：电子工业出版社
　　　　　北京市海淀区万寿路173信箱　邮编：100036
　　　　　北京市海淀区翠微东里甲2号　邮编：100036
开　　本：787×1092　1/16　印张：19　字数：480千字
印　　次：2009年10月第1次印刷
定　　价：35.00元

前　言

Flash CS4正式版是Adobe公司发行的Flash动画制作软件最新版本，软件英文名称为Adobe Flash CS4 v10.0 Professional，属于Adobe Creative Suite 4系列。该系列产品是Adobe迄今为止最大规模的软件版本，内容包括Adobe Creative Suite 4 Design editions、Creative Suite 4 Web editions、Creative Suite 4 Production Premium、Adobe Master Collection和13个基础产品、14项整合技术以及7种服务。

本书全部动画采用Adobe Flash CS4 Professional制作，在书中一概简称为Flash或Flash CS4。

Flash CS4作为动画制作软件，以其便捷、完美、舒适的动画编辑环境，受到广大动画制作爱好者的欢迎和喜爱。与以往的版本相比，Flash CS4具有很多全新的功能，包括3D平移和转换、骨骼工具等。

目前市场上关于Flash动画制作的书主要分为两类，一类是教程类，这类书的优点是理论比较全面，可以当手册使用，但是在实际制作动画时还是会感觉困难重重；另外一类书是实例类，虽然很精美，但对动画制作过程中的知识点、技巧等介绍得不是特别透彻，对于初学者来说虽然能够照着步骤复现，但是并不能够很好地理解其中的知识点，不能做到举一反三。本书综合了两类书的优点，在深入介绍Flash动画制作的理论知识的同时，通过大量精心设计的实例让读者边学边练。

要制作出一个精彩的动画，各种工具、菜单的使用虽然很重要，但是更重要的是好的动画创意。考虑到大多数初学者可能不具备必要的美术功底，从头开始创作动画中的元素可能存在一定困难，所以本书提供的实例更侧重在动画元素的收集、组织和利用上。读者可以借着这个思路，充分利用互联网上丰富的网络资源，发挥创意，制作出独具匠心的动画。

全书可归纳为三部分：第一部分介绍Flash CS4 Professional的基础知识和操作，通过本部分的学习，读者将能够灵活运用Flash生成各种静态图像，这是动画图像的基础；第二部分详细介绍各种动画创建的方法和技巧；第三部分是精通Flash所必须掌握的内容，介绍Flash的各种ActionScript编程技巧，在这一部分尽量突出代码的典型性，使读者尽快掌握ActionScript编程的技巧和方法。

书中每一个重要的知识点，都配有一个相应的实例。配套资料提供了实例所需的全部源文件和素材，读者可以直接打开如配套资料08_08_before.fla文件，按照书中步骤练习动画制作，最后还可以打开08_08_finish.fla文件查看动画完成后的最终效果。

本书结构清晰，按照从入门到掌握再到精通的过程进行叙述，内容全面翔实，适用于Flash的各层次读者，如网站动画制作人员、网页制作开发人员、多媒体开发人员、高等院校电脑美术专业师生和动画培训班学员等。

全书由张琨、毕靖、成晓静主持编写。由于计算机技术发展迅速，加上编者的水平有限，时间仓促，书中错误之处在所难免，请广大读者和同行批评指正。

为方便读者阅读，若需要本书配套资料，请登录"华信教育资源网"（http://www.hxedu.com.cn），在"下载"频道的"图书资料"栏目下载。

目　　录

第1章 Flash入门

自2005年Adobe耗资34亿美元并购Macromedia以来，于2007年先后发布了设计套装——Creative Suite 3的英文版和中文版，该套装分为6种不同版本，总计包含17个新版设计软件，其中首次加入了来自原Macromedia的网页三剑客等产品。2008年10月，Adobe在CS3基础上又发布了新一代图形设计套装——Creative Suite 4。

Creative Suite 4也分为6个版本：其中，Creative Suite 4 Design Premium主要用于印刷设计、Web设计和移动设计方面；Creative Suite 4 Design Standard是印刷设计与制作的基本工具包；Creative Suite 4 Web Premium主要用于Web制作方面，包括交互式网站、应用程序、用户界面、演示文稿和移动设备内容；Creative Suite 4 Web Standard软件提供各种基本工具，用于设计、开发和维护网站、交互式体验及移动内容；Creative Suite 4 Production Premium主要用于影音制作方面；Creative Suite 4 Master Collection属于最高版本，集成了所有功能。

作为其成员的Flash CS4 Professional软件是为数码、Web和移动平台创建丰富的交互式内容的最高级创作环境，受到广大动画制作爱好者的欢迎和喜爱。

Flash界面是用户和Flash进行交互制作应用程序的途径，熟悉Flash界面的各种元素，有助于我们更好地进行创作。本章将对Flash的基本概念、基本术语以及工作界面进行详细介绍。

1.1 什么是Flash

Flash的前身是Future Splash，是早期网上流行的矢量动画插件，它主要包含矢量图形，也可以包含导入的位图图像和声音。Flash影片允许访问者输入内容以产生交互，也可以创建非线性影片和其他网络应用程序产生交互。站点设计者使用Flash可以创建导航控件、动画徽标、具有音响效果的MTV影片，以及具有完美视觉效果的整个网络站点。Flash影片使用的是文件量小的矢量图形，所以它可以在网络上快速下载并任意缩放至访问者的屏幕大小。

Flash文档的文件扩展名为.fla（FLA）。Flash文档由4个主要部分组成：舞台、时间轴、库面板和ActionScript代码，这4个部分以及其他一些工具、面板将在1.2节详细介绍。完成Flash文档的创作后，可以使用【文件】|【发布】命令，创建一个扩展名为.swf（SWF）压缩版本，然后，就可以使用Flash Player在Web浏览器中播放SWF文件，或者将其作为独立的应用程序进行播放。

1.2 Flash CS4的新功能

与以前的版本相比，Flash CS4新增了如下功能。

1. 基于对象的动画

使用基于对象的动画对个别动画属性实现全面控制，它将补间直接应用于对象而不是关键帧。使用贝赛尔手柄轻松更改运动路径，如图1.1所示。

2. 3D转换

借助令人兴奋的全新3D平移和旋转工具，可以沿X、Y、Z轴创作动画，并将得到的3D转换效果全局或局部地应用于2D对象。如图1.2所示。

图1.1　基于对象的动画　　　　　　　　　　　　　　图1.2　3D转换

3. 反向运动与骨骼工具

使用一系列链接对象创建类似于链的动画效果，或使用全新的骨骼工具扭曲单个形状，如图1.3所示。

4. 使用Deco工具和喷涂刷实现程序建模

可以将任何元件转变为即时设计工具，即使用Deco工具快速创建类似万花筒的效果并应用填充，或使用喷涂刷工具在指定区域随机对元件进行喷涂，如图1.4所示。

图1.3　反向运动与骨骼工具　　　　　　　图1.4　使用Deco工具和喷涂刷创建星空效果

5. 动画编辑器

利用全新的动画编辑器可充分实现对关键帧参数的细微控制，这些参数包括旋转、大小、缩放、位置和滤镜等，如图1.5所示。

6. 元数据（XMP）支持

使用全新的XMP面板向SWF文件添加元数据，快速指定标记以增强协作和移动体验，如图1.6所示。

7. 动画预设

借助可应用于任何对象的预建动画启动项目。从大量预设中进行选择，或创建并保存自己的动画，与他人共享预设以节省动画创作时间，如图1.7所示。

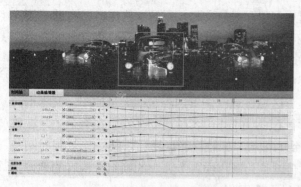

图1.5 使用动画编辑器

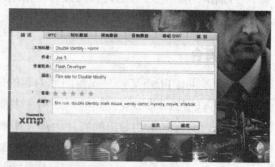

图1.6 元数据支持

图1.7 动画预设

1.3 Flash工作区

运行Flash软件，其默认界面包括：菜单栏、时间轴、舞台、工具面板、属性检查器以及其他一些面板。这些元素的排列方式称为工作区。可以在工作区创建所有动画元素，也可以直接导入在Illustrator、Photoshop、After Effects或其他兼容软件中事先创建好的元素。

可以打开、关闭、锁定、移动面板，也可以随时通过选择【窗口】|【工作区】|【默认】命令恢复默认工作区，如图1.8所示。

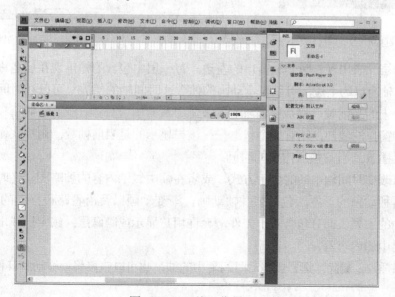

图1.8 Flash的工作界面

　　Flash工作区包含的工具和面板可以帮助用户创建和导航文档。了解这些工具将有助于最大限度地使用该应用程序的功能。下面将对工作环境中的菜单、工具、面板等分别做详细的介绍。

1.3.1　舞台

　　舞台是创建Flash文档时放置图形内容的矩形区域，这些图形内容包括矢量插图、文本框、按钮、导入的位图图形或视频剪辑。和在表演中类似，Flash中各种活动都发生在舞台上，在舞台上看到的内容就是在导出的影片中观众所看到的内容。像胶片影片一样，Flash影片将时间长度分割成为帧（也有人称之为"影格"）。舞台就是为影片中各个独立的帧组合内容的地方。用户可以在舞台上直接绘制图形，也可以安排导入的图形。

　　可以使用左边工具栏的缩放工具 缩小或放大舞台，还可以选择菜单命令【视图】|【缩放比例】改变舞台大小，或直接从舞台上方的下拉菜单中选择【符合窗口大小】选项使舞台符合窗口大小，如图1.9所示。

1.3.2　时间轴

　　时间轴用于组织和控制一定时间内的图层和帧中的文档内容。与胶片一样，Flash文档也将时长分为帧。图层就像堆叠在一起的多张幻灯胶片一样，每个图层都包含一个显示在舞台中的不同图像。时间轴的主要组件是图层、帧和播放头，如图1.10所示。

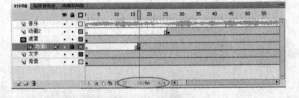

图1.9　改变舞台大小　　　　　　　　　　图1.10　时间轴的组件

　　影片中的层列表出现在时间轴窗口的左边，每一层中包含的帧出现在层名称的右边。帧标题出现在时间轴窗口的上边，可以显示动画的帧数。时间轴的播放头可以在时间轴中移动，指示显示在舞台上的当前帧，播放头有红色标记。

　　在时间轴窗口的底部，还有一个状态栏。该栏显示的是当前帧数、用户在影片属性中设置的帧频率以及播放到当前帧所需要的时间。

　　用户可以改变时间轴中帧的显示方式，或者在帧中显示内容的缩略图。在时间轴中还可以直观地观察各种动画的形态，包括帧并帧动画、渐变动画以及沿着路径移动的动画等。

　　在时间轴的层列表部分包含若干控件，允许用户显示或隐藏层、锁定层或取消锁定、按外框轮廓显示层中的内容等。

　　用户可以插入、删除、选择或移动时间轴中的帧，也可以直接将帧拖动到其他层的新位置。

1.3.3　元件库

在一个Flash影片中，无论是图形元件、按钮元件、影片剪辑元件还是其他各种被导入的元件，所有的元件都存放在库中。根据元件被使用的频率，还可以以文件夹的形式组织元件。当导入一个外部元素时，可以选择导入到舞台或者导入到库，如果选择导入到舞台，该元素也同时被添加到库中，从而可以很方便地将元件重新添加到舞台上，查看其属性或进行编辑。

在Flash CS3中，库面板是默认打开的，在Flash CS4中，如果要查看库面板，可以选择【窗口】|【库】命令打开库面板。单击库面板中的某个元件，会在上面的窗口显示该元件的缩略图，如图1.11所示。如果选中的是声音文件或动画，可以按播放按钮预览声音或动画。

1.3.4　属性检查器

文档属性检查器允许用户轻松访问文档最常用的属性。它打开了访问任何给定对象（如一些文字、形状、按钮、影片编辑或者组件）属性的一扇大门，使文档的创建过程变得更加简单。用户不必通过菜单或面板就可以立即在文档属性检查器中修改文档的属性。

在Flash CS4中，属性检查器位于舞台右方，当前文档的名称出现在左上角文档属性检查器标题的下面，如图1.12所示。

属性检查器是动态的，因为它所显示的属性将根据用户所选择的对象而变化。如果选择一串文本，就可以更改字体、颜色和大小。另一方面，当单击一个形状时，可以更改它的笔触、填充和尺寸。因此，属性检查器是一个功能相当强大和有用的工具。

1.3.5　工具箱

Flash工具箱中的工具可以绘图、填色、选择和修改图形以及改变舞台视图，如图1.13所示。

图1.11　库面板　　　　　　　　图1.12　属性检查器　　　　　　　图1.13　工具箱

工具箱分为以下4个部分。

- 【工具】部分：包含绘图、填色和选择工具。
- 【查看】部分：包含放大/缩小和移动舞台视图的工具。
- 【颜色】部分：包含笔触和填充颜色的修改设置。
- 【选项】部分：包含当前所选工具的功能键，可以影响工具的填色或编辑操作。

单击某一工具后，根据所选工具的不同，在工具箱的底部将出现相应的选项设置。例如，选择钢笔工具🔲后，工具箱底部出现【对象绘制】和【贴紧至对象】两个选项，如图1.14所示。选择缩放工具🔍后，工具箱底部出现【放大】和【缩小】两个选项，如图1.15所示。

工具面板中显示的一些工具其实包含一组工具，单击右下角带有小三角形的某个工具并停留片刻，会出现一组相关工具，如图1.16所示，可以选择其中的椭圆工具绘制椭圆形。使用某个工具后，工具面板中将显示最近使用的工具。

　　　　　　　　　　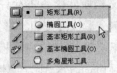

图1.14　【对象绘制】和【贴　　图1.15　【放大】和【缩　　图1.16　选择椭圆工具
　　　　紧至对象】选项　　　　　　　　　小】选项

要显示或隐藏工具箱，可选择【窗口】|【工具】命令。

1.3.6　Flash中的撤销操作

在Flash中可以使用【撤销】菜单命令和历史记录面板进行撤销操作。

选择【编辑】|【撤销】或快捷键Ctrl+Z可以撤销单步操作，历史记录面板可以撤销多步操作。

选择【窗口】|【其他面板】|【历史记录】可以打开历史记录面板，如图1.17所示。向上拖动历史记录面板左侧的滑块到需要撤销的步骤，可以看过拖过的部分全部变为灰色，如图1.18所示。还可以继续向下拖动滑块恢复到某个步骤。如果在撤销某个或某些步骤后又添加了新的步骤，则撤销的步骤无法再恢复。

图1.17　历史记录面板　　　　　　　　　图1.18　撤销多个步骤

1.4　构建第一个Flash应用程序

下面通过一个简单的例子了解Flash的动画制作流程以及Flash中3种最基本动画的制作方法。源程序参见配套资料Sample\Chapter01\01_01.fla文件。

1.4.1 设定舞台尺寸和安排场景

Step1：打开Flash CS4，从菜单中选择【文件】|【新建】，创建一个新的Flash文件。

Step2：新建文件之后，一般要调整文件的大小、背景色和播放速率等参数。可以选择【修改】|【文档】命令，在弹出的【文档属性】对话框中进行设置。

Step3：首先设置文档大小属性。默认的文档大小为550像素×400像素，背景颜色为白色。

Step4：在【帧频】框中，输入每秒要显示的动画帧数，默认的帧频数为24。本例的文档属性各项参数如图1.19所示。

由于这个动画只有一个场景，因此可以开始下一个步骤了。如果动画包括多个场景，最好在开始时使用场景面板规划好场景的设置。

1.4.2 插入图层

时间轴可以对图层和帧中的影片内容进行组织和控制，使这些内容随着内容的推移而发生相应的变化。图层就像多种影片胶片叠放在一起，每一层中都包含不同的图像，它们同时出现在舞台上。

Step1：单击时间轴左下角的【插入图层】按钮，插入两个新图层，如图1.20所示。如果插入的图层多了，可以先选中多出来的层，再单击右侧的垃圾桶图标即【删除图层】按钮将其删除。

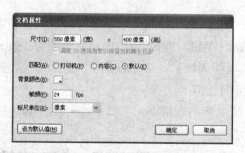

图1.19 【文档属性】对话框

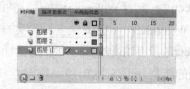

图1.20 插入新图层

Step2：双击各图层名称，更改成新的名称，如图1.21所示。

1.4.3 使用工具箱

使用Flash工具箱中的工具可以绘图、填色、选择和修改图形以及改变舞台视图。

Step1：首先制作Welcome图层的文字动画，单击选中Welcome层的第1帧，然后选中界面左侧工具栏的T文本工具，如图1.22所示。

Step2：在舞台右方的属性检查器中可以设置要输入文字的属性，本例具体参数分别为：字体为Arial，字体大小为30，文本填充颜色为大红色（#FF0000），切换粗体，倾斜，居中对齐，动画消除锯齿等。参数设置完毕，单击舞台空白处，输入Welcome字样，如图1.23所示。这时Welcome层的第1帧上的空心小圆圈变为黑色实心小圆圈。

Step3：接下来，在Welcome层的第2、3、4、5、6、7帧分别按一下F6键（插入关键帧）将第1帧的内容分别复制到各帧，如图1.24所示。

图1.21 更改图层名称

图1.22 选中Welcome层的第1帧

图1.23 属性检查器中的文本参数设置

图1.24 插入各个关键帧

Step4：重新选择Welcome层的第1帧，双击文字框，删除后面六个字母，只留下字母W，如图1.25所示。同样的方法，第2帧留下We，第3帧留下Wel，直到第7帧保留完整的Welcome。

Step5：选择Welcome层的第15帧，按下F5键（插入帧），表示从第7个关键帧以后到第15帧，Welcome层不会发生变化。完成后时间轴如图1.26所示。

Step6：在To层的第8帧按F6键插入一个关键帧，然后利用文本工具 T 输入To，并使用工具箱中的选择工具 将To移到舞台左侧，如图1.27所示。

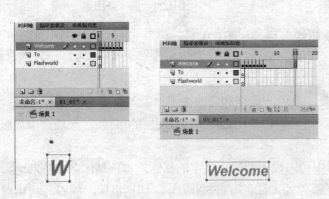

图1.25 删除W后面的字母   图1.26 时间轴显示

图1.27 将To移到舞台左侧

Step7：在To层的第11帧，按F6键插入关键帧，并再次用选择工具 把To移到舞台正中间。这时候，单击第8帧，To应该出现在舞台左侧，单击第11帧，To应该出现在舞台中间，如图1.28所示。

1.4.4 设置动画效果

Step1：选中To层第8帧至第11帧之间的任意一帧，右击鼠标，从弹出菜单中选择【创建补间动画】，如图1.29所示。

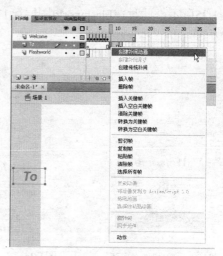

图1.28　将To移动到舞台中央　　　　图1.29　创建补间动画

Step2：这时可以发现在To层的第8帧和第11帧之间出现了带箭头的蓝色延长线。接下来在To层的第15帧按下F5键，把To层延长至第15帧。To层的时间轴如图1.30所示。

Step3：接着在Flashworld层的第11帧按F6键插入关键帧。单击选中工具箱中的矩形工具，舞台右边的属性检查器立刻显示出矩形的各项参数设置。默认情况下，画出的矩形是带有边框线的，单击【笔触颜色】按钮，再单击打开的拾色器右上角的【没有颜色】按钮，去除边框线，如图1.31所示。设置完成后的笔触形状变成单根线条，如图1.32所示。

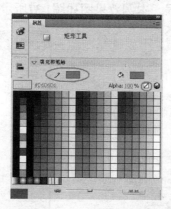

图1.30　To层的时间轴显示　　　图1.31　去除矩形边框线　　　图1.32　矩形笔触参数设置

Step4：单击选中Flashworld图层的第1帧，再单击舞台，在文字下方拉出一个没有边框线的红色矩形，如图1.33所示。

Step5：在Flashworld图层的第15帧按F6键插入一个关键帧，并删除舞台上的矩形。再次选择工具箱中的文本工具T在原矩形位置输入文字Flash World，按两次快捷键Ctrl+b分离文字对象，如图1.34所示，可以看到文字Flash World上面有一些透明的点在上面。

在Flash中，要给组合体、实例或位图图像应用形状渐变动画，必须首先将这些元素分离。要给文本应用形状渐变动画，则必须分离文本两次，将文本转换为形状。

Step6：选中Flashworld层的第11帧，右击鼠标，从弹出菜单中选择【创建补间形状】，如图1.35所示。此时在Flashworld图层第11帧和第15帧之间出现一个带箭头的绿色延长线。

图1.33　绘制红色矩形　　　　图1.34　分离文字对象　　　　图1.35　补间形状动画

Step7：最后在每一层第20帧按F5键，使每一层的播放时间都延长到第20帧，时间轴如图1.36所示。

1.4.5　预览和测试动画

至此整个动画基本完成，下面要进行预览测试动画。预览动画的方法是直接在工作区按Enter键，可以看到刚才制作完成的动画效果。然后可以按快捷键Ctrl+Enter测试动画，测试的过程一般是检验交换功能的过程。本例效果图如图1.37所示。

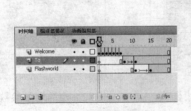

图1.36　时间轴显示　　　　　　　　　图1.37　文字动画效果

1.4.6　发布动画

测试成功后，可以发布动画。一般Flash会创建一个HTML文件、一个SWF文件和一个JavaScript（.js）文件。SWF文件即为最后发布的Flash影片，HTML文件包含SWF文件，JavaScript文件保证浏览器能够正常浏览影片。

选择【文件】|【发布设置】菜单命令打开【发布设置】对话框，选中【格式】选项卡，然后勾选【Flash】和【HTML】选项，如图1.38所示。设置完成后，单击下方的【发布】按钮，即可发布影片。

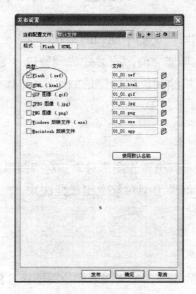

图1.38　发布影片

第2章　创建和编辑插图

Flash中的工具可以创建和修改文档中插图的形状。

在使用Flash的绘图和填色功能之前，有必要先理解Flash创建图形的方法、绘图工具的使用方法，以及这些绘制形状、填涂颜色的动作是如何影响同一层中其他形状的。

2.1　Flash绘图

在Flash中，可以处理几种不同类型的图形对象。这些图形对象各有利弊，在了解了每种对象类型的功能之后才能就使用何种类型对象做出最佳决定。

2.1.1　Flash绘图基础

1. 矢量图和位图图像

计算机可以显示两种格式的图形：矢量图形和位图图像。Flash允许用户创建并产生动画效果的是矢量图形。Flash也可以导入和处理在其他应用程序中创建的矢量图形和位图图像。了解这两种图形格式之间的差别有助于更好地了解Flash的工作原理以及它的优越性。

矢量图形使用直线和曲线来描述图像。例如，树叶图像可以由创建树叶轮廓的线条所经过的点来描述。树叶的颜色由轮廓的颜色和轮廓包围区域的颜色决定，如图2.1所示。每个矢量都具有两个属性：笔触（或轮廓）和填充。这两个属性决定了矢量图形的轮廓和整体颜色。

在编辑矢量图形时，实际上是在修改描述图形形状的直线和曲线的属性。矢量属性还包括颜色和位置属性。移动图形、重新调整图形的大小和形状以及改变图形颜色并不会损伤矢量图形的外观质量。矢量图形和分辨率无关，这意味着它们可以显示在各种分辨率的输出设备上而丝毫不影响品质。

位图图像使用带颜色的小点描述图像，并将它们安排在网格内。例如，树叶的图像是通过在网格中为不同位置的像素填充不同颜色而产生的。创建图像的方式就好比马赛克拼图，如图2.2所示。

图2.1　矢量图形

图2.2　位图图像

编辑位图图像时，修改的是像素而不是直线和曲线。位图图像和分辨率有关，因为描述图像的数据被固定到特定大小的网格中。编辑位图图像可改变其外观质量，尤其是调整位图图像的大小会使图像的边缘出现锯齿，这是因为像素被重新分配到网格中的缘故。在比图像本身的分辨率低的输出设备上显示位图图像时也将导致图像外观质量的下降。

2. 路径

在Flash中绘制线条或形状时，将创建一个名为路径的线条。路径由一个或多个直线段或曲线段组成。每个线段的起点和终点由锚点（类似于固定导线的销钉）表示。路径可以是闭合的（例如圆），也可以是开放的，有明显的终点（例如波浪线）。可以通过拖动路径的锚点、显示在锚点方向线末端的方向点或路径段本身，改变路径的形状，如图2.3所示。

路径可以具有两种锚点：角点和平滑点。在角点，路径突然改变方向；在平滑点，路径段连接为连续曲线。可以使用角点和平滑点的任意组合绘制路径。如果绘制的点类型有误，可随时更改。如图2.4所示。

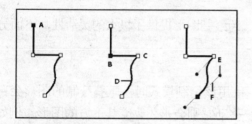

A. 选中的（实心）端点，B. 选中的锚点，C. 未选中的锚点，D. 曲线路径段，E. 方向点，F. 方向线。

图2.3 路径组件

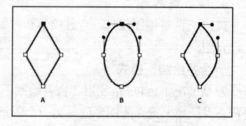

A. 四个角点，B. 四个平滑点，C. 角点和平滑点的组合。

图2.4 路径上的点

角点可以连接任何两条直线段或曲线段，而平滑点始终连接两条曲线段，如图2.5所示。路径轮廓称为笔触。应用到开放或闭合路径内部区域的颜色或渐变称为填充。笔触具有粗细、颜色和虚线图案。创建路径或形状后，可以更改其笔触和填充的特性。

3. 方向线和方向点

选择连接曲线段的锚点（或选择线段本身）时，连接线段的锚点会显示方向手柄，方向手柄由方向线组成，方向线在方向点处结束。方向线的角度和长度决定曲线段的形状和大小。移动方向点将改变曲线形状。方向线不显示在最终输出上，如图2.6所示。

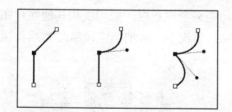

图2.5 角点可以同时连接直线段和曲线段

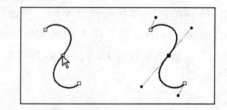

图2.6 选择锚点（左）后，方向线显示在由该锚点（右）连接的任何曲线段上

平滑点始终具有两条方向线，它们一起作为单个直线单元移动。在平滑点上移动方向线时，点两侧的曲线段同步调整，保持该锚点处的连续曲线。

相比之下，角点可以有两条、一条或者没有方向线，具体取决于它分别连接两条、一条还是没有连接曲线段。角点方向线通过使用不同角度来保持拐角。在角点上移动方向线时，只调整与方向线同侧的曲线段，如图2.7所示。

方向线始终与锚点处的曲线相切（与半径垂直）。每条方向线的角度决定曲线的斜率，而每条方向线的长度决定曲线的高度或深度，如图2.8所示。

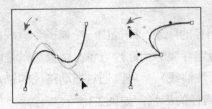 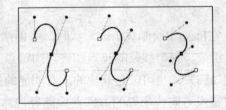

图2.7　调整平滑点（左）和角　　　　　图2.8　移动和改变方向线大小
　　　点（右）上的方向线　　　　　　　　　　将更改曲线斜率

4. 绘图模式

Flash有两种绘图模式：合并绘制和对象绘制，为绘制图形提供了极大的灵活性，下面分别进行介绍。

"合并绘制"模式

默认情况下，Flash 使用"合并绘制"模式。使用该绘制模式时，重叠绘制的图形会自动进行合并。如果选择的图形已与另一个图形合并，移动它则会永久改变其下方的图形。例如，如果绘制一个正方形并在其上方叠加一个圆形，然后选取此圆形并进行移动，则会删除正方形和圆形重叠的部分，如图2.9所示。

图2.9　在合并绘制模式下移动上方图形

当使用铅笔、钢笔、线条、椭圆、矩形或刷子工具来绘制一条与另一条直线或已涂色形状交叉的直线时，重叠直线会在交叉点处分成线段。可以使用选择工具 来分别选择、移动每条线段并改变其形状，如图2.10所示。

当在图形和线条上涂色时，底下部分就会被上面部分所替换。同种颜色的颜料就会合并在一起，不同颜色的颜料仍保持不同。可以使用这些功能来创建蒙板、剪切块和其他底片图像。例如，在图2.11中，首先将未组合的风筝图像移到绿色形状上，取消选定风筝，然后将风筝的填充部分从绿色形状上移走，得到最终的剪切块。

 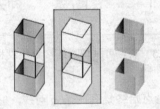

图2.10　直线被填充分割成3条线段　　　　　　图2.11　制作剪切块

"对象绘制"模式

使用"对象绘制"模式绘制形状时，首先需要选择一个支持"对象绘制"模式的绘画工具，如铅笔、线条、钢笔、刷子、椭圆、矩形和多边形工具等，然后单击工具面板中选项类别中的【对象绘制】按钮 或按J键，将Flash的默认绘制模式从"合并绘制"更改为"对象绘制"。

该模式允许将图形绘制成独立的对象，且在叠加时不会自动合并。分离或重排重叠图形时，也不会改变它们的外形。Flash将每个图形创建为独立的对象，可以分别进行处理。而在以前的Flash版本中，若要重叠形状而不改变形状的外形，则必须在每个形状自己的图层中绘制这个形状。

选择"对象绘制"模式创建图形时，Flash会在图形上添加矩形边框。可以使用选择工具移动该对象，单击边框然后拖曳图形到舞台上的任意位置即可，如图2.12所示。

单击工具面板中的【对象绘制】按钮或按J键可以在"合并绘制"和"对象绘制"之间来回切换，并且还可以选择【修改】|【合并对象】|【联合】命令将使用"合并绘制"模式创建的形状转换为"对象绘制"模式的形状。

2.1.2 使用绘图工具绘图

Flash为用户提供了大量的可以用来绘制图像的工具。

可以利用工具箱中的铅笔工具绘制线条，选择【窗口】|【属性】打开属性面板，在属性面板中可以设置填充和笔触的属性。笔触指的是使用铅笔等绘图工具时绘制的线条。矩形、椭圆形等形状的外部轮廓都称为笔触，形状内部的称为填充，所以几何形状同时具有笔触和填充。

例如，在本例中，可以在属性面板中将铅笔工具的笔触颜色设置为红色，笔触高度为18.45，然后利用工具箱中的颜料桶工具填充中间的黄色，如图2.13所示。

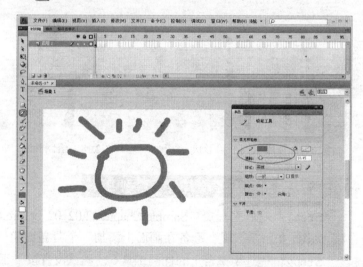

图2.12 采用"对象绘制"模式 　　　图2.13 选择绘图工具并设置参数绘图

下面将通过几个简单的例子学习各种绘图工具的使用。

 使用绘图工具绘制苹果树

Step1：新建一个Flash文档。

Step2：新建一个图层，把不同的对象放置在不同的图层是一个好习惯。

Step3：选择【视图】|【放大】，将舞台放大到200%。

Step4：选择工具箱中的椭圆工具，在选项区单击【笔触颜色】，从打开的样本面板中选择【无色】按钮，如图2.14所示。然后在选项区单击【填充颜色】按钮，从打开的样本中选择绿色（#006600），如图2.15所示。

Step5：按住Shift键，在舞台上拉出一个圆形，如图2.16所示。

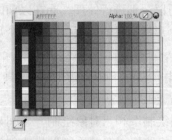
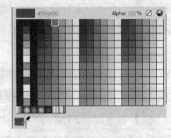

图2.14　将笔触颜色设为无　　　图2.15　设置填充颜色为绿色　　　图2.16　绘制椭圆

Step6：选择工具箱中的刷子工具 ，从选项区选择合适的刷子大小和形状，如图2.17所示。

Step7：在椭圆形状边缘拉出一些线条来，使其形状接近一棵树的样子。还可以使用橡皮工具 擦去一些多余的笔触。

Step8：再次选择刷子工具，将填充颜色设置为褐色，然后绘制树干，如图2.18所示。

Step9：将刷子工具的颜色改变为红色，适当改变刷子大小，单击树的内部，绘制一些红色小圆点，代表果实，如图2.19所示。完成后的源程序参见配套资料Sample\Chapter02\02_01.fla。

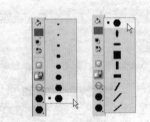

图2.17　选择刷子大小和形状　　　图2.18　绘制椭圆　　　图2.19　绘制果实

实例2.2　利用合并绘制模式绘制月亮

Step1：打开配套资料Sample\Chapter02\02_02_before.fla文件，舞台上已经有一幅夜景图片，如图2.20所示。现在准备在画面上添加一个月亮增加气氛。

Step2：先选中舞台上的椭圆工具 ，确认没有按下工具面板选项区的【对象绘制】按钮 ，即保持在【合并绘制】的默认状态。然后将填充色设置为黄色（#FFFF00），如图2.21所示。

Step3：按住Shift键在舞台上画出一个正圆，如图2.22所示。

Step4：利用工具面板中的选择工具 选中圆形的边框线，边框线上会出现很多小白点，如图2.23所示。

Step5：按Delete键删除，得到一个没有边线的正圆，如图2.24所示。

Step6：再次利用选择工具单击圆形，选中对象，按住Ctrl键拖动，复制出一个椭圆，如图2.25所示。

图2.20 打开源文件

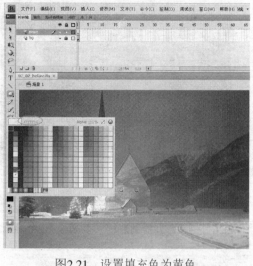

图2.21 设置填充色为黄色

图2.22 画黄色正圆

图2.23 选中边框线

图2.24 删除圆形边框线

图2.25 复制圆形

Step7：保持复制后的椭圆仍然处于选中状态，直接按Delete键删除，利用【合并绘制】模式的图形合并功能即得到一个月亮的形状，如图2.26所示。完成后的源程序参见配套资料Sample\Chapter02\02_02_finish.fla文件。

图2.26 在【合并绘制】模式下删除第2个椭圆

2.1.3 使用装饰性绘画工具绘制图案

使用装饰性绘画工具，可以将创建的图形形状转变为复杂的几何图案。装饰性绘画工具使用算术计算（称为过程绘图）。这些计算应用于库中创建的影片剪辑或图形元件。这样，就可以使用任何图形形状或对象创建复杂的图案。可以使用喷涂刷工具或填充工具应用所创建的图案。可以将一个或多个元件与Deco对称工具一起使用以创建万花筒效果。

1. 使用喷涂刷工具

喷涂刷工具 🖼 与刷子工具属于一组工具，其作用类似于粒子喷射器，使用它可以一次将形状图案"刷"到舞台上。默认情况下，喷涂刷工具使用当前选定的填充颜色喷射粒子点。也可以使用喷涂刷工具将影片剪辑或图形元件作为图案应用。

从工具箱中选择喷涂刷工具时，从属性检查器可以查看以下喷涂刷工具选项。

编辑：打开【选择元件】对话框，可以在其中选择影片剪辑或图形元件以用作喷涂刷粒子。选中库中的某个元件时，其名称将显示在编辑按钮的旁边。

颜色选取器：选择用于默认粒子喷涂的填充颜色。使用库中的元件作为喷涂粒子时，将禁用颜色选取器。

缩放宽度：缩放用作喷涂粒子的元件的宽度。例如，输入值10% 将使元件宽度缩小10%；输入值200%将使元件宽度增大200%。

缩放高度：缩放用作喷涂粒子的元件的高度。例如，输入值10%将使元件高度缩小10%；输入值200%将使元件高度增大200%。

随机缩放：指定按随机缩放比例将每个基于元件的喷涂粒子放置在舞台上，并改变每个粒子的大小。使用默认喷涂点时，会禁用此选项。

旋转元件：围绕中心点旋转基于元件的喷涂粒子。

随机旋转：指定按随机旋转角度将每个基于元件的喷涂粒子放置在舞台上。使用默认喷涂点时，会禁用此选项。

实例2.3 **使用喷涂刷**

Step1：打开配套资料Sample/Chapter02/02_03_before.fla文件。舞台上有一幅事先导入的图片，如图2.27所示。

Step2：从工具箱中选择喷涂刷工具 🖼。

Step3：在属性检查器中，单击【编辑】按钮，如图2.28所示。

Step4：从打开的【交换元件】对话框中，选择事先制作好的星光效果影片剪辑元件star用作喷涂刷粒子，单击【确定】按钮，如图2.29所示。

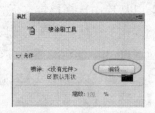

图2.28 单击【编辑】按钮

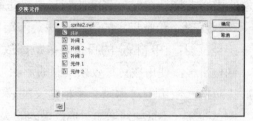

图2.27 导入位图到舞台

图2.29 选择元件star

Step5：回到属性检查器，勾选【随机缩放】、【旋转元件】和【随机旋转】三个选项，如图2.30所示。

Step6：用喷涂刷工具在舞台合适位置单击，将星星的图案喷涂到夜空合适位置，如图2.31所示。

Step7：按快捷键Ctrl+Enter测试影片，星星会在夜空中闪耀。完成后的源程序可参见配套资料Sample/Chapter02/02_03_finish.fla文件。

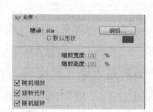

图2.30 设置喷涂参数

图2.31 向夜空喷涂星星图案

2. Deco绘画工具

使用Deco绘画工具 ，可以对舞台上的选定对象应用效果。在选择Deco绘画工具后，可以从属性检查器中选择效果。

（1）应用对称效果

使用对称效果，可以围绕中心点对称排列元件。在舞台上绘制元件时，将显示一组手柄。手柄通过增加元件数、添加对称内容或者编辑和修改效果的方式来控制对称效果。

可使用对称效果来创建圆形用户界面元素（如模拟钟面或刻度盘仪表）和旋涡图案。对称效果的默认元件是25像素×25像素、无笔触的黑色矩形形状。

Step1：选择Deco绘画工具，然后在属性检查器的【绘制效果】菜单中选择【对称刷子】。

Step2：在Deco绘画工具的属性检查器中，选择用于默认矩形形状的填充颜色。或者，单击【编辑】以从库中选择自定义元件。

可以将库中的任何影片剪辑或图形元件与对称刷子效果一起使用。通过这些基于元件的粒子，可以对在Flash中创建的插图进行多种创造性控制。

Step3：在属性检查器的【绘制效果】弹出菜单中选择【对称刷子】时，属性检查器中将显示如下【对称刷子】高级选项。

绕点旋转：围绕指定的固定点旋转对称中的形状。默认参考点是对称的中心点。若要围绕对象的中心点旋转对象，可以按圆形运动进行拖动。

跨线反射：跨越指定的不可见线条等距离翻转形状。

跨点反射：围绕指定的固定点等距离放置两个形状。

网格平移：使用按对称效果绘制的形状创建网格。每次在舞台上单击Deco绘画工具都会创建形状网格。使用由对称刷子手柄定义的x和y坐标调整这些形状的高度和宽度。

测试冲突：不管如何增加对称效果内的实例数，可防止绘制的对称效果中的形状相互冲突。取消选择此选项后，会将对称效果中的形状重叠。

Step4：单击舞台上要显示对称刷子插图的位置。

Step5：使用对称刷子手柄调整对称的大小和元件实例的数量。

（2）应用网格填充效果

使用网格填充效果，可以用库中的元件填充舞台、元件或封闭区域。将网格填充绘制到舞台后，如果移动填充元件或调整其大小，则网格填充将随之移动或调整大小。

使用网格填充效果可创建棋盘图案、平铺背景或用自定义图案填充的区域或形状。对称效果的默认元件是25像素×25像素、无笔触的黑色矩形形状。

Step1：选择Deco绘画工具，然后在属性检查器的【绘制效果】菜单中选择【网格填充】。

Step2：在Deco绘画工具的属性检查器中，选择默认矩形形状的填充颜色，或者单击【编辑】以从库中选择自定义元件。

可以将库中的任何影片剪辑或图形元件作为元件与网格填充效果一起使用。

Step3：可以指定填充形状的水平间距、垂直间距和缩放比例。应用网格填充效果后，将无法更改属性检查器中的高级选项以改变填充图案。

水平间距：指定网格填充中所用形状之间的水平距离（以像素为单位）。

垂直间距：指定网格填充中所用形状之间的垂直距离（以像素为单位）。

图案缩放：可使对象同时沿水平方向（沿x轴）和垂直方向（沿y轴）放大或缩小。

Step4：单击舞台，或者在要显示网格填充图案的形状或元件内单击。

（3）应用藤蔓式填充效果

利用藤蔓式填充效果，可以用藤蔓式图案填充舞台、元件或封闭区域。通过从库中选择元件，可以替换叶子和花朵的插图。生成的图案将包含在影片剪辑中，而影片剪辑本身包含组成图案的元件。

Step1：选择Deco绘画工具，然后在属性检查器的【绘制效果】菜单中选择【藤蔓式填充】。

Step2：在Deco绘画工具的属性检查器中，选择默认花朵和叶子形状的填充颜色。或者，单击【编辑】从库中选择一个自定义元件，以替换默认花朵元件和叶子元件之一或同时替换二者。

可以使用库中的任何影片剪辑或图形元件，将默认的花朵和叶子元件替换为藤蔓式填充效果。

Step3：可以指定填充形状的水平间距、垂直间距和缩放比例。应用藤蔓式填充效果后，将无法更改属性检查器中的高级选项以改变填充图案。

分支角度：指定分支图案的角度。

分支颜色：指定用于分支的颜色。

图案缩放：缩放操作会使对象同时沿水平方向（沿x轴）和垂直方向（沿y轴）放大或缩小。

段长度：指定叶子节点和花朵节点之间的段的长度。

动画图案：指定效果的每次迭代都绘制到时间轴中的新帧。在绘制花朵图案时，此选项将创建花朵图案的逐帧动画序列。

帧步骤：指定绘制效果时每秒要横跨的帧数。

Step4：单击舞台，或者在要显示网格填充图案的形状或元件内单击。

图2.32、图2.33和图2.34分别为选择Deco工具，并选择"花瓣"影片剪辑后，在属性检查器的【绘制效果】中分别选择【对称刷子】、【网格填充】、【藤蔓式填充】得到的效果图。练习程序参见配套资料Sample/Chapter02/02_04_before.fla文件。

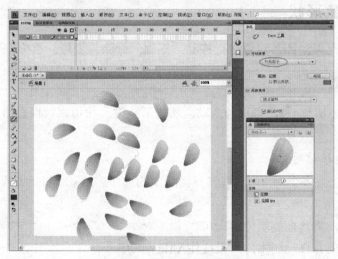

图2.32　应用对称效果

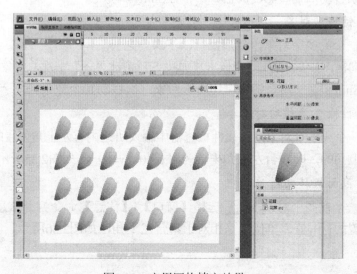

图2.33　应用网格填充效果

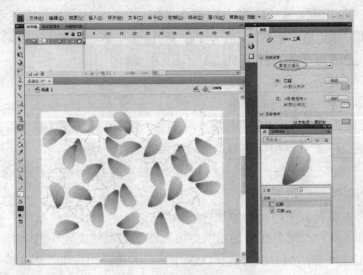

图2.34 应用藤蔓式填充效果

2.2 改变对象形状

在Flash中，可以对图形对象进行移动、复制、删除、变形、层叠、对齐、分组等操作。

2.2.1 移动对象

移动对象的方法有4种，分别为拖动、使用箭头键、使用属性检查器或使用信息面板，下面一一进行介绍。

1. 通过拖动移动对象

首先选择一个或多个对象，选择工具面板中的选择工具，将指针放到对象上，然后执行下列操作之一。

- 移动对象，将其拖到新位置即可。
- 要复制对象并移动副本，可以按住Alt键拖动。
- 要使对象移动后偏转45度的倍数，按住Shift拖动。

2. 用箭头键移动对象

首先选择一个或多个对象，然后执行以下操作之一。

- 按下方向键，使对象移动1个像素。如按下箭头键"→"一次，对象向右移动1个像素。
- 按一下Shift和箭头组合键可以让所选对象一次移动10个像素。

3. 利用属性检查器移动对象

首先选择一个或多个对象，在属性检查器中输入所选内容左上角位置的x和y值。x和y值是相对于舞台左上角的，即舞台左上角坐标为（$x = 0$，$y=0$），如图2.35所示。

4. 使用信息面板移动对象

首先选择一个或多个对象，然后选择【窗口】|【信息】命令打开信息面板，输入所选对象的左上角位置的x和y值，单位也是相对于舞台左上角，如图2.36所示。

2.2.2 复制对象

如果需要在层、场景或其他Flash文件之间移动或复制对象，可以使用粘贴命令将对象粘贴在相对于其原始位置的某个位置。首先选择一个或多个对象，选择【编辑】|【剪切】或【编辑】|【复制】命令，接着选择其他层、场景或文件，然后选择【编辑】|【粘贴到当前位置】命令，将所选内容粘贴到相对于舞台的同一位置。

还可以利用变形面板复制对象。首先选择对象，然后选择【窗口】|【变形】命令打开变形面板，输入缩放、旋转或倾斜值后，单击变形面板右下角左边的【创建副本】按钮，可以得到对象的变形副本，如图2.37所示。练习程序见配套资料Sample\Chapter02\02_05.fla文件。

图2.35 利用属性检查
器移动对象

图2.36 使用信息面
板移动对象

图2.37 复制并应用变形

2.2.3 删除对象

删除对象可以将其从文件中删除。删除舞台上的实例不会从库中删除元件。选中要删除的对象后，按下Delete键或Backspace键，或选择【编辑】|【清除】命令，或选择【编辑】|【剪切】命令，还可以在该对象上单击鼠标右键，然后从弹出的快捷菜单中选择【剪切】。

2.2.4 层叠对象

在图层内，Flash会根据对象的创建顺序层叠对象，将最新创建的对象放在最上面。对象的层叠顺序决定了它们在层叠时出现的顺序。使用图层操作和菜单命令都可以在任何时候更改对象的层叠顺序。

画出的线条和形状总是在组合体的组和元件的下面。如图2.38（a）所示，蜜蜂在花朵的下面。要将它们移动到组合体的上面，必须组合它们或者将它们变成元件。如图2.38（b）所示，即为将蜜蜂图形转变为元件后的层叠效果。

图层也会影响层叠顺序。第2层上的任何内容都在第1层的任何内容的上面，依此类推，要更改层的顺序，可以在时间轴中将图层拖动到新位置。如图2.39（a）所示，图层"蜜蜂"位于图层"花朵"之上，所以蜜蜂位于花朵的前面。交换图层"蜜蜂"和图层"花朵"的位置，蜜蜂就移到花朵的后面，如图2.39（b）所示。

使用图层处理对象使用户能够更好地处理影片深度，但是如果影片中所有的元素都在同一个图层中，使用【修改】|【排列】的下级菜单命令则是改变对象叠放次序的最佳选择。这些命令非常直观。

• 移至顶层：将选定的对象移动到当前选定层的最顶（前）部。

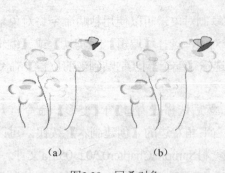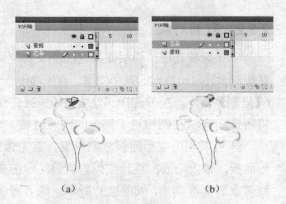

(a)　　　　　　(b)　　　　　　　　　　　(a)　　　　　　(b)

　　图2.38　层叠对象　　　　　　　　图2.39　改变图层顺序影响对象层叠效果

- 移至底层　将选定的对象移动到当前选定层的最低（后）部。
- 上移一层　将对象或组在层叠顺序中向上（前）移动一个位置。
- 下移一层　将对象或组在层叠顺序中向下（后）移动一个位置。
- 锁定　锁定当前给定的层中所有对象的位置。
- 解除全部锁定　解除当前选定层中的堆栈。

 　如果选择了多个组，这些组会移动到所有未选中的组的前面或后面，而这些组之间的相对顺序保持不变。

2.2.5　变形对象

　　在Flash中，根据所选的元素的类型，可以任意变形、旋转、倾斜、缩放或扭曲该元素。可以通过多种方式实现对对象的变形。比如使用工具面板中的任意变形工具或【修改】|【变形】菜单中的选项，都可以对图形对象、组、文本块和实例进行变形。在变形操作期间，可以更改或添加选择内容。还可以选择【窗口】|【变形】命令打开变形面板来完成同样的功能。

　　在对对象、组、文本框或实例进行变形时，属性检查器会显示对该对象的尺寸或位置所做的任何更改。

　　拖动变形操作期间，对象周围会显示一个矩形边框，矩形的边缘最初与舞台的边缘平行对齐。变形手柄位于每个角和每条边的中点。拖动时，可预览变形效果。

1. 使用变形点

　　Flash对对象应用变形时，使用变形点作为参考。旋转对象时，对象沿着定位点进行旋转。当对齐或分布对象时，变形点也会作为参考点。变形点指的是对象变形期间，中心出现的圆点，默认情况下，与对象的中心点是重合的。不能直接处理对象的定位点，但是，可以更改对象变形点的位置。移动变形点可以更好地控制特定变形。例如，如果希望对象围绕右上角旋转而不是围绕中心进行旋转，那么，需要做的就是将对象的变形点从中心移动到右上角的指定位置。

　　双击变形点可以将变形点与元素的中心点重新对齐。在变形期间按住Alt键拖动可以切换缩放或倾斜变形的原点。可以在信息面板和图形对象的属性检查器中跟踪变形点的位置。在信息面板中，单击信息面板中的【注册点/变形点】按钮，按钮的右下方会变成一个圆圈，表示已显示注册点坐标。选中中心方框时，信息面板中坐标网格右边的X和Y值将显示变形点的x和

*y*坐标。对于元件实例，**X**和**Y**值显示元件注册点的
位置，或元件实例左上角的位置，如图2.40所示。

2. 缩放对象

缩放就是改变选中对象的大小，可以沿水平
方向、垂直方向或同时沿两个方向放大或缩小对
象。工具面板中的任意变形工具和变形面板均可
以实现对象的缩放。

图2.40　信息面板显示变形点位置

使用任意变形工具缩放对象的操作步骤如下。

Step1：首先在舞台上选择需要变形的对象，如图形、组、实例或文本块，然后单击工具
面板中的任意变形工具。

Step2：此时，对象的周围出现8个控制点，并且在对象的中心出现一个小圆圈，即变形点。

Step3：在工具面板的选项区中选择【缩放】按钮，也可以选择【修改】|【变形】|【缩
放】命令。

Step4：改变对象大小的方式有3种：水平缩放、垂直缩放和成比例缩放。练习程序见配
套资料Sample\Chapter02\02_06.fla。

·水平缩放：将鼠标放在左右两侧的控制点上，当鼠标指针变为左右方向的双向箭头时，
按住鼠标并水平拖动鼠标，直到对象达到想要的大小，如图2.41所示。

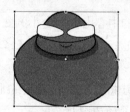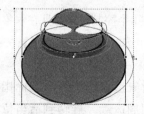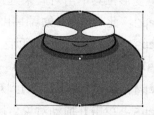

图2.41　水平缩放

·垂直缩放：将鼠标放在上下两侧的控制点上，当鼠标指针变为上下方向的双向箭头时，
按住鼠标并垂直拖动鼠标，拖动到适当的位置释放鼠标，可在垂直方向上改变对象的大小，如
图2.42所示。

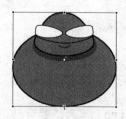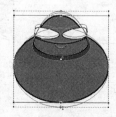

图2.42　垂直缩放

·成比例缩放：将鼠标放在边角的控制手柄上，当鼠标指针变成倾斜方向的双向箭头时拖
动鼠标，拖动到适当的位置释放鼠标，可按比例改变图形的大小，如图2.43所示。

Step5：完成对象的缩放后，单击对象外部的区域隐藏控制点即可。

也可以使用变形面板来缩放对象，步骤如下。

Step1：选择要缩放的对象。

Step2：选择【窗口】|【变形】命令，打开变形面板。

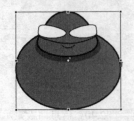 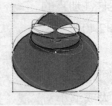 

图2.43　成比例缩放

Step3：要水平缩放对象，在【宽度】栏中输入数值（以像素为单位）。

要垂直缩放对象，在【高度】栏中输入数值（以像素为单位）。

要同时进行垂直和水平缩放对象，单击【约束】按钮并在【宽度】或【高度】栏中输入缩放的百分比。

Step4：完成缩放后，单击对象外面的任意地方隐藏控制点即可。

3.旋转对象

旋转就是对选中的对象按一定角度旋转变形。和许多变形操作一样，可以使用任意变形工具或变形面板来旋转对象。使用任意变形工具旋转对象的步骤如下，练习程序参见配套资料Sample\Chapter02\02_07.fla。

Step1：首先使用选择工具 选择对象，然后选择工具面板中的任意变形工具 。也可以使用任意变形工具单击对象来选择它。

Step2：此时，在对象周围出现8个控制点，并且在对象的中心出现一个小圆圈，即变形点。

Step3：在工具面板的选项区中选择【旋转和倾斜】按钮 ，也可以选择【修改】|【变形】|【旋转和倾斜】命令。

Step4：将鼠标指针移动到对象边角的位置，鼠标指针将变成旋转箭头的形状。

Step5：单击并拖动对象做圆周运动，旋转到适当位置释放鼠标。

Step6：最后单击对象外部的任何区域隐藏控制点即可。旋转对象效果如图2.44所示。

图2.44　旋转对象

也可以使用变形面板来旋转对象。步骤如下。

图2.45　利用变形面板旋转对象

Step1：选择要旋转的对象。

Step2：选择【窗口】|【变形】，打开变形面板，如图2.45所示。

Step3：单击【旋转】按钮。

Step4：在【旋转】栏中输入数值（度数）。

Step5：按Enter键，对选定的对象应用旋转。

还可以通过【修改】|【变形】|【顺时针旋转90度】或【逆时针旋转90度】命令，使对象顺时针或逆时针旋转90度，如图2.46所示。

4. 翻转对象

在Flash中可以垂直或水平翻转选定的对象，而不会改变它相对于舞台的位置。图2.47（a）所示为要进行翻转的对象，首先选中它，如果选择【修改】|【变形】|【水平翻转】命令，将得到如图2.47（b）的效果，如果选择【修改】|【变形】|【垂直翻转】命令，将得到如图2.47（c）的效果。练习程序参见配套资料Sample\Chapter02\02_08.fla文件。

（a）原图像 （b）顺时针旋转90度 （c）逆时针旋转90度 　（a）原图 （b）水平翻转 （c）垂直翻转

图2.46 利用菜单命令旋转对象 　图2.47 翻转对象

5. 倾斜对象

倾斜就是使选中的对象进行倾斜变形，即使对象沿着它的垂直轴或水平轴倾斜。和前面讨论过的变形操作一样，也可以通过使用任意变形工具和变形面板两种方式倾斜对象。

使用任意变形工具倾斜对象的步骤如下。

Step1：使用工具面板中的选择工具选中要倾斜的对象，然后单击工具面板中的任意变形工具，也可以选择任意变形工具后单击对象来选择它。

Step2：单击工具面板选项区中的【旋转和倾斜】按钮。

Step3：对象周围出现控制点后，将鼠标移动到4条边线的控制点上，光标将变成水平或垂直的双向箭头。

Step4：单击并水平或垂直拖动鼠标，拖动到合适位置释放鼠标即可将图形倾斜。

Step5：完成倾斜操作后，单击对象外部的区域隐藏控制点。

使用任意变形工具倾斜对象的步骤和最终效果如图2.48所示。

图2.48 使用任意变形工具倾斜对象

使用变形面板倾斜对象的操作步骤如下。

Step1：选择要倾斜的对象。

Step2：选择【窗口】|【变形】命令，打开变形面板，如图2.49所示。

Step3：单击【倾斜】单选按钮。

Step4：如果要垂直倾斜对象，则在【垂直倾斜】栏中输入数值（度数）。

如果要水平倾斜对象，则在【水平倾斜】栏中输入数值（度数）。

Step5：按Enter键，对选定的对象应用倾斜。

6. 扭曲对象

当应用扭曲变形时，可以更改对象边界框上的控制点的位置，从而改变对象的形状，如使原本规则的形状变为不规则的形状。

 扭曲变形不能作用于组，但是可以作用于一组中单独选定的对象。

如果在应用扭曲变形的同时按下了Shift键，对象将变成模型。与前面讨论的变形不同，只能通过任意变形工具对对象实现扭曲。练习程序参见配套资料Sample\Chapter02\02_09.fla。具体步骤如下。

Step1：使用工具面板中的选择工具选中要扭曲的对象。

Step2：单击工具面板中的任意变形工具，也可以选择任意变形工具后单击对象来选择它。或选择【修改】|【变形】|【扭曲】命令。

Step3：对象周围出现边界框后，将鼠标移动到控制点上，光标将变成大的白色指针。

Step4：按住Ctrl键同时拖动边框上的角控制点或边控制点，可以移动该角或边，然后重新对齐相邻的边，如图2.50所示。

图2.49　使用变形面板倾斜对象

图2.50　移动角扭曲对象

Step5：同时按住Shift键和Ctrl键拖动角点可以锥化该对象，即将该角和相邻角沿彼此相反的方向移动相同距离。如图2.51所示。相邻角是指拖动方向所在的轴上的角。

Step6：按住Ctrl键单击拖动边的中点，可以任意移动整个边，如图2.52所示。

图2.51　同时按住Shift键和Ctrl键锥化对象

图2.52　按住Ctrl键移动边扭曲对象

实例2.4　装饮料的玻璃杯

图2.53为一个盛满水并冒泡泡的玻璃杯，下面就通过制作该动画效果来学习各种绘图工具的使用。

1. 绘制矩形

Step1：选择工具箱中的矩形工具 □，确认没有选中对象绘制模式 ◎，笔触和填充颜色随意。

Step2：单击舞台，在舞台上绘制一个矩形，长度约为宽度的2倍，如图2.54所示。

Step3：选择工具箱中的选择工具 ，然后拖过整个矩形，此时矩形的内部和边框线都出现白色小点，表示处于选中状态，如图2.55所示。

图2.53　盛满水的玻璃杯　　　图2.54　绘制矩形　　　　图2.55　选中矩形

Step4：在属性检查器中，在【宽度】一栏中辑入值95，在【高度】一栏中输入值135，如图2.56所示，按Enter键改变矩形形状。

填充色指的是所绘制对象的内部，可以使用纯色、渐变色或位图进行填充（如TIFF文件、JPEG文件或GIF文件），也可以指定无填充色。本例为了制作水的效果，导入一幅水的图片作为矩形填充。

Step5：重新选中整个矩形，选择【窗口】|【颜色】菜单命令，打开颜色面板，选中【类型】下拉菜单中的【位图】选项，如图2.57所示。

Step6：在打开的【导入到库】对话框中，定位到事先准备好的素材图片water.jpg，选择water.jpg图片，并单击【打开】按钮，颜色面板此时如图2.58所示。矩形内部被该图片填满，如图2.59所示。

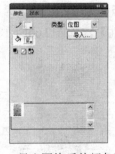

图2.56　设置矩形的宽度和高度　　　图2.57　选择填充类型为位图　　　图2.58　导入图片后的颜色面板

在上一步中设置了水图案作为矩形填充，下面设置笔触。笔触指的是图形的轮廓线，轮廓线可以与内部填充不同，也可以指定图形无轮廓线，本例将矩形的轮廓线设置为灰色实线。

Step7：选中舞台上的矩形，在属性检查器中，单击【笔触颜色】按钮，在打开的拾色器面板中选择左边第4个灰色样本，或直接输入颜色号#999999，如图2.60所示。

Step8：在【笔触高度】框中输入值4，如图2.61所示。

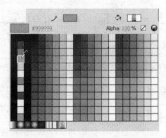

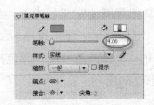

图2.59　水图案填充矩形　　　图2.60　设置笔触颜色为灰色　　　图2.61　设置笔触高度为4

Step9：设置完成后，矩形内部为蓝色水图案填充，外部轮廓线为灰色，如图2.62所示。接下来要使用任意变形工具修改该矩形为瓶子的形状。

Step10：选择工具箱中的任意变形工具 ，然后拖选舞台上的矩形，矩形周围出现一圈变形点，如图2.63所示。

Step11：按住快捷键Ctrl+Shift的同时向内拖动左下角的一个变形点，可以保证底部2个角同时向里移动相同距离，如图2.64所示。

Step12：单击矩形外部取消选择，此时得到的形状上宽下窄，比较接近于杯子的形状。

图2.62　矩形显示　　　　图2.63　显示矩形变形点　　　　图2.64　矩形任意变形

2. 使用渐变填充

渐变色指的是颜色的渐次变化，从一种颜色逐渐转变为另一种颜色。Flash可以创建两类渐变：线形渐变和放射状渐变，本例将运用线形渐变填充杯子底部。

Step13：选中选择工具，在杯子底部拖出一个矩形作为杯子的基座部分，如图2.65所示。

Step14：选择【窗口】|【颜色】菜单命令，打开颜色面板，在【类型】下拉菜单中选择【线性】，如图2.66所示。该命令将采用默认的黑白渐变色填充杯子底部，如图2.67所示。

图2.65　绘制矩形　　　　图2.66　选择填充类型为【线性】　　　　图2.67　黑白渐变色填充效果

Step15：默认情况下，线性渐变色从一种颜色过渡到另一种颜色，但是也可以通过颜色指针创建多达15种颜色转变的渐变。下面将通过添加颜色指针创建杯子底部从黑到白再到黑的颜色渐变。

选择【窗口】|【颜色】命令打开颜色面板，单击渐变定义栏下方添加一个颜色指针，并将其拖到渐变定义栏中部，如图2.68所示。

Step16：单击选择新添加的颜色指针（选中时，上面的三角形会变成黑色），会在下方打开一个颜色面板，在颜色栏中输入颜色值（#FFFFFF），将该颜色指针的颜色设定为白色，如图2.69所示。

Step17：选中右端的颜色指针，将其颜色更改为黑色（#000000），设置完成后的颜色面板如图2.70所示。

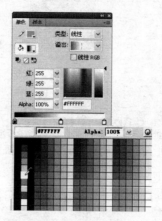

图2.68 添加颜色渐变指针　　　图2.69 将颜色渐变指针设定为白色　　　图2.70 颜色面板

Step18：杯子底部以黑白黑渐变色填充底部，如图2.71所示。

Step19：除了添加颜色指针创建渐变色，还可以使用渐变变形调整大小、方向和渐变色填充中心。

选中工具箱中的渐变变形工具，如图2.72所示。

Step20：单击玻璃杯子底部，变形手柄出现，如图2.73所示。

图2.71 以渐变色填充杯子底部　　　图2.72 选择渐变变形工具　　　图2.73 显示变形手柄

Step21：移动中间的小圆圈改变渐变中心，拖动带箭头的圆环可以旋转渐变，拖动带箭头的方块可以拉伸渐变。本例向外拖动带箭头的方块拉伸渐变，直到渐变色与笔触颜色自然融合在一起，如图2.74所示。

3. 创建选区

要修改对象，首先要选择对象。Flash中的选择工具、部分选取工具和套索工具均可以实现对象的选取。选择工具适合选择整个对象或对象的一部分，部分选取工具可以选择对象的特定点和线条，套索工具可以进行自由选取。

接下来创建杯子底部的高光效果。为了避免无意中选择或修改杯子中的水部分，首先将杯子底部进行组合。

Step22：选择工具箱中的选择工具 ，选择杯子底部，如图2.75所示。

Step23：选择【修改】|【组合】菜单命令使选中部分成组，如图2.76所示。

图2.74 拉伸渐变

图2.75 选择杯子底部

图2.76 组合杯子底部

Step24：双击新创建的组进入编辑状态。注意观察舞台上方显示一个组的图标，杯子中水的部分变为灰色，如图2.77所示。

Step25：继续使用选择工具选择杯子底座的中央部分，为了避免移动整个基座，使用选择工具创建如图2.78所示的选区。

Step26：接下来单击工具箱中的填充颜色按钮，从拾色器中选择白色（#FFFFFF）填充选区，得到如图2.79所示的效果。

图2.77 进入组件编辑状态

图2.78 创建选区

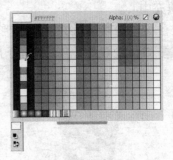
图2.79 白色填充选区

Step27：单击场景1图标返回主场景，如图2.80所示。

Step28：接下来为了使水的扭曲效果更逼真，使用套索工具创建不规则选区。选择套索工具 在杯子顶部使如图2.81所示的不规则闭合形状。

Step29：单击工具箱中的填充颜色按钮，将选区填充为白色，如图2.82所示。

图2.80 返回主场景

图2.81 创建不规则选区

图2.82 以白色填充选区

Step30：为了保证在整个动画播放期间杯子始终作为背景存在，选中Glass图层的第35帧，单击F5键插入一个帧，使第1帧的动画延展到第35帧，如图2.83所示。至此，杯子的动画制作完毕。

图2.83 在第35帧插入一个帧

Step31：接下来添加泡沫等其他动画元素并制作相应动画，全部动画制作完毕，按快捷键Ctrl+Enter测试影片。完成后的源程序参见配套资料的Sample\Chapter02\02_10.fla文件。

2.3 3D效果

3D效果是Flash CS4中新增加的功能，可以在舞台的3D空间中移动和旋转影片剪辑得到3D效果。每个影片剪辑实例的属性中包括Z轴来表示3D空间，使用3D平移和3D旋转工具沿着影片剪辑实例的Z轴移动和旋转影片剪辑实例，可以向影片剪辑实例中添加3D透视效果。

在3D术语中，在3D空间中移动一个对象称为平移，在3D空间中旋转一个对象称为变形。将这两种效果中的任意一种应用于影片剪辑后，Flash会将其视为一个3D影片剪辑，每当选择该影片剪辑时就会显示一个重叠在其上面的彩轴指示符。

如果要使对象看起来离观者更近或更远，可以使用3D平移工具或属性检查器沿Z轴移动该对象。若要使对象看起来与观者之间形成某一角度，可以使用3D旋转工具绕对象的Z轴旋转影片剪辑。通过组合使用这些工具，就可以创建逼真的透视效果。

3D平移和3D旋转工具都允许用户在全局3D空间或局部3D空间中操作对象。全局3D空间即为舞台空间。全局变形和平移与舞台相关，如图2.84所示。局部3D空间即为影片剪辑空间。局部变形和平移与影片剪辑空间相关，如图2.85所示。例如，如果影片剪辑包含多个嵌套的影片剪辑，则嵌套的影片剪辑的局部3D变形与容器影片剪辑内的绘图区域相关。3D平移和旋转工具的默认模式是全局模式。如果要在局部模式中使用这些工具，可以单击工具面板选项区中的【全局】切换按钮。

图2.84 整体进行3D旋转和变形

图2.85 局部进行3D变形

2.3.1 在3D空间中移动对象

可以使用工具箱中的3D平移工具▲在3D空间中移动影片剪辑实例。在使用该工具选择影片剪辑后，影片剪辑的X、Y和Z三个轴将显示在舞台中对象的顶部。X轴为红色，Y轴为绿色，而Z轴为蓝色，如图2.86所示。

3D平移工具的默认模式是全局。在全局3D空间中移动对象与相对舞台移动对象等效。在局部3D空间中移动对象与相对父影片剪辑（如果有）移动对象等效。若要在全局模式和局部模式之间切换3D平移工具，在选中3D平移工具的同时单击工具面板【选项】部分中的【全局】切换按钮。在使用3D平移工具进行拖动的同时按D键可以临时从全局模式切换到局部模式。

　　3D平移工具 和旋转工具 在工具面板中占用相同的位置。单击并按住工具箱中的活动3D工具图标，可以选择当前处于非活动状态的3D工具。

　　默认情况下，应用了3D平移的所选对象在舞台上显示3D轴叠加。可以在Flash的【首选参数】的【常规】部分中关闭此叠加。

1. 在3D空间中移动单个对象

　　移动3D空间的单个对象的步骤如下。

　　Step1：在工具面板中选择3D平移工具 （或按G键选择此工具）。

　　Step2：在选项区中将该工具设置为局部或全局模式。通过选中工具箱中选项区的【全局】切换按钮，确保该工具处于所需模式。单击该按钮或按D键可切换模式。

　　Step3：用3D平移工具选择一个影片剪辑。

　　Step4：将指针移动到X、Y或Z轴控件上，指针在经过任一控件时将发生变化。X和Y轴控件是每个轴上的箭头。按控件箭头的方向拖动其中一个控件可沿所选轴移动对象。z轴控件是影片剪辑中间的黑点。上下拖动Z轴控件可在Z轴上移动对象。

　　Step5：还可以通过在属性面板的【3D 定位和查看】部分中输入X、Y或Z值来移动对象。

　　在Z轴上移动对象时，对象的外观尺寸将发生变化。外观尺寸在属性面板中显示为属性面板的【3D 定位和查看】部分中的【宽度】和【高度】值，如图2.87所示。

图2.86　3D平移工具叠加　　　　　　　　　　图2.87　3D定位和查看

2. 在3D空间中移动多个选中对象

　　在选择多个影片剪辑时，可以使用3D平移工具移动其中一个选定对象，其他对象将以相同的方式移动。

　　•若要在全局3D空间中以相同方式移动组中的每个对象，可以将3D平移工具设置为全局模式，然后用轴控件拖动其中一个对象。按住Shift键并双击其中一个选中对象可将轴控件移动到该对象。

　　•若要在局部3D空间中以相同方式移动组中的每个对象，可以将3D平移工具设置为局部模式，然后用轴控件拖动其中一个对象。按住Shift键并双击其中一个选中对象可将轴控件移动到该对象。

　　通过双击Z轴控件，也可以将轴控件移动到多个所选对象的中间。按住Shift键并双击其中一个选中对象可将轴控件移动到该对象。

2.3.2　在3D空间中旋转对象

　　使用3D旋转工具 可以在3D空间中旋转影片剪辑实例。3D旋转控件出现在舞台的选定对象之上。X控件红色、Y控件绿色、Z控件蓝色。使用橙色的自由旋转控件可同时绕X和Y轴旋转。

3D旋转工具的默认模式为全局模式。在全局3D空间中旋转对象与相对舞台移动对象等效。在局部3D空间中旋转对象与相对父影片剪辑（如果有）移动对象等效。若要在全局模式和局部模式之间切换3D旋转工具，在选中3D旋转工具的同时单击工具箱中选项区的【全局】切换按钮。在使用3D旋转工具进行拖动的同时按D键可以临时从全局模式切换到局部模式。

应用全局和局部3D旋转工具的效果分别如图2.88和图2.89所示。

图2.88 应用全局3D旋转工具   图2.89 应用局部3D旋转工具

1. 在3D空间中旋转单个对象

在3D空间中旋转单个对象的步骤如下。

Step1：在工具箱中选择3D旋转工具（或按W键）。

通过选中工具箱中选项区的【全局】切换按钮，验证该工具是否处于所需模式。单击该按钮或按D键可在全局模式和局部模式之间切换。

Step2：在舞台上选择一个影片剪辑。

3D旋转控件将显示为叠加在所选对象上。如果这些控件出现在其他位置，请双击控件的中心点将其移动到选定的对象。

Step3：将指针放在四个旋转轴控件之一上。指针在经过四个控件中的一个控件时将发生变化。

Step4：拖动一个轴控件以绕该轴旋转，或拖动自由旋转控件（外侧橙色圈）同时绕X和Y轴旋转。左右拖动X轴控件可绕X轴旋转。上下拖动Y轴控件可绕Y轴旋转。拖动Z轴控件进行圆周运动可绕Z轴旋转。

Step5：若要相对于影片剪辑重新定位旋转控件中心点，可以拖动中心点。要按45°增量约束中心点的移动，可以在按住Shift键的同时进行拖动。

移动旋转中心点可以控制旋转对于对象及其外观的影响。双击中心点可将其移回所选影片剪辑的中心。

2. 在3D空间中旋转多个选中对象

在3D空间中旋转多个对象的步骤如下。

Step1：在工具面板中选择3D旋转工具（或按W键）。

通过选中工具箱中选项区的【全局】切换按钮，验证该工具是否处于所需模式。单击该按钮或按D键可在全局模式和局部模式之间切换。

Step2：在舞台上选择多个影片剪辑。

3D旋转控件将显示为叠加在最近所选的对象上。

Step3：将指针放在四个旋转轴控件之一上。

指针在经过四个控件中的一个控件时将发生变化。

Step4：拖动一个轴控件绕该轴旋转，或拖动自由旋转控件（外侧橙色圈）同时绕X和Y轴旋转。左右拖动X轴控件可绕X轴旋转。上下拖动Y轴控件可绕Y轴旋转。拖动Z轴控件进行圆周运动可绕Z轴旋转。

所有选中的影片剪辑都将绕3D中心点旋转，该中心点显示在旋转控件的中心。

Step5：如果要重新定位3D旋转控件中心点，执行以下操作之一：

- 拖动中心点可以将中心点移动到任意位置。
- 按住**Shift**并双击该影片剪辑可以将中心点移动到一个选定的影片剪辑的中心。
- 双击该中心点可以将中心点移动到选中影片剪辑组的中心。

通过更改3D旋转中心点的位置可以控制旋转对于对象的影响。所选对象的旋转控件中心点的位置在变形面板中显示为3D中心点。可以在变形面板中修改中心点的位置。

2.3.3 使用变形面板旋转选中对象

使用变形面板也可以对所选对象应用3D旋转效果。步骤如下。

图2.90 改变【3D旋转】的X、Y、Z的
参数值得到的3D旋转效果

Step1：选择【窗口】|【变形】命令，打开变形面板。

Step2：在舞台上选择一个或多个影片剪辑。

Step3：在变形面板的【3D 旋转】的X、Y和Z字段中输入所需的值以旋转选中对象。也可以拖动这些值以进行更改。

Step4：在【3D 中心点】的X、Y和Z字段中输入所需的值可以移动3D旋转点。

如图2.90所示为通过变形面板改变【3D旋转】的X、Y、Z的参数值得到的3D旋转效果。

2.3.4 调整透视角度

FLA文件的透视角度属性控制3D影片剪辑视图在舞台上的外观视角。

增大或减小透视角度将影响3D影片剪辑的外观尺寸及其相对于舞台边缘的位置。增大透视角度可使3D对象看起来更近。减小透视角度属性可使3D对象看起来更远。此效果与通过镜头更改视角的照相机镜头缩放类似。

透视角度属性会影响应用了3D平移或旋转的所有影片剪辑。透视角度不会影响其他影片剪辑。默认透视角度为55°视角，类似于普通照相机的镜头。透视角度值的范围为1°到180°。

在舞台上选择一个应用了3D旋转或平移的影片剪辑实例，然后在属性面板的【透视角度】字段中输入一个新值，或拖动更改该值即可改变对象透视角度，如图2.91和图2.92所示，分别为透视角度为55°和110°的效果。

2.3.5 调整消失点

FLA文件的消失点属性控制舞台上3D影片剪辑的Z轴方向。FLA文件中所有3D影片剪辑的Z轴都朝着消失点后退。通过重新定位消失点，可以更改沿Z轴平移对象时对象的移动方向。消失点的默认位置是舞台中心。通过调整消失点的位置，可以精确控制舞台上3D对象的外观和动画。

图2.91 透视角度为55

图2.92 透视角度为110

例如，如果将消失点定位在舞台的左上角（0，0），则增大影片剪辑的Z属性值可使影片剪辑远离舞台中心并向着舞台的左上角移动。

设置消失点的步骤如下。

Step1：在舞台上，选择一个应用了3D旋转或平移的影片剪辑。

Step2：在属性面板的【消失点】字段中输入一个新值，或拖动以更改该值。拖动字段值时，指示消失点位置的辅助线显示在舞台上。

Step3：单击属性面板中的【重置】按钮可以将消失点移回舞台中心。

实例2.5 3D变形

Step1：打开配套资料Sample\Chapter02\02_11_before.fla文件，舞台有5个平行分布的图形，如图2.93所示。

Step2：因为3D效果只能适用于影片剪辑元件，利用工具箱中的选择工具全选所有图形，然后右击鼠标，从快捷菜单中选择【转换为元件】命令，在打开的【转换为元件】对话框中，输入元件名称为Candy，【类型】选择为影片剪辑，单击【确定】按钮，如图2.94所示。

图2.93 并排排列的图形

图2.94 转换为影片剪辑元件

Step3：依次选中图层1的第2帧、第3帧……第37帧，右击鼠标，从快捷菜单中选择【插入关键帧】命令，这样相当于将第1帧的图形复制到了其余帧，时间轴如图2.95所示。

Step4：选中第2关键帧处的影片剪辑，选择【窗口】|【变形】菜单命令，打开变形面

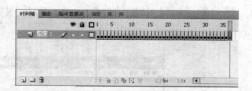

图2.95 依次插入关键帧

板，在舞台中影片剪辑实例被选中的情况下，在变形面板的【3D旋转】栏中将Y值改为5°，使该帧的图形发生Y轴方向上的5° 3D旋转变形，如图2.96所示。

Step5：依此类推，依次选中第3帧至第37帧处的影片剪辑实例，依次将变形面板中【3D旋转】栏的Y值更改为10°、15°……180°，第37关键帧处的影片剪辑实例对应的Y轴的3D旋

转度数为180°，如图2.97所示。

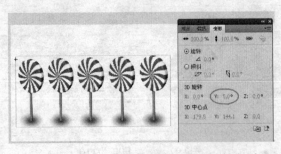
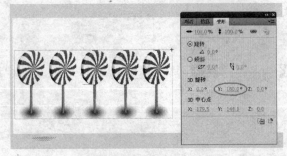

图2.96　使第2关键帧处图形发生3D旋转变形　　　　图2.97　使第37关键帧处图形发生180°旋转变形

Step6：按快捷键Ctrl+Enter测试影片，可以看到图形做顺时针3D旋转运动。

Step7：按住Shift键，选中第1帧至第37帧，然后右击鼠标，从快捷菜单中选择【复制帧】，复制第1帧至第37帧的运动。

然后选中第38帧，选择右键快捷菜单的【粘贴帧】，将第1帧至第37帧的运动复制到第38帧至74帧，如图2.98所示。

Step8：再次按住Shift键，全选第38帧至第74帧，然后从右键快捷菜单中选择【翻转帧】命令，该步骤是将动画逆向播放，即使图形对象做逆时针3D旋转运动，如图2.99所示。

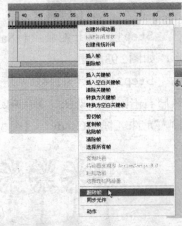

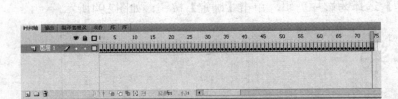

图2.98　多帧复制　　　　　　　　　　　　　图2.99　同时翻转多个帧

Step9：按快捷键Ctrl+Enter测试影片，可以看到舞台上的对象先做顺时针3D旋转变形运动，然后做逆时针3D旋转变形运动，效果图如图2.100所示。完成后的源程序参见配套资料Sample\ Chapter02\02_11_finish.fla文件。

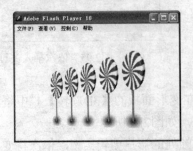
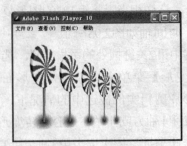

图2.100　3D旋转变形动画效果图

第3章 处理颜色

在Flash中，颜色是一个相当重要的因素。Flash提供了多种应用、创建和修改颜色的方法。本章将详细讨论与颜色有关的概念和Flash中对颜色的处理。

3.1 样本面板

每一个Flash影片都包含自己的调色板，并存储在Flash文档中。Flash将文件的调色板显示为填充颜色和笔触颜色控件以及颜色样本面板中的样本（用小方块显示的颜色），如图3.1所示。

默认的调色板是216色的Web安全调色板，用户也可以根据需要添加、编辑、删除和复制需要的颜色，并且导入和导出所创建的自定义调色板。这些操作都是通过单击颜色样本面板右上角的选项菜单来完成的。

选项菜单中有如下选项。

·直接复制样本：自动复制当前选定的样本。

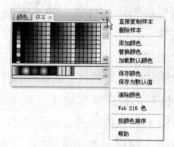

图3.1 颜色样本面板

·删除样本：删除当前选定的样本。

·添加颜色：允许用户添加以CLR（Flash颜色集）或ACT（颜色表）文件格式保存的调色板，只需选择该选项，然后定位到硬盘上的文件并选择即可。

·替换颜色：允许用户使用导入的调色板来替换当前的调色板，只需选择该选项，然后定位到硬盘上的文件并选择即可。

·加载默认颜色：如果已经处理完当前调色板，可以使用该选项返回到Web安全调色板。

·保存颜色：要导出调色板，选择该选项打开【导出色样】对话框，定位到要保存调色板的位置，从Windows系统的【保存类型】下拉菜单中选择【Flash颜色设置】或【颜色表】，然后单击【保存】按钮。

·保存为默认值：将当前的调色板保存为默认的调色板，选择【加载默认颜色】选项后，将加载这个默认调色板。

·清除颜色：自动从当前调色板中删除除了黑色和白色以外的所有颜色。

·Web 216色：将当前调色板切换到Web安全调色板。

·按颜色排序：根据色调重新排列颜色，这样可以在当前的调色板中快速定位给定的颜色。

剩下的一些选项是关于颜色面板本身的操作，如组合至其他面板、重命名、关闭等。

3.2 颜色面板

样本面板显示的是当前调色板中单独的颜色，而颜色面板能够提供更改笔触和填充颜色以及创建多色渐变的选项。它可以创建和编辑纯色，也可以创建和编辑渐变色，并使用渐变达到

图3.2　颜色面板

各种效果，如赋予二维对象以深度感。例如，可以用渐变将一个简单的二维圆形变为球体，从一个角度用光照射该表面并在球体对面投下阴影即可。如图3.2所示为颜色面板。

颜色面板有如下选项。

- 笔触颜色：更改图形对象的笔触或边框的颜色。

- 填充颜色：更改填充颜色。填充是填充形状的颜色区域。

- 类型菜单：更改填充样式。

无：删除填充。

纯色：提供一种单一的填充颜色。

线性：产生一种沿线性轨道混合的渐变。

放射状：产生从一个中心焦点出发沿环形轨道向外混合的渐变。

位图：用可选的位图图像平铺所选的填充区域。选择该选项时，系统会显示一个对话框，可以通过该对话框选择本地计算机上的位图图像，将其添加到库中并可使用此位图用作填充。其外观类似于形状内填充了重复图像的马赛克图案。

- RGB：可以更改填充的红、绿和蓝（RGB）的色密度。

- Alpha：可设置实心填充的不透明度，或者设置渐变填充的当前所选滑块的不透明度。如果Alpha值为0%，则创建的填充不可见（即透明）；如果Alpha值为100%，则创建的填充不透明。

- 当前颜色样本：显示当前所选颜色。如果从填充【类型】菜单中选择某个渐变填充样式（线性或放射状），则【当前颜色样本】将显示所创建的渐变内的颜色过渡。

- 系统颜色选择器：可以直观地选择颜色。单击【系统颜色选择器】，然后拖动十字准线指针，直到找到所需颜色。

- 十六进制值：显示当前颜色的十六进制值。十六进制颜色值（也叫做HEX值）是6位的字母数字组合，每种组合代表一种颜色。

- 溢出：控制超出线性或放射状渐变限制进行应用的颜色。

扩展：（默认）将指定的颜色应用于渐变末端之外。

镜像：利用反射镜像效果使渐变颜色填充形状。指定的渐变色以下面的模式重复，从渐变的开始到结束，再以相反的顺序从渐变的结束到开始，再从渐变的开始到结束，直到所选形状填充完毕。

重复：从渐变的开始到结束重复渐变，直到所选形状填充完毕。

3.3　混合纯色

每个Flash文件都包含自己的调色板，该调色板存储在Flash文档中。Flash将文件的调色板显示为【填充颜色】控件、【笔触颜色】控件以及样本面板中的样本。默认的调色板是216色的Web安全调色板。

利用颜色面板可以创建纯粹的RGB（红、绿、蓝）、HSB（色调、饱和度、亮度）或十六进制计数法颜色。创建某种颜色后，就可以将它添加到当前的调色板中，并显示在颜色样本面板中。

下面将详细介绍如何使用颜色面板创建和混合纯色。

1. 混合RGB颜色

混合RGB颜色的步骤如下。

Step1：从颜色面板的填充样式下拉菜单中选择【纯色】，如图3.3所示。

Step2：从颜色面板的选项菜单中选择RGB，如图3.4所示。

Step3：分别在红、绿和蓝栏中输入数值，如图3.5所示。可以使用单独颜色通道旁边的滑块来调整数值。也可以通过单击颜色框中的颜色来选择。相应的RGB代码将会自动显示在颜色通道栏中。

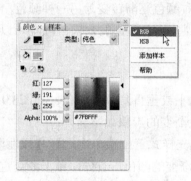
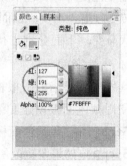

| 图3.3 选择【纯色】 | 图3.4 选择RGB | 图3.5 颜色面板中的红、绿和蓝栏 |

Step4：如果想处理颜色透明度，在Alpha栏中输入数值（或调整滑块）来指定透明的程度。0%是完全透明，100%是完全不透明。

2. 混合HSB颜色

混合HSB颜色和混合RGB颜色基本上是一样的。只需要从颜色面板的选项菜单中选择HSB，在色相、饱和度和亮度栏中输入数值（以百分比的形式）即可；也可以使用鼠标在颜色框中选择一个颜色，并且通过在Alpha栏中输入数值（或拖动滑块）调整透明度，如图3.6所示。

3. 混合Hex颜色

混合Hex颜色的操作也类似。只需要在Hex栏中输入相应的Hex值即可，如图3.7所示。

使用RGB或HSB所创建的颜色的Hex值，将自动显示在Hex栏中。

另外，也可以通过使用鼠标在颜色条中单击来选择一种颜色。

4. 使用无填充样式

如果从填充样式下拉菜单中选择【无】，如图3.8所示，则绘制的任何对象（椭圆、矩形等）将不会有填充。

与填充样式下拉菜单中的其他选项不同，对象绘制完成后，用户将无法动态将对象填充更改为【无】。因此，如果想绘制一个没有填充的对象，必须在绘制之前从填充样式下拉列表中选择【无】。

图3.6　颜色面板中的色相、　　　　图3.7　Hex颜色栏　　　　图3.8　从填充样式下拉列表
　　　　饱和度和亮度栏　　　　　　　　　　　　　　　　　　　　　　中选择【无】

3.3.1　创建渐变色

渐变色是一种多色填充，即一种颜色逐渐转变为另一种颜色。使用Flash，可以将多达15种颜色转变应用于渐变，从而创作出某些令人震撼的效果。Flash可以创建两类渐变：线性渐变和放射状渐变，下面分别进行介绍。

1. 线性渐变

线性渐变是沿着一根轴线（水平或垂直）改变颜色，如图3.9所示。

使用颜色面板创建和编辑线性渐变的步骤如下。

Step1：打开颜色面板，从填充样式下拉菜单中选择【线性渐变】。

Step2：如果要更改所选择的渐变的颜色，首先，单击渐变定义栏下面的一个指针，当渐变慢慢地从一种颜色变化为另一种颜色时，所选择的指针将决定起始颜色或结束颜色，如图3.10所示。

Step3：当其中的某个指针被选中后，单击渐变定义栏上面的颜色样本，从打开的调色板中选择一种新的颜色，如图3.11所示。

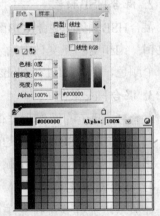

图3.9　线性渐变　　　图3.10　渐变定义栏的颜色指针　　　图3.11　从调色板中选择新颜色

Step4：要更改线性的特性，单击并拖动两个指针，指针之间的距离越远，线性变化越平缓。反之，指针之间的距离越近，线性变化就越快，如图3.12所示。

Step5：可以通过添加其他颜色来增加渐变的复杂性。实现的方法为，单击线性的颜色定义栏来添加额外的指针。添加指针后，就可以按照Step4中的过程更改指针的颜色。将指针向下拖离渐变定义栏可删除它。

Step6：编辑完渐变色以后，可以从颜色面板的选项菜单中选择【添加样本】，将它添加到颜色样本面板中以便日后直接调用。

2. 放射状渐变

放射状渐变与线性渐变非常类似，但不是以轴向而是从一个中心焦点向外发射改变颜色，如图3.13所示。可以调整渐变的方向、颜色、焦点位置，以及渐变的很多其他属性。

Flash提供对与Flash Player一起使用的线性和放射状渐变的附加控制，这些控制称作溢出模式。可以通过这些模式来指定如何在渐变之外应用颜色，如图3.14所示。

图3.12 指针之间的距离越近，　　　　图3.13 放射状渐变　　　图3.14 颜色面板的溢出模式
　　　　线性变化就越快

选中【线性RGB】复选框可以创建SVG兼容的（可伸缩的矢量图形）线性或放射状渐变，如图3.15所示。

用颜色面板创建或编辑渐变填充的步骤如下。

Step1：如果要将渐变填充应用到现有插图，先在舞台中选择一个或多个对象。

Step2：从颜色面板的选项菜单中选择以RGB（默认设置）或HSB颜色模式显示。

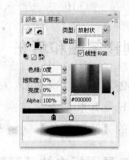

图3.15 选择【线性RGB】复选框

Step3：从【类型】菜单中选择一个渐变类型：线性或放射状。

Step4：如果要更改渐变中的颜色，则应从渐变定义栏下方选择一个颜色指针，然后双击渐变栏正下方显示的颜色空间，以显示【颜色选择器】。拖动【亮度】滑块可以调整颜色的亮度。

Step5：单击渐变定义栏或渐变定义栏的下方，可以添加一个新的颜色指针，并按照Step4所述为新指针选择一种颜色。最多可以添加15个颜色指针，从而可以创建多达15种颜色转变的渐变。

Step6：要改变渐变定义栏上的指针位置，可以沿着渐变定义栏拖动指针。将指针向下拖离渐变定义栏可以删除指针。

Step7：如果需要保存渐变，可以单击颜色面板右上角的三角形，然后从菜单中选择【添加样本】命令，即可将渐变添加到当前文档的样本面板中。

3.3.2 创建位图填充

可以使用颜色面板将位图作为填充应用到图形对象中。将位图应用为填充时，会平铺该位图以填充对象。

使用颜色面板将位图应用为填充的步骤如下。

Step1：在舞台上选择一个或多个图形对象。

Step2：选择【窗口】|【颜色】命令打开颜色面板。

Step3：在颜色面板中，从该面板中心的弹出菜单中选择【位图】。

Step4：如果影片中还没有导入其他的位图，则单击【导入】按钮，定位到要使用的位图，将其导入到库。

Step5：如果已经导入了位图，它们将显示在位图填充窗口中，如图3.16所示。

Step6：从位图填充窗口显示的缩略图中选择要作为填充的位图。图3.17为用位图填充图3.13中的球形得到的效果。

图3.16　显示导入位图　　　　　　　　　　　　　图3.17　位图填充效果

3.4　创建笔触和填充

在第2章中曾经介绍过，矢量图形使用直线和曲线来描述图像，每个矢量都具有两个属性：笔触（或轮廓）和填充。这两个属性决定了矢量图形的轮廓和整体颜色。利用工具面板和属性检查器中的【笔触颜色】和【填充颜色】控件都可以改变笔触和填充的样式及颜色。

3.4.1　工具面板中的【笔触颜色】和【填充颜色】控件

利用工具面板中的【笔触颜色】和【填充颜色】控件可以选择纯的笔触颜色、纯的或渐变的填充颜色，切换笔触和填充颜色，或者选择默认的笔触和填充颜色（黑色笔触及白色填充）。椭圆和矩形对象（形状）可以既有笔触颜色又有填充颜色。文本对象和刷子笔触只有填充颜色。用线条、钢笔和铅笔工具绘制的线条只有笔触颜色。

工具面板中的【笔触颜色】和【填充颜色】控件可设置用绘画和涂色工具创建的新对象的涂色属性。要用这些控件来更改现有对象的涂色属性，必须首先在舞台中选择对象。

　渐变色样本只出现在【填充颜色】控件中。

使用工具面板中的控件应用笔触和填充颜色的步骤如下。

Step1：单击笔触或填充颜色框旁边的三角形，然后从弹出窗口中选择一个颜色样本。渐变色只能用作填充颜色。

Step2：单击弹出窗口中的【系统颜色选择器】按钮，然后选择一种颜色。

Step3：在颜色弹出窗口的文本框中输入颜色的十六进制值。

Step4：单击工具面板中的【黑白】按钮，恢复默认颜色设置（白色填充及黑色笔触）。

Step5：单击弹出窗口中的【没有颜色】按钮，删除所有笔触或填充。

Step6：单击工具面板中的【交换颜色】按钮，在填充和笔触之间交换颜色。

 【没有颜色】按钮只有在创建新椭圆或新矩形时才会出现。用户可以创建没有笔触或填充的新对象，但不能对现有对象使用【没有颜色】功能，而只能选择现有的笔触或者填充，然后删除它。

3.4.2 属性检查器中的【笔触颜色】和【填充颜色】控件

要更改选定对象的笔触颜色、样式和粗细，也可以使用属性检查器中的【笔触颜色】控件。对于笔触的样式，可以从Flash预先加载的样式中选择，也可以创建自定义样式。

要选择纯色填充，可以使用属性检查器中的【填充颜色】控件。

使用属性检查器设置笔触颜色、样式和粗细的具体步骤如下。

Step1：选择舞台上的对象。

Step2：如果看不到属性检查器，请选择【窗口】|【属性】。

Step3：要选择笔触样式，单击【样式】旁边的三角形，然后从菜单中选择一个选项。要创建自定义样式，从属性检查器中选择【自定义】命令，然后在【笔触样式】对话框中选择选项，单击【确定】按钮。

 选择非实心笔触样式会增加文件的大小。

Step4：要选择笔触粗细，请单击【粗细】旁边的三角形，然后将滑块设置在所需的粗细的位置。

Step5：执行以下操作之一，指定笔触高度。

· 在【高度】弹出菜单中，选择其中一个预设值。预设值以磅表示。

· 在【高度】文本框中输入一个介于0到200之间的值，然后按Enter键。

Step6：选择【笔触提示】复选框，启用笔触提示。笔触提示可在全像素下调整直线锚记点和曲线锚记点，防止出现模糊的垂直或水平线。

Step7：选择【端点】选项，设定路径终点的样式。

· 无：对齐路径终点。

· 圆角：路径终点为圆角。

· 方型：超出路径半个笔触宽度。

Step8：（可选）如果正在使用铅笔或刷子工具绘制线条，且绘制模式设置为【平滑】，可以用【平滑】弹出滑块指定Flash平滑所绘线条的程度。

默认情况下，平滑值设为50，但是可以指定介于0到100之间的值。平滑值越大，所得线条就越平滑。

绘制模式设为【直线化】或【墨水】时，禁用【平滑】弹出滑块。

Step9：选择一个【接合】选项，定义两个路径片段的相接方式：尖角、圆角或斜角，如

图3.18所示。要更改开放或闭合路径中的转角，先选择一个路径，然后选择另一个接合选项。

　　Step10：为了避免尖角接合倾斜，可以输入一个尖角限制值。超过这个值的线条部分将被切成方型，而不形成尖角。例如，如果一个3磅笔触的尖角限制为2，则该点长度是该笔触粗细的两倍时，Flash就删除限制点，如图3.19所示。

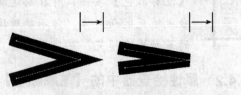

图3.18　定义两个路径片段的相接方式　　　　　　图3.19　删除限制点

　　使用属性检查器应用纯色填充的步骤如下。

　　Step1：在舞台上选择一个或多个对象。

　　Step2：选择【窗口】|【属性】命令。

　　Step3：要选择颜色，请单击【填充颜色】框边上的三角形，然后执行以下操作之一。

　　• 从调色板中选择一个颜色样本。

　　• 在文本框中输入颜色的十六进制值。

3.5　修改笔触和填充

　　利用工具面板和属性面板可以设置图形的填充和笔触，还可以利用工具面板中的多个工具修改填充和笔触，下面一一进行介绍。

3.5.1　使用墨水瓶工具修改笔触

　　工具面板中的墨水瓶工具 可以更改笔触的颜色、宽度和样式。使用墨水瓶工具的好处是，相对于只选择单独的笔触并使用属性检查器，使用该工具可以同时更改多个对象的笔触属性。

　　使用墨水瓶工具的步骤如下。

　　Step1：在舞台上不用选择任何对象，从工具面板中的工具部分选择墨水瓶工具 。

　　Step2：如果属性检查器没有打开，选择【窗口】|【属性】命令打开它，属性检查器中将显示墨水瓶工具，如图3.20所示。

图3.20　显示有墨水瓶工具的属性检查器

　　Step3：选择一种笔触颜色、笔触高度和笔触样式。

　　Step4：当鼠标变成墨水瓶形状时，将其移动到要更改的笔触上并单击，目标笔触将自动进行更改，反映出在属性检查器中所选择的选项。

　　在属性检查器中设置墨水瓶工具的属性以后，属性将保持不变。这样可以继续单击舞台上的其他笔触，它们都会相应发生变化，改变为属性检查器中的笔触属性。

实例3.1 好消息

下面这个例子将练习使用墨水瓶工具改变笔触的样式。

Step1：打开配套资料Sample\Chapter03\ 03_01_before.fla文件，界面如图3.21所示。

Step2：选择工具面板中的墨水瓶工具，在属性检查器的【笔触样式】下列菜单中选择斑马线，如图3.22所示。

Step3：移动鼠标到编辑区中信封的边线上，单击鼠标左键，如图3.23所示。

图3.21 绘制好边线的信封

Step4：继续使用墨水瓶工具单击其余边线，最后得到如图3.24所示的效果，完成后的源程序参见配套资料Sample\03_01_finish.fla文件。

图3.22 选择笔触样式　　　　图3.23 用墨水瓶工具单击信封边线　　　图3.24 效果图

3.5.2 使用颜料桶工具更改填充

墨水瓶工具更改的是对象笔触的特性，颜料桶工具则使用颜色来填充整个区域，它不仅可以直接填充空白区域，还可以更改已经被填充的区域的颜色。可以使用纯色、渐变色和位图填充进行绘图。利用颜料桶工具还可以填充没有完全封闭的区域。

使用颜料桶工具的步骤如下。

Step1：从工具栏中选择颜料桶工具。

Step2：选择一种填充颜色和样式。

Step3：单击工具面板选项区的【空隙大小】，然后选择一个空隙大小选项。如果要在填充形状之前手动封闭空隙，可选择【不封闭空隙】。对于复杂的图形，手动封闭空隙会更快一些。

Step4：当鼠标变成颜料桶形状时，将其移动到空的形状或已有的填充上单击，目标区域将自动使用在属性检查器中设置的颜色进行填充。

图3.25所示为使用颜料桶工具对图形进行填充的前后效果图。练习程序见配套资料Sample\Chapter03\03_02_before.fla文件，完成填充后的程序见配套资料Sample\Chapter03\03_02_finish.fla文件。

颜料桶工具能够填充还没有完全封闭的对象。当从工具面板中选择颜料桶工具后，工具面板选项区将显示颜料桶的选项设置，如图3.26所示。

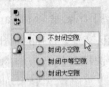

图3.25 使用颜料桶工具填充图形　　　　　图3.26 颜料桶工具的选项设置

- 不封闭空隙：只填充封闭的区域，即没有空隙时才能填充。
- 封闭小空隙：填充有小缺口的区域。
- 封闭中等空隙：可以填充有一半缺口的区域。
- 封闭大空隙：可以填充有大缺口的区域。

3.5.3 使用渐变变形工具

渐变变形工具[图]过去是颜料桶工具的选项，从Flash MX以后成为一个单独的工具，利用该工具可以调整填充的大小、方向或者中心，使渐变或位图填充发生变形。

使用渐变变形工具调整渐变或位图填充的步骤如下。

Step1：从工具面板中选择渐变变形工具[图]。

Step2：单击一个用渐变或位图填充的区域，显示一个带有编辑手柄的边框。当指针在这些手柄中的任何一个上面时，它会发生变化，显示该手柄的功能。根据是否使用线形渐变、放射状渐变或位图填充，将会得到不同的手柄，如图3.27所示。

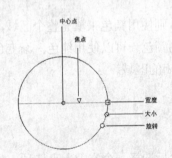

图3.27 不同形状编辑手柄的含义

- 中心点：选择和移动中心点手柄可以更改渐变的中心点。中心点手柄的变换图标是一个四向箭头。
- 焦点：选择焦点手柄可以改变放射状渐变的焦点。仅当选择放射状渐变时，才显示焦点手柄。焦点手柄的变换图标是一个倒三角形。
- 大小：单击并移动边框边缘中间的手柄图标可以调整渐变的大小。大小手柄的变换图标是内部有一个箭头的圆。

- 旋转：单击并移动边框边缘底部的手柄可以调整渐变的旋转。旋转手柄的变换图标是四个圆形箭头。
- 宽度：单击并移动方形手柄可以调整渐变的宽度。宽度手柄的变换图标是一个双向箭头。

在线形渐变填充的情况下，所显示的边界框是一个矩形，并带有中心点，在右上角有一个控制旋转的圆形手柄和控制宽度的方形手柄，如图3.28（a）所示。

如果使用的是放射状渐变填充，边界框是一个椭圆，带有3个分别控制宽度、大小和旋转的手柄，圆中心是控制渐变中心和放射渐变焦点的手柄，如图3.28（b）所示。

当使用位图填充时，用渐变变形工具单击得到的是一组不同形状的控制手柄，分别能够控制位图填充的长度、宽度、旋转以及中心点，如图3.29所示。

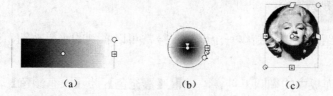

（a）　　　　　（b）　　　　　（c）

图3.28　使用渐变变形工具显示编辑手柄

按下Shift键可以将线性渐变填充的方向限制为45°的倍数。

Step3：用下面的任何方法都可以更改渐变或填充的形状，练习程序参见配套资料Sample\Chapter03\03_03.fla文件。

拖动中心点可以改变渐变或位图填充的中心点的位置，如图3.29（a）所示。拖动边框边上带箭头的手柄，可以分别调整位图填充的宽度和高度，如图3.29（b）和（c）所示。注意此选项只调整填充的大小，而不调整包含该填充的对象的大小。拖动边框上的平行四边形，可以使位图填充发生扭曲变形，如图3.29（d）所示。拖动角上的圆形旋转手柄可以旋转渐变或位图填充，如图3.29（e）所示。再试着将位图填充的宽度和高度进一步缩小，将得到如图3.29（f）所示的位图平铺的特殊效果。

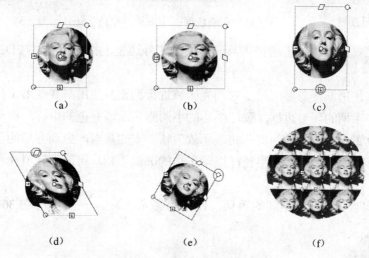

（a）　　　　　　　（b）　　　　　　　（c）

（d）　　　　　　　（e）　　　　　　　（f）

图3.29　更改位图填充的形状

如果是线形渐变填充，边框中心的方形手柄可以进行缩放，如图3.30所示。如果是放射状渐变填充，拖动环形边框中间的圆形手柄可以更改环形渐变的焦点，如图3.31所示。

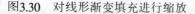

图3.30　对线形渐变填充进行缩放　　　　　图3.31　改变环形渐变的焦点

实例3.2 水晶按钮的制作

下面将运用前面介绍的知识，制作一个网页上经常可以看到的水晶按钮，效果图如图3.32所示。

Step1：选择工具面板中的椭圆工具 ，设置【填充色】为【没有颜色】，按住Shift键，在舞台上绘制出一个空心的正圆。

Step2：执行【窗口】|【颜色】命令，打开颜色面板，在其中选择填充类型为【放射状】，在颜色条下，单击左端的颜色指针，设置为浅紫色（#D9C8FD），如图3.33所示，单击右端的颜色指针，设置为深紫色（#5407E4）。

Step3：选择工具面板中的颜料桶工具 ，单击圆的中心略偏下的地方，将刚设置的渐变色填充到圆中，成为按钮下方的高亮色，如图3.34所示。

图3.32 水晶按钮　　　　图3.33 在颜色面板中设置渐变色　　　　图3.34 设置高亮色

Step4：在工具面板中单击选择工具，单击圆的外边框，将其选中，按Delete键，将它删除。

Step5：现在使用渐变变形工具 对高光区域进行调整。使用渐变变形工具单击图形，会出现一个带有三个手柄的环形边框，圆环中心的小圆圈表示填充色的中心，拖动此中心点，可以改变渐变色的位置，圆环中心的倒三角表示放射状渐变的焦点；拖动方形的手柄可以改变填充渐变色的宽度，更改环形渐变的半径；拖动下边的圆形手柄，可以旋转填充色的方向，如图3.35所示。

Step6：先向圆心处拖拉中间的手柄，使中间高光色缩小一些，如图3.36所示。

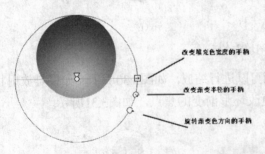

改变填充色宽度的手柄
改变渐变半径的手柄
旋转渐变色方向的手柄

图3.35 显示控制手柄　　　　　　　图3.36 拖动手柄调整大小

Step7：再按住方形手柄向外拉，使高光色变得扁一点，如图3.37所示。

Step8：再次使用椭圆工具绘制出一个椭圆，并移动到如图3.38所示的位置。

Step9：在颜色面板的【填充样式】下列菜单中选择【线性渐变】，设置左边颜色指针为白色（#FFFFFF），右边颜色指针依然为深紫色（#5407E4），为了更好地和刚才设置的颜色相融合，把右边颜色指针的**Alpha**值设为0%，如图3.39所示。

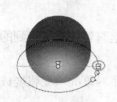

图3.37 拖动手柄调整宽度　　　图3.38 再次绘制椭圆　　　图3.39 设置线形渐变色

Step10：使用颜料桶工具为小椭圆填充线形渐变色，然后使用选择工具删除小椭圆的边框线，如图3.40（a）所示。

Step11：选择渐变变形工具 ，单击图形，如图3.40（b）所示，图形周围出现编辑手柄。拖动小圆圈，顺时针旋转手柄90°，如图3.40（c）所示。线性渐变上显示的与径向渐变圆环外框不同，线性渐变为两条平行的直线，其中一条上有方形和圆形的手柄，方形手柄缩放渐变色，圆形手柄改变渐变色方向，如图3.40（d）所示。和径向渐变一样拖动中心点调节渐变色的中心位置，用鼠标拖动中心点，向上略提一点。按住方形手柄向圆心处拖拉，使渐变色缩小一些，如图3.40（e）所示。单击图形外部任意处取消选中，按钮就做好了。

完成后的程序参见配套资料Sample\Chapter03\03_04.fla文件。

（a）　　　　（b）　　　　（c）　　　　（d）　　　　（e）

图3.40 调整渐变填充

3.5.4 使用滴管工具采样

滴管工具 位于工具面板的工具部分，它可以从已存在的线条和填充中获得颜色信息，然后把它应用到另一个对象上。滴管工具还允许用户从位图图像取样用作填充。

1. 使用滴管工具对笔触进行采样

Step1：单击选中工具面板中的滴管工具。

Step2：将滴管工具移动到舞台中对象的笔触上，光标将从一个简单的滴管变成一个右侧带有小型铅笔标记的滴管，如图3.41（a）所示。

Step3：单击鼠标一次，滴管工具将会立即变成墨水瓶工具，这时可以将采集到的笔触颜色应用到其他对象的笔触上。

Step4：将墨水瓶标记的光标移动到其他笔触上并单击，第二个对象的笔触将变成第一个对象的笔触，如图3.41（b）所示。

练习程序参见配套资料Sample\Chapter03\03_05.fla文件。

2. 使用滴管工具对填充进行采样

Step1：单击选中工具面板中的滴管工具。

Step2：将滴管工具移动到舞台中对象的填充上，光标将从一个简单的滴管变成一个右侧带有小刷子的滴管，如图3.42（a）所示。

Step3：单击鼠标一次，滴管工具将会立即变成颜料桶工具，这时可以将采集到的填充颜色应用到其他对象的填充上。

Step4：将颜料桶标记的光标移动到其他填充上并单击，第二个对象的填充将变成第一个对象的填充，如图3.42（b）所示。

练习程序参见配套资料Sample\Chapter03\03_06.fla文件。

　　（a）　　　　　　　　（b）

图3.41　使用滴管工具对笔触进行采样

　　（a）　　　　　　　　（b）

图3.42　使用滴管工具对填充进行采样

 使用滴管工具单击一个对象的同时按下Shift键，可以同时对填充和笔触进行采样，并同时将采集得到的填充和笔触应用到其他对象上。

3. 使用滴管工具对位图图像进行采样

使用滴管工具还可以对位图图像进行采样，它可以将整幅图形吸入作为绘制工具的填充色，但使用滴管工具吸取的图形不能是位图图像，必须先将位图打散为矢量图形才可以。

3.5.5　使用橡皮擦工具

使用橡皮擦工具 进行擦除可删除笔触和填充。对于工作区中的图形，除了使用套索工具可以删除不需要的内容外，还可以使用橡皮擦工具擦除。橡皮擦工具几乎和真正的橡皮擦一样方便，只需要从工具面板中选择橡皮擦工具 并移动到舞台上要擦除的地点，单击并拖动橡皮擦直到完全擦除想要删除的内容。用户可以快速擦除舞台上的任何内容，擦除个别笔触段或填充区域，或者通过拖动进行擦除。

在工具面板中选择橡皮擦工具后，在工具面板的选项区将显示下列功能项：擦除模式、擦除形状和水龙头。

- 擦除模式：用来设定擦除的区域。
- 擦除形状：用来设定橡皮擦的形状。
- 水龙头：一次性擦除边线和填充。

1. 选择橡皮擦模式

橡皮擦的擦除模式有5种：标准擦除、擦除填色、擦除线条、擦除所选填充、内部擦除，如图3.43所示。

· 标准擦除：擦除它经过的当前图层上的所有线条和填充。

· 擦除填色：只擦除填充区域，不会影响线条。

· 擦除线条：只擦除笔触，不影响填充。

· 擦除所选填充：只擦除当前选中的填充区域，不会影响未被选中的线条和填充。

· 内部擦除：只擦除开始时的填充区域。如果从空白点开始擦除，则不会擦除任何内容。以这种模式使用橡皮擦并不影响笔触。

图3.44分别为不同擦除模式下的效果图。

图3.43　橡皮擦的5种擦除模式　　　　　图3.44　5种不同效果擦除模式

2. 选择水龙头选项

水龙头可以一次擦除边线和填充，只要选择工具面板中的橡皮擦工具，单击选项区的【水龙头】，然后在要删除的部位单击鼠标，就可以同时擦除边线和填充，如图3.45所示。

3. 选择橡皮擦形状

与刷子工具类似，选中橡皮擦工具后，接着可以在选项区指定橡皮擦工具的大小和形状。

要更改橡皮擦工具的形状和大小，可以在使用橡皮擦工具之前从下拉菜单中重新进行选择，如图4.46所示为选择两种不同的橡皮擦形状的擦除效果。

图3.45　使用【水龙头】擦除　　　　　图3.46　选择不同的橡皮擦形状的擦除效果

3.6　锁定填充

用户可以锁定渐变色或位图填充，使填充看起来好像扩展到整个舞台，并且用该填充涂色的对象好像是显示下面的渐变或位图的遮罩。

当用户随刷子或颜料桶工具选择了【锁定填充】并用该工具涂色的时候，位图或者渐变填充将扩展覆盖用户在舞台中涂色的对象，效果图分别如图3.47和图3.48所示。

图3.47　锁定填充下的渐变色填充　　　　　图3.48　锁定填充下的位图填充

使用锁定渐变填充的步骤如下。

Step1：选择刷子或者颜料桶工具，然后选择作为填充的渐变或位图。

Step2：从颜色面板的【类型】菜单中选择【线性渐变】或者【放射状渐变】，然后选择刷子或者颜料桶工具。

Step3：单击【锁定填充】。

Step4：首先对要放置填充中心的区域进行涂色，然后移到其他区域。

使用锁定位图填充的步骤如下。

Step1：选择要使用的位图。

Step2：先从颜色面板的【类型】菜单中选择【位图】，然后再选择刷子或者颜料桶工具。

Step3：单击【锁定填充】。

Step4：首先对要放置填充中心的区域进行涂色，然后移到其他区域。

第4章 元件、实例和库资源

元件是Flash中最重要也是最基本的元素，它对文件的大小和交互能力起着重要作用。任何一个复杂的动画都是借助元件来完成的，它们存储在元件库中，不仅可以在同一个Flash作品中重复使用，也可以在其他Flash作品中重复使用。当把元件从元件库中拖至舞台时，实际上并不是把元件自身放置在舞台上，而是创建了一个被称为实例的元件副本，因此可以在不改变原始元件的情况下，多次使用和更改元件实例，比如修改实例的大小、颜色、透明度等，如图4.1所示。

图4.1　元件和实例

4.1　了解元件

元件是在Flash中创建的图形、按钮或影片剪辑，可以在整个文档和其他文档中重复使用。元件还包含从其他应用程序中导入的插图。

每个元件都有一个唯一的时间轴和舞台以及几个层。创建元件时要选择元件类型，这取决于用户在文档中如何使用该元件。Flash元件有3种不同的类型。

• 图形元件：图形元件可用于静态图像，并可用来创建连接到主时间轴的可重用动画片段。图形元件与主时间轴同步运行。交互式控件和声音在图形元件的动画序列中不起作用。

• 按钮元件：使用按钮元件可以创建响应鼠标点击、滑过或其他动作的交互式按钮。可以定义与各种按钮状态关联的图形，然后将动作指定给按钮实例。

• 影片剪辑元件：影片剪辑是一种小型影片，既可以包含影片又可以被放置在另一个影片中，还能够无限次嵌套使用。因此在一个影片剪辑中可以包含另一个影片剪辑，而在另一个影片剪辑中又可以包含其他的影片剪辑。

影片剪辑拥有独立于主时间轴的多帧时间轴。影片剪辑可以看作是主时间轴内的嵌套时间轴，可以包含交互式控件、声音甚至其他影片剪辑实例。也可以将影片剪辑实例放在按钮元件的时间轴内，以创建动画按钮。

4.1.1 创建元件

可以通过舞台上选定的对象来创建元件，也可以创建一个空元件，然后在元件编辑模式下制作或导入内容。

通过使用包含动画的元件，用户可以在很小的文件中创建包含大量动作的**Flash**应用程序。如果有重复或循环的动作，例如鸟的翅膀上下翻飞，应该考虑在元件中创建动画。

1. 创建新元件

创建新元件有以下2种方法。

第一种方法是将选定元素转换为元件，具体步骤如下。

Step1：舞台上选择一个或多个元素，执行下列操作之一。

· 选择【修改】|【转换为元件】命令。

· 将选中元素拖到库面板上。

· 用右键单击，然后从上下文菜单中选择【转换为元件】。

Step2：在【转换为元件】对话框中输入元件名称并选择行为。

Step3：在注册网格中单击，以便放置元件的注册点。

Step4：单击【确定】按钮。

Flash会将该元件添加到库中。舞台上选定的元素此时就变成了该元件的一个实例。创建元件后，通过选择【编辑】|【编辑元件】命令在元件编辑模式下编辑该元件，也可以通过选择【编辑】|【在当前位置编辑】命令在舞台的上下文中编辑该元件。

第2种方法是直接创建空元件，具体步骤如下。

Step1：执行下列操作之一。

· 选择【插入】|【新建元件】命令。

· 单击库面板左下角的【新建元件】按钮。

· 从库面板右上角的【库面板】菜单中选择【新建元件】命令。

Step2：在【创建新元件】对话框中输入元件名称并选择行为。

Step3：单击【确定】按钮。

Flash会将该元件添加到库中，并切换到元件编辑模式。在元件编辑模式下，元件的名称将出现在舞台左上角的上面，并由一个十字光标指示该元件的注册点。

Step4：要创建元件内容，可利用时间轴，使用绘画工具直接绘制、从外部导入素材或先创建其他元件的实例。

Step5：如果要返回到文档编辑模式，请执行下列操作之一。

· 单击【返回】按钮。

· 选择【编辑】|【编辑文档】命令。

· 在编辑栏中单击场景名称。

在创建元件时，注册点位于元件编辑模式窗口的中心。可以将元件内容放置在与注册点相关的窗口中。要更改注册点，在编辑元件时，应相对于注册点移动元件内容。

实例4.1 制作按钮

下面将演示如何制作一个具有特殊效果的眼睛按钮。

Step1：打开配套资料Sample\Chapter04\04_01_before.fla文件，注意，库中已经导入了一系列眼睛序列的图片，双击库中的eye_mc影片剪辑，进入该元件的编辑模式，按Enter键可测试该元件的动画效果，可以看到该影片剪辑是一个关于眼睛闭合的逐帧动画，如图4.2所示。

Step2：选择【插入】|【新建元件】命令，在弹出的【创建新元件】对话框中选择【按钮】类型，命名为"eye_button"，单击【确定】按钮，如图4.3所示。

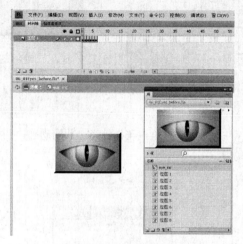

　　图4.2　测试影片剪辑　　　　　　　　　　　图4.3　创建按钮元件

Step3：创建按钮元件后，库面板中出现一个手形图标，这是按钮的图标。

按钮实际上是4帧的交互影片剪辑。为元件选择按钮行为时，Flash会创建一个包含4帧的时间轴。前3帧显示按钮的3种可能状态，第4帧定义按钮的活动区域。时间轴实际上并不播放，它只是对指针运动和动作做出反应，跳转到相应的帧。这4种状态分别为：弹起、指针经过、按下和点击。

第1帧是弹起状态，代表指针没有经过按钮时该按钮的状态。

第2帧是指针经过状态，代表指针滑过按钮时该按钮的外观。

第3帧是按下状态，代表单击按钮时该按钮的外观。

第4帧是点击状态，定义响应鼠标单击的区域。此区域在SWF文件中是不可见的。

单击【弹起】帧，将位图6拖入工作区，对准舞台上的十字，执行【窗口】|【对齐】命令打开对齐面板进一步使图片对齐舞台中心，如图4.4所示。

Step4：接下来，用右键单击【指针经过】帧，从快捷菜单中选择【插入空白关键帧】，准备制作指针经过时的状态。从库中将位图1拖到舞台中心，并通过对齐面板调整至舞台中心，如图4.5所示。

Step5：接下来编辑按钮的"按下"状态，在该帧插入一个空白关键帧，从库中将事先制作好的影片剪辑元件eye_mc从库中拖到舞台中心，并利用对齐面板调整位置，如图4.6所示。

Step6：单击舞台上方的场景1图标回到主场景，从库中将已经制作好的按钮元件eye_button拖放到舞台中央，如图4.7所示，并可调整文档大小。

按快捷键Ctrl+Enter测试影片，按钮初始状态为闭合的眼睛，指针滑过时眼睛睁开，按下时有眨眼效果。完成后的源程序参见配套资料Sample\Chapter04\04_01_finish.fla文件。

2. 将舞台上的动画转换为影片剪辑元件

如果要在舞台上重复使用一个动画序列或将其作为一个实例操作，可以选择该动画序列并将其另存为影片剪辑元件。步骤如下。

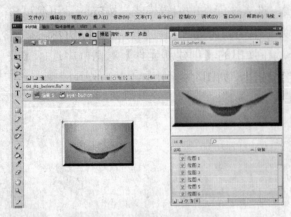

图4.4　创建【弹起】帧动画

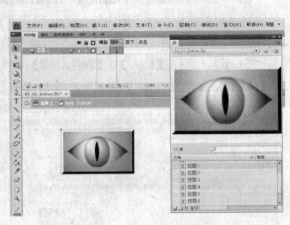

图4.5　创建【指针经过】帧动画

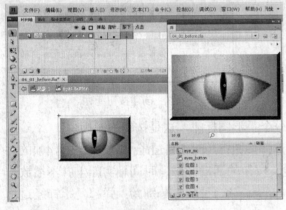

图4.6　创建【按下】帧动画

图4.7　测试按钮效果

Step1：在主时间轴上，首先选择动画序列的每一帧。

Step2：接着执行下列操作之一来复制帧。

·用右键单击任何选定的帧，然后从上下文菜单选择【复制帧】命令。如果要在将该序列转换为影片剪辑之后删除它，可以选择【剪切帧】命令。

·选择【编辑】|【时间轴】|【复制帧】命令。如果要在将该序列转换为影片剪辑之后删除它，可以选择【剪切帧】。

Step3：取消所选内容并确保没有选中舞台上的任何内容，选择【插入】|【新建元件】命令。

Step4：在打开的【创建新元件】对话框中为元件命名。【类型】为【影片剪辑】，然后单击【确定】按钮。

Step5：在时间轴上，单击第1层上的第1帧，然后选择【编辑】|【时间轴】|【粘贴帧】命令。

此操作将把从主时间轴复制的帧（以及所有图层和图层名）都粘贴到该影片剪辑元件的时间轴上。在所复制的帧中，所有动画、按钮或交互性控件现在已成为一个独立的动画（影片剪辑元件），然后可以重复使用该影片剪辑。

Step6：如果要返回到文档编辑模式，请执行下列操作之一：

·单击【返回】按钮。

· 选择【编辑】|【编辑文档】命令。

· 单击舞台上方编辑栏内的场景名称。

实例4.2 将舞台上的动画转换为影片剪辑

Step1：新建一个Flash文档。

Step2：选择【文件】|【导入】|【导入到舞台】命令，将配套资料Sample\Chapter04文件夹中的图片dog.gif导入到舞台，可以看到时间轴上有几个连续的关键帧，如图4.8所示。

Step3：按快捷键Ctrl+Enter测试影片，可以看到小狗跑动起来，如图4.9所示。

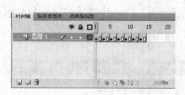

图4.8 时间轴显示

图4.9 狗的连续奔跑

Step4：单击时间轴下方的【编辑多个帧】按钮，时间轴上方会出现一对括号。分别拉动括号两端，延长第1帧至最后1帧，如图4.10所示。

Step5：按住Shift键，高亮显示所有帧，右击鼠标，从快捷菜单中选择【复制帧】，如图4.11所示。

Step6：选择【插入】|【新建元件】命令，在【名称】栏输入dog_mc，【类型】选择【影片剪辑】，如图4.12所示。

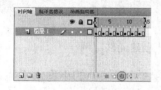

图4.10 编辑多个帧

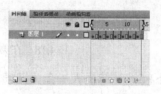

图4.11 复制多个帧

图4.12 创建新元件

Step7：完成后单击【确定】按钮进入元件编辑模式，如图4.13所示。

Step8：右击时间轴上图层1的第1帧，从快捷菜单中选择【粘贴帧】命令，将刚才复制的5个关键帧都一次性复制到图层1，如图4.14所示。

Step9：单击舞台上方的场景1图标，回到主场景。

Step10：高亮选中时间轴上的所有帧，右击鼠标，从快捷菜单中选择【删除帧】，如图4.15所示。

Step11：再单击取消选择【编辑多个帧】按钮。

图4.13 进入元件编辑状态

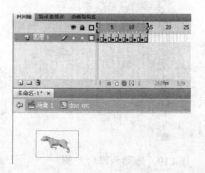

图4.14 粘贴帧

Step12：此时舞台上原有的图形被删除，可以创建影片剪辑的实例。

Step13：右击选中第1帧，从快捷菜单中选择【插入关键帧】，在第1帧处插入一个关键帧，如图4.16所示。

图4.15 删除帧

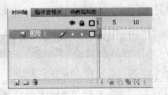
图4.16 插入关键帧

Step14：选择【窗口】|【库】命令，打开库面板，选中刚创建的影片剪辑dog_mc，在预览窗口中将出现一幅图片，如图4.17所示。

Step15：将该元件拖放到舞台右侧，即在舞台上创建了该元件的一个实例，如图4.18所示。

图4.17 库面板

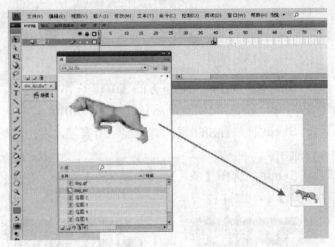
图4.18 在舞台上创建元件实例

Step16：在图层1的第40帧处按下F6键继续插入一个关键帧，将该关键帧处的小狗水平拖放到舞台左侧，如图4.19所示。

Step17：用右键单击第1帧至第40帧之间的任意一帧，从快捷菜单中选择【创建传统补间】命令创建补间动画，如图4.20所示。

图4.19 拖动至舞台左侧

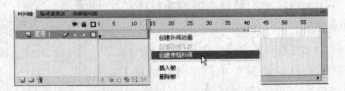
图4.20 创建传统补间动画

Step18：创建传统补间动画的时间轴如图4.21所示。

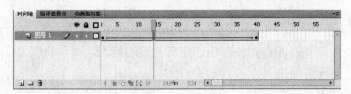

图4.21 时间轴显示

Step19：快捷键按Ctrl+Enter测试影片，可以看到小狗从屏幕左侧跑到右侧。完成后的源程序参见配套资料Sample/Chapter04/04_02.fla文件。

4.1.2 编辑元件

有3种模式可以对元件进行编辑：在当前位置编辑元件，在新窗口中编辑元件，在元件编辑模式下编辑元件。对元件进行编辑时，Flash会同时更新文档中该元件的所有实例。

1. 在当前位置编辑元件

在当前位置对元件进行编辑的步骤如下。

在舞台上双击该元件的一个实例，用右键单击，然后从快捷菜单中选择【在当前位置编辑】命令。或者在舞台上选择该元件的一个实例，然后选择【编辑】|【在当前位置编辑】命令对元件进行编辑。

编辑完毕后，下面4种方法都可以退出元件编辑状态。

· 单击【返回】按钮；

· 从编辑栏的【场景】菜单中选择当前场景名称；

· 选择【编辑】|【编辑文档】命令；

· 双击所编辑元件的外部。

使用【在当前位置编辑】命令将使被编辑对象在舞台上与其他对象一起进行编辑，但是其他对象以灰显方式出现以示区分。正在编辑的元件的名称显示在舞台顶部的编辑栏内，位于当前场景名称的右侧。

2. 在新窗口中编辑元件

在舞台上选择该元件的一个实例，用右键单击，然后选择【在新窗口中编辑】命令就可以对元件进行编辑。编辑完毕后，可以单击右上角的关闭框来关闭新窗口，然后在主文档窗口内单击，返回到主文档进行编辑。

3. 在元件编辑模式下编辑元件

首先执行下列操作之一来选择元件。

· 双击库面板中的元件图标；

· 在舞台上选择该元件的一个实例，用右键单击，然后从快捷菜单中选择【编辑】|【编辑元件】命令；

· 在舞台上选择该元件的一个实例，然后选择【编辑】|【编辑元件】命令；

· 在库面板中选择该元件，然后从库面板菜单中选择【编辑】命令，或者用右键单击库面板中的该元件，然后从快捷菜单中选择【编辑】命令。

编辑完毕后，可退出元件编辑状态，回到主文档。

4.1.3 复制元件

在Flash中，经常需要将现有元件作为创建新元件的起点，可以直接复制现有元件，然后在现有元件的基础上进行再加工。

使用库面板可以直接复制元件，也可以通过选择实例复制元件。

实例4.3　编辑元件

Step1：打开配套资料Sample\Chapter04\04_03_before.fla文件，里面有制作好的背景图片，红色的小心形是影片剪辑heart的实例，如图4.22所示。

Step2：利用舞台上的选择工具选择舞台上的红色小心形，右击鼠标，从快捷菜单中选择【复制】命令，如图4.23所示，然后选择【粘贴】或【粘贴到当前位置】命令，再继续使用选择工具调整实例位置，如图4.24所示。

图4.22　舞台上的背景图片和元件实例　　　　　　　　　图4.23　复制元件实例

Step3：选中任意一个心形实例，右击鼠标，从快捷菜单选择【在当前位置编辑】命令，如图4.25所示。

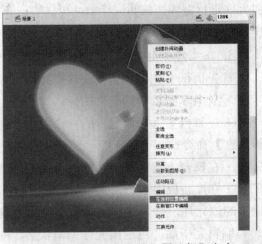

图4.24　复制多个实例　　　　　　　　　图4.25　选择【在当前位置编辑】命令

Step4：这时可以对"heart"元件进行编辑修改，而其他对象以灰显方式出现以示意区别。正在编辑的元件名称显示在舞台上方的编辑栏内，位于当前场景名称的右侧，如图4.26所示。

Step5：可以利用工具箱中的任意变形工具对heart元件进行旋转变形，会发现舞台上的其他心形实例也一起跟着发生旋转变形，如图4.27所示。

Step6：单击舞台顶部编辑栏左侧的【返回】按钮可以返回到主场景。

Step7：也可以选择元件实例，从快捷菜单中选择【在新窗口中编辑】命令，在一个单独的窗口中编辑元件。这时是在一个单独的窗口中编辑元件，可以同时看到该元件和主时间轴。正在编辑的元件名称会显示在舞台上方的编辑栏内，如图4.28所示。

图4.26 在当前位置编辑　　　　　图4.27 旋转元件　　　　　图4.28 在新窗口中编辑

无论在哪种模式下编辑元件，Flash将更新文档中该元件的所有实例，以反映编辑的结果。编辑元件时，可以使用任意绘画工具、导入介质或创建其他元件的实例。

Step8：按快捷键Ctrl+Enter测试影片，前后对比的效果如图4.29和图4.30所示。完成后的源程序参见配套资料Sample\Chapter04\04_03_finish.fla文件。

图4.29 旋转元件前　　　　　　　　　图4.30 旋转元件后

4.2 使用元件实例

4.2.1 创建实例

创建元件后，可以在文档任何地方创建该元件的实例。对元件进行修改，Flash会自动更新该元件的所有实例。

Flash只能将实例放在关键帧中，并且总在当前图层上。因此在时间轴上选择一层，将元件库中的元件拖到舞台上，就在舞台上创建了该元件的一个实例。

创建元件实例后，可以给实例命名，在ActionScript中使用实例名称来引用实例。命名元件实例的步骤如下。

Step1：在舞台上选择元件实例。

Step2：如果没有显示属性检查器，选择【窗口】|【属性】命令。

Step3：在属性检查器左侧的【实例名称】文本框中输入该实例的名称，如图4.31所示。Butterfly_ mc是所创建实例的名称，"蝴蝶"是库中元件的名称。

4.2.2 编辑实例属性

当把一个元件从库中拖动到舞台上时，实际上并不是将元件本身放置到舞台上，而是创建了一个副本（即实例），虽然实例来源于元件，但是每一个实例都有其自身的、独立于元件的属性。可以改变实例的色调、透明度和亮度，重新定义实例的类型（例如将图形类型改为影片剪辑类型），设置图形实例内动画的播放模式，调整实例的大小比例或使之旋转和倾斜等。所有这些修改都不会影响元件。因此，实例在完成修改后可以与其父元件完全不同，编辑库中的元件将会更新它所有的实例，编辑某元件的实例将只更新实例本身。

每个元件实例都可以有自己的色彩效果。可以通过属性检查器对实例的颜色和透明度选项进行设置，如图4.32所示。

在舞台上选择某实例，从【色彩效果】的【样式】菜单中可进行如下选择。

亮度：调节图像的相对亮度或暗度，度量范围从黑（-100%）到白（100%）。单击三角形并拖动滑块，或者在框中输入一个值可以调整亮度值。

色调：用相同的色相为实例着色。使用属性检查器中的色调滑块，或者在框中输入一个值调整色调百分比（从透明（0%）到完全饱和（100%）），或者在各自框中输入颜色值。

Alpha：调节实例的透明度，单击此三角形并拖动滑块，或者在框中输入一个值可以改变实例透明度，调节范围是从透明（0%）到完全饱和（100%）。

高级：分别调节实例的红色、绿色、蓝色和透明度值。在【高级】选项中，可以同时调整实例的颜色和透明度。对于在诸如位图这样的对象上创建和制作具有微妙色彩效果的动画时，该选项非常有用。

在【高级】对话框中可以调整实例的红、绿、蓝比例和Alpha值。左侧的控件可以按指定的百分比降低颜色或透明度的值。右侧的控件可以按常数值降低或增大颜色或透明度的值。如图4.33所示。当前的红、绿、蓝和Alpha值都乘以百分比值，然后加上右列中的常数值，产生新的颜色值。例如，如果当前红色值是100，把左侧的滑块设置在50%处并把右侧滑块设置到100%处，就会产生一个新的红色值150（[100×0.5] + 100 = 150）。

图4.31　命名实例　　　　图4.32　【样式】下拉菜单　　　图4.33　设置【高级】各参数值

4.2.3　交换实例

某些时候可能需要将一个实例同另一个实例进行交换，可以使用属性检查器中的【交换】按钮。步骤如下。

Step1：在主时间轴中，选择要进行交换的影片剪辑。

Step2：单击属性检查器中的【交换】按钮，如图4.34所示。

Step3：打开【交换元件】对话框后，选择要换入的元件，单击【确定】按钮，如图4.35所示。

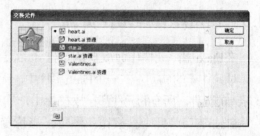

图4.34　交换元件　　　　　　　　　　图4.35　交换影片剪辑实例

交换功能不仅适用于影片剪辑元件，也适用于位图、图形元件、按钮等，使用交换功能最大的好处是交换后的实例会保留所有的原始实例属性（如色彩效果或按钮动作），如图4.36所示为交换元件后的前后效果，可以看到用星星交换心形后，星星出现在心形实例的原始位置，并继承星星实例事先设置好的透明度，练习程序参见配套资料Sample\Chapter04\04_04.fla文件。

4.2.4　获取实例信息

创建Flash应用程序时，特别是在处理同一元件的多个实例时，识别舞台上元件的特定实例是很困难的。可以使用属性检查器、信息面板或影片浏览器进行识别。

属性检查器会显示选定实例的元件名称，并有一个图标指明其类型（图形、按钮或影片剪辑）。此外，还可以查看下列信息：实例的行为和设置；对于所有实例类型，均可以查看色彩效果设置、位置和大小；对于图形，还可以查看循环模式和包含该图形的第一帧；对于按钮，还可以查看实例名称（如果指定）和跟踪选项；对于影片剪辑，还可以查看实例名称（如果指定）。对于位置，属性检查器显示元件注册点或元件左上角的x和y坐标，具体取决于在信息面板上选择的选项，如图4.37所示。

图4.36　交换元件的前后效果　　　　　　　图4.37　信息面板上的实例坐标

在信息面板上，可以查看实例的大小和位置，实例注册点的位置，实例的红色（R）、绿色（G）、蓝色（B）和Alpha（A）值（如果实例有实心填充），以及指针的位置。信息面板还显示元件注册点或元件左上角的x和y坐标，具体视所选的选项而定。要显示注册点的坐标，

图4.38　影片浏览器查看文档内容

可单击信息面板内坐标网格中的中心方框。要显示左上角的坐标，可单击坐标网格中的左上角方框。

在影片浏览器中，可以查看当前文档的内容，包括实例和元件，如图4.38所示。

4.3　使用库管理元件资源

在Flash中，元件库面板默认是打开的，也可以选择【窗口】|【库】命令或使用快捷键F11实现对元件库的访问。在一个Flash影片中，无论是图形元件、按钮元件、影片剪辑元件还是各种被导入的元件，所有的元件都存放在库中，库还提供了方便快捷的预览动画和声音文件的功能。

Flash还自带几个含按钮、图形、影片剪辑和声音的范例库，可以将这些元素添加到Flash文档中。Flash范例库和用户自己创建的永久库都列在【窗口】|【公用库】子菜单下，分为【声音】、【按钮】和【类】3大类。还可以将库资源作为SWF文件导出到一个URL中，从而创建运行时共享库。这允许用户从Flash文档链接到这些库资源，而这些文档用运行时共享导入元件。如图4.39所示是使用公用库中的元素在舞台上创建的实例。

4.3.1　库的概念

库是由特定的信息和工具组成，这些信息和工具用于使元件管理和操作变得更加方便容易。

在库面板中，按列的形式显示库中每个元件的信息。正常情况下，可以显示所有列的内容，也可以拖动面板的左边缘和右边缘调整库的大小。将指针放在列标题之间并拖动可以调整大小，但不能改变列的顺序。

选择元件库中的某个元件，该元件将显示在预览窗口中。当选中的文件类型是影片剪辑或声音文件时，预览窗口的右上角会出现播放按钮，单击播放按钮可以在预览窗口中欣赏影片剪辑或声音文件，如图4.40所示。

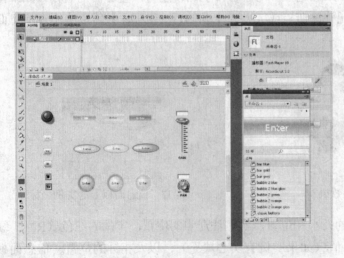

图4.39　公用库中的各种元件

图4.40　在预览窗口中播放声音文件

1. 库面板信息

库面板中包括以下元件信息：

· 名称：显示每个指定元件的名称，还可以显示导入文件（如音频文件和位图文件）的文件名。名称栏按字母顺序对元件名称排序，如果要将排列顺序取反，可以单击面板右边的【切换排列顺序】按钮。

· 链接：表示元件是与另一个影片共享还是从另一个影片中导入的。

· 使用次数：准确记录了每个元件被使用的次数，当建立非常复杂的动画时，可以确定在最后的影片中实际使用过的元件。

· 修改日期：表示元件或导入的文件最后被更新的时间。

· 类型：表示该元件为按钮、位图、图形、影片剪辑或声音类型。如果想将相同类型的项目放在一起，在【类型】标签上单击。

2. 库面板按钮

除了上述信息以外，库面板底部还包含几个重要的按钮，如图4.41所示。

· 新建元件：单击该按钮将打开【创建新元件】对话框，从而在库中直接创建元件。

· 新建文件夹：默认情况下，元件都存储在库的根目录下。单击该按钮可以在库内创建一个新文件夹，就像在Windows资源管理器中一样。使用文件夹可以更好地组织库面板中的项目，尤其是大型、复杂的动画。要将某个项目加入到一个文件夹中，单击该项目并将它拖放到文件夹中即可。双击文件夹，可以展开该文件夹。

· 属性：单击该按钮将打开【元件属性】对话框，在该对话框中可以修改选定元件的属性。

图4.41　库面板按钮

· 删除：可以删除库中的元件，选择要删除的元件，并单击【删除】按钮即可将选定元件从库中删除。

3. 库选项菜单

单击库面板右上角的菜单标记，可以打开库选项菜单，该菜单可以管理有关库的所有方面。用右键单击该项目能够访问这些选项的子集。

库面板的选项菜单包含如下菜单命令。

· 新建元件：类似于库面板底部的【新建元件】按钮，选择该命令也将打开【创建新元件】对话框，可以直接在库中创建新元件。

· 新建文件夹：类似于库面板中的【新建文件夹】按钮，选择该命令可以创建一个文件夹用于组织影片元件的资源。

· 新建字型：允许创建存储于共享库中的字体元件。选择该命令可以避免直接在Flash影片中嵌入字体，因此该选项的设置非常有用。

· 新建视频：该命令将打开"视频属性"对话框，可以将一个空白的视频元件嵌入到库中。

· 重命名：允许在库内直接对元件实现重命名，选择要重命名的文件，从选项菜单中选择

【重命名】，然后在库面板中输入新名称即可。也可以在库面板中双击元件名称直接更改。

·移至新文件夹：该选项将在排序窗口上自动创建一个新文件夹，并将当前所选元件移到该文件夹中。

·直接复制：该选项将准确复制当前所选元件。在面板中选择某个元件，然后在选项菜单中选择【直接复制】选项，打开【复制元件】对话框，设置复制元件的【名称】和【类型】后即可完成复制。

·删除：该选项与库面板底部的【删除】按钮完全相同。只需在库中选择要删除的项目，并从选项菜单中选择【删除】选项即可实现删除。

·编辑：在元件编辑模式中打开选定的图形、影片剪辑或按钮。对元件进行修改后，库中的元件也会相应改变。

·编辑方式：该选项可利用一个外部应用程序打开当前所选位图或声音文件。如果机器上安装了Fireworks软件，Flash可以调用Fireworks对位图进行编辑。通过Fireworks对位图进行的修改不会影响所导入的原始位图，它们仅仅表现在Flash内部。对于库中的音频文件，将打开一个对话框提示用户选择声音编辑器。

·属性：该选项可以打开选定元件的【元件属性】对话框，在对话框中可以改变元件的类型、名称并处理链接属性。

·组件定义：通过【组件定义】对话框可以控制Flash CS4的UI组件参数。

·选择未用项目：该选项将自动选择当前在Flash项目中未使用的项目。

·更新：在利用外部程序对位图和音频文件进行修改后，使用该选项可自动更新位图和音频文件，而不用再次重新导入。

·播放：播放任何选中的影片剪辑、声音或按钮元件。单击预览窗口右上角的播放按钮也可达到同样效果。

·展开文件夹：利用该选项可自动展开任何选定的文件夹，并显示文件夹中的所有可视内容。

·折叠文件夹：利用该选项可折叠当前选定的文件夹，隐藏文件夹中的所有内容。

·展开所有文件夹：展开当前库中的所有文件夹，显示库中的所有内容。

·折叠所有文件夹：折叠当前库中的所有文件夹，使库中的所有内容都不可视。

·共享库属性：选择该选项可打开【共享库】对话框，并为给定的共享库指定URL。

4.3.2 使用元件库

本节首先介绍如何将库中的元件添加到舞台上，然后介绍如何使用不同的库选项来管理和处理元件。

1. 向舞台上添加元件

要将元件添加到舞台上，可按下面的步骤进行。

Step1：选择【窗口】|【库】命令或按快捷键F11（或Ctrl＋L）打开库面板。

Step2：在库面板中单击选中要添加的元件，并将其拖动到舞台上。

当把元件放置在舞台上时，便创建了一个实例。实例是父元件的副本，可对其进行更改和处理，而不会改变原始的元件。

2. 重命名元件

在创建元件时不但可以对元件命名，还有很多其他方法可以对元件重命名。

Step1：确认库面板已打开，如果没有打开，选择【窗口】|【库】命令或按快捷键F11（或Ctrl＋L）打开库面板。

Step2：在库面板中选择要重命名的元件。

Step3：选择下列任意一种操作方法。

· 用右键单击元件，从快捷菜单中选择【重命名】命令。当元件的名称在库面板中突出显示时，输入新的名称即可。

· 从选项菜单中选择【重命名】命令，当前名称被突出显示时，输入新的名称即可。

· 从选项菜单中选择【属性】命令（或单击库面板底部的【属性】按钮）打开【元件属性】对话框，在对话框的【名称】栏中输入新名称。

· 双击元件名称（注意不是元件图标）并输入新名称。

3. 复制库项目

可以利用库面板从另一个文档复制库项目，步骤如下。

Step1：在库面板中选择库项目。

Step2：选择【编辑】|【复制】命令。

Step3：选择要复制这些库项目的目标文档。

Step4：选择该文档的库面板。

Step5：选择【编辑】|【粘贴】命令。

4. 对库进行组织

当Flash的影片越来越复杂，使用的元件越来越多时，有必要对库中的项目进行管理和组织。

第一种方法就是利用文件夹，将功能相似、类型相同的元件放在一个文件夹中，如图4.42所示，这样可以有效地组织元件、位图和声音。

要创建文件夹，单击库面板左下角的【新建文件夹】按钮，也可以从选项菜单中选择【新建文件夹】选项，单击选择不同的元件并将它们拖动到指定的文件夹中即可。另外，也可以选中一个元件，并从选项菜单中选择【移至新文件夹】选项。

图4.42 利用文件夹组织库项目

第二种方法就是直接对库面板中的项目排序，这种方法简单有效，但是对元件的影响程度相对小一些。单击库面板中的【名称】标签或【修改日期】标签都可以让库中的项目按递减顺序重新排列。

第5章 动画基础

任何动画都包含帧，每个帧都包含一个静态的图像，当这个图像与其他帧的图像按顺序进行播放时，就产生了运动的效果。在Flash中，帧在时间轴上以小方框的形式显示。帧是创建动画的基本要素。图层则用来组织动画中的各个元素。图层对于创建动画也非常重要。本章将分别介绍有关帧和图层的知识，为动画制作打下基础。

5.1 帧

在时间轴中，使用帧来组织和控制文档的内容。帧是创建动画的基本要素。影片的制作原理是改变连续帧的过程，不同的帧代表不同的时间，包含不同的对象。影片中的画面随着时间的变化逐个出现。

5.1.1 帧的类型

无内容的帧是空的单元格，有内容的帧显示一定的颜色，不同的帧代表不同的动画。例如运动补间动画的帧显示淡蓝色，形状补间动画的帧显示淡绿色，关键帧后面的帧继续关键帧的内容。

1. 帧

在影片背景的制作中，经常在一个含有背景图案的关键帧后面添加一些（普通）帧，使背景延续一段时间。

练习程序参见配套资料Sample\Chapter05\05_01_before.fla文件。打开05_01_before.fla文件，可以看到在"背景"图层中只有第1帧有内容，而在"小鸟"图层中包含20帧的内容，如图5.1所示。

用鼠标拖动播放头到第2帧，这时舞台上看不到"背景"图层上的图像，而只有小鸟图像，如图5.2所示。按快捷键Ctrl+Enter测试动画，发现背景图像一闪而过，不能保持到动画结束。

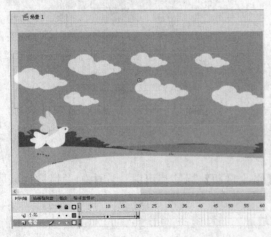

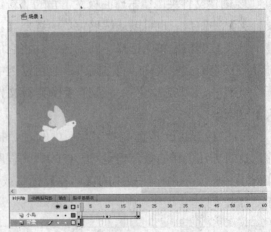

图5.1 播放头在第1帧的位置　　　　图5.2 播放头在第2帧的位置

接着打开配套资料Sample\Chapter05\05_01_finish.fla文件，在这个文件中，背景图层的帧数延伸到了第20帧，这些新插入的帧就是普通帧。按快捷键Ctrl+Enter测试程序，发现背景图像能够一直存在。

2. 关键帧

关键帧是定义动画的关键因素，在其中可以定义对动画的对象属性所做的更改，该帧的对象与前、后的对象属性均不相同。

再打开配套资料Sample\Chapter05\05_01_finish.fla文件，观察图层"小鸟"中一共有3个关键帧，即在第1帧、第10帧和第20帧处分别有小的实心圆圈。从图5.3中可以看出，这3个关键帧处对象的位置和大小都发生了变化。

图5.3 关键帧处的动画

3. 空白关键帧

当新建一个图层时，图层的第1帧默认为一个空白关键帧，即一个黑色轮廓的圆圈，当向该图层添加内容后，这个空心圆圈将变成一个小的实心圆圈，该帧即为关键帧。

图5.4中所示的图层1的第1帧为空白关键帧，当创建内容后，空白关键帧变成关键帧，如图5.5所示。

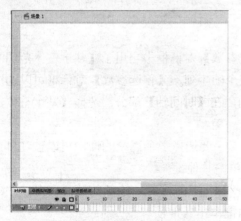

图5.4 默认图层的第1帧是空白关键帧

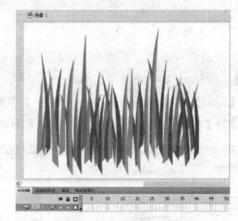

图5.5 空白关键帧创建内容后变成关键帧

5.1.2 编辑帧

虽然帧的类型比较复杂，在影片中起到的作用也各不相同，但是对于帧的各种编辑操作都是相同的。下面将介绍帧的插入、删除、复制、粘贴、转换、清除以及同时编辑多个帧。

1. 插入帧

插入帧的方法有以下几种。

·插入一个新帧：选择【插入】|【帧】命令，或按下F5键，会在当前帧的后面插入一个新帧。

·插入一个关键帧：选择【插入】|【关键帧】命令，或按下F6键，还可以用右键单击要在其中放置关键帧的帧，然后从上下文菜单中选择【插入关键帧】。这些操作都会在播放头所在的位置添加一个关键帧。

• 插入一个空白关键帧：选择【插入】|【空白关键帧】命令，或按下F7键，在播放头所在的位置添加空白关键帧。

• 一次插入多个帧：练习程序参见配套资料Sample\Chapter05\05_01_before.fla文件，在"背景"图层只有一个帧，现在希望该图层的图像能够延续到第20帧，只需要单击选中第20帧，选择【插入】|【时间轴】|【帧】命令或从鼠标右键快捷菜单中选择【插入帧】命令，如图5.6所示，或按下F5快捷键即可。这样就一次在第2帧到第20帧之间都插入一个帧，将第1帧的图像延伸到了第20帧，如图5.7所示。

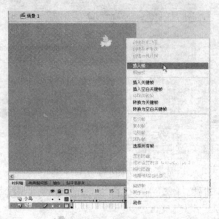

图5.6　选择菜单命令

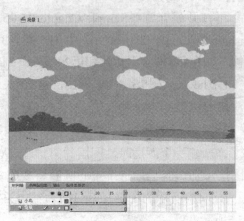

图5.7　延伸背景图像到第20帧

2. 选择帧

要选择一个帧，直接单击该帧。如果在【首选参数】对话框中启用了【基于整体范围的选择】，则单击某个帧将会选择两个关键帧之间的整个帧序列。【首选参数】对话框可以通过选择【编辑】|【首选参数】命令，选择【常规】类别，在【时间轴】部分，选择【基于整体范围的选择】，最后单击【确定】按钮，如图5.8所示。

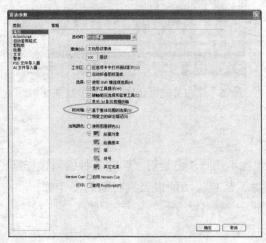

图5.8　选择【基于整体范围的选择】

• 要选择多个连续的帧，可以按住Shift键并单击其他键。

• 要选择多个不连续的帧，可以按住Control键单击其他帧。

• 要选择时间轴中的所有帧，选择【编辑】|【时间轴】|【选择所有帧】命令。

3. 删除帧

要删除帧、关键帧或帧序列，请选择该帧、关键帧或序列，然后选择【编辑】|【时间轴】|【删除帧】命令，或者用右键单击该帧、关键帧或序列，然后从快捷菜单中选择【删除帧】命令。

4. 移动帧

要移动关键帧或帧序列及其内容，只需要将该关键帧或序列拖到所需的位置。

打开配套资料Sample\Chapter05\05_01_finish.fla文件，单击选中"小鸟"图层的第10帧关键帧，拖动该关键帧至第5帧，如图5.9所示。按快捷键**Ctrl+Enter**测试影片发现小鸟的运动速度随着关键帧的改变发生了变化，如图5.10所示。修改后的源程序参见配套资料Sample\Chapter05\05_01_finish1.fla文件。

图5.9 拖动关键帧

图5.10 改变关键帧的位置

5. 复制关键帧

按住**Alt**键将要复制的关键帧拖动到复制的位置，然后释放鼠标即可。另一种复制方法是选择【编辑】|【复制】命令复制关键帧，然后在要复制的位置选择【编辑】|【粘贴】命令。还可以使用鼠标右键进行操作。

打开配套资料Sample\Chapter05\05_01_finish.fla文件，选中第10帧关键帧，右击鼠标，从弹出的菜单中选择【复制帧】，如图5.11所示。然后右击第15帧，从快捷菜单中选择【粘贴帧】命令，可以将第10帧关键帧复制到第15帧，如图5.12所示。修改后的源程序参见配套资料Sample\Chapter05\05_02_finish2.fla文件。

图5.11 复制帧

图5.12 粘贴帧

6. 清除帧

清除帧命令用于清除帧和关键帧，【清除帧】命令用于清除帧中内容，即帧内部的所有对象，应用了【清除帧】命令的帧中将没有任何对象。

（1）清除帧

打开配套资料Sample\Chapter05\05_01_finish.fla文件，任意选中"背景"图层中的一帧，单击右键从快捷菜单中选择【清除帧】命令，该帧将转换为空白关键帧，其后的帧将变成关键帧，如图5.13所示。

图5.13 转换为空白关键帧

（2）清除关键帧

清除关键帧只能用于关键帧。打开配套资料Sample\Chapter05\05_01_finish.fla文件，选中"小鸟"图层的第10帧关键帧，右击鼠标，从弹出菜单中选择【清除关键帧】命令，如图5.14所示。该关键帧将被清除，如图5.15所示。按快捷键**Ctrl+Enter**测试动画，由于原来小鸟做直线运动，所以清除该关键帧对原动画影响不是很大。

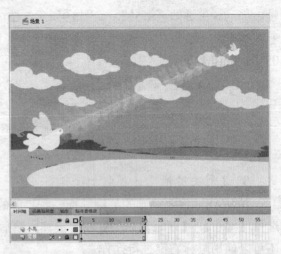

图5.14　选择【清除关键帧】命令　　　　　　　图5.15　清除关键帧

　　如果对"小鸟"图层的第1帧关键帧执行【清除关键帧】命令，该关键帧将被其后的关键帧所取代，即原来的第10帧关键帧移动到第1帧成为关键帧，小鸟运动的起始位置也随之改变，如图5.16所示。

7．翻转帧

　　选择一个或多个图层中的合适帧，然后选择【修改】|【时间轴】|【翻转帧】命令，可以翻转帧，使影片的播放次序相反。注意所选择序列的起始和结束位置必须有关键帧。

　　练习程序参见配套资料Sample\Chapter05\05_02_before.fla文件。

　　Step1：打开配套资料Sample\Chapter05\05_02_before.fla文件，该动画是一段逐帧动画，按快捷键Ctrl+Enter测试动画，扇面从左到右展开，如图5.17所示。

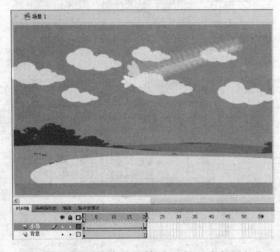

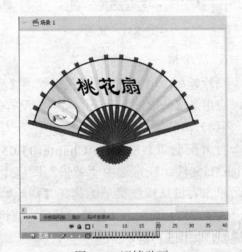

图5.16　清除第1个关键帧后小鸟运动发生变化　　　　图5.17　逐帧动画

　　Step2：按住Shift键单击图层1的第1帧和第20帧，选中这20个连续帧，如图5.18所示。

　　Step3：右击鼠标，从弹出的快捷菜单中选择【复制帧】命令。

　　Step4：插入一个新的图层2，选中图层2的第21帧，右击鼠标，从弹出的快捷菜单中选择【粘贴帧】命令，将刚才复制的多个帧粘贴到图层2，如图5.19所示。

图5.18 同时选中多个帧

图5.19 粘贴帧

Step5：按快捷键**Ctrl+Enter**测试影片，动画将重复扇面展开的过程两次。

Step6：按住**Shift**键同时选中图层2第21帧至第40帧，右击鼠标，从快捷菜单中选择【翻转帧】命令，如图5.20所示。这样可将影片播放次序反转。

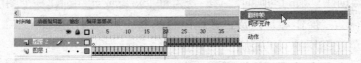

图5.20 翻转帧

Step7：按快捷键**Ctrl+Enter**测试影片，扇面先展开然后收拢。完成后的源程序参见配套资料Sample\Chapter05\05_02_finish.fla文件。

5.2 使用图层

在Flash中，图层类似于堆叠在一起的透明纤维纸。在不包含内容的图层区域中，可以看到下面图层中的内容。图层有助于组织文档中的内容。例如，可以将背景画放置在一个图层上，而将导航按钮放置在另一个图层上。在某个图层上创建对象并编辑时，不会影响另一个图层中的对象。

最后的**Flash**影片一般由多个图层叠加而成，虽然在舞台上无法识别出单个的图层，但它们可以通过时间轴水平地进行显示，如图5.21所示。

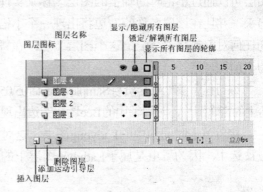

图5.21 时间轴

每个图层的显示方式与时间轴上的其他图层之间的关系非常重要，这是因为各个图层以及图层上面的内容是叠加在一起的，最上面的层是影片的前景，最下面的层是影片的背景。

Flash有以下5种类型的图层，所有不同的图层在**Flash**中起着各自的作用。

• 常规层包含**FLA**文件中的大部分插图。

• 遮罩层包含用作遮罩的对象，这些对象用于隐藏其下方的选定图层部分。

• 被遮罩层是位于遮罩层下方并之关联的图层。被遮罩层中只有未被遮罩覆盖的部分可见。

• 引导层包含一些笔触，可用于引导其他图层上的对象排列或其他图层上的传统补间动画的运动。

• 被引导层是与引导层关联的图层。可以沿引导层上的笔触排列被引导层上的对象或为这些对象创建动画效果。被引导层可以包含静态插图和传统补间，但不能包含补间动画。

5.2.1 创建新图层

创建了一个新的Flash文档之后，它仅包含一个默认的图层"图层1"。可以添加更多的图层，以便在文档中组织插图、动画和其他元素。可以创建的图层数只受计算机内存的限制，而且图层不会增加发布的SWF文件的大小。Flash在导出时自动将所有图层合并为一个图层，因此即使使用了多个图层也不会增加文件的大小。只有放入图层的对象才会增加文件的大小。

创建大型的Flash影片时，如果只在一个图层中操作不仅会产生混乱，而且会导致某些功能出问题。这样，当创建复杂的动画时，有必要为每个对象或元件创建一个图层，以便更好地控制每个对象（如移动、操作等）以及更好地控制整个动画的制作过程。

下面列出了创建图层的3种方法。

- 单击时间轴左下角的【插入图层】按钮 。
- 选择菜单命令【插入】|【时间轴】|【图层】命令。
- 用右键单击时间轴中的任何一个图层，然后从弹出的快捷菜单中选择【插入图层】命令。

完成上述任何一种操作后，Flash将自动创建新的图层，并添加到现有图层的上方。

创建图层的目的是为了向图层添加内容。向图层添加内容的步骤很简单：选择一个图层，然后向舞台上插入任何需要的内容（可以利用着色和绘图工具或从库中拖放出一个元件实例）。只要该层保持选中状态，所添加的内容将自动被放置在该层中。

5.2.2 选择图层

要绘制、上色或者对图层或文件夹进行修改，需要在时间轴中选择该图层以激活它。选择图层可以通过单击时间轴上的图层名称来实现。选中某个图层时，被选中的图层将被突出显示出来，并且在该层名称的右边将出现一个小铅笔图标，表示该层当前正被使用，向舞台上添加的任何对象都将被分配给这个图层。可以在舞台上选中某图层的某个对象，也可以使该图层成为当前图层。

练习程序参见配套资料Sample\Chapter05\05_03.fla文件。先选择工具箱中的选择工具，单击舞台上的蜜蜂图片，时间轴中的Bee图层旁边出现一支小铅笔，表示该图层被选中，如图5.22所示。

接着单击时间轴中的Ladybug图层，这时图层旁边出现一支小铅笔，并且舞台右上方的瓢虫被选中，因为瓢虫是属于Ladybug图层上的对象，如图5.23所示。

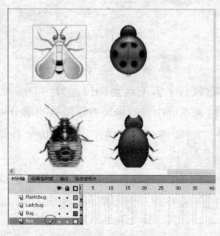

图5.22 选中蜜蜂

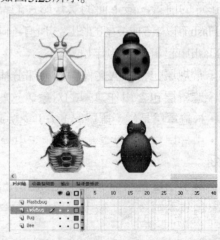

图5.23 选中图层

5.2.3　将对象分散到图层

对复杂的复合图像或动画进行操作时，最好将单独的对象或元件限制在单一的层中。但是也可能会遇到单一层中包含多个对象或元件的情形，比如当导入某些矢量文件时（如Adobe Illustrator或Abobe Freehand文件），导入的图像将由许多不同的未组合的对象组成。

可以利用Flash的【分散到图层】命令把一个图层或多个图层上一帧中的所选对象快速分散到各个独立的图层中，以便将补间动画应用到对象上。Flash会将每一个对象分散到一个独立的新图层中。任何没有选中的对象（包括其他帧中的对象）都保留在它们的原始位置。

可以对舞台中的任何类型的元素应用【分散到图层】命令，包括图形对象、实例、位图、视频剪辑和分离文本块。

对分离文本应用【分散到图层】命令可以很容易地创建动画文本。在【分离】操作过程中，文本中的字符放置在独立的文本块中，而在【分散到图层】过程中，每一个文本块放在一个独立的层上。

在【分散到图层】操作过程中创建的新图层根据每个新图层包含的元素名称来命名。

- 包含库资源（例如元件、位图或视频剪辑）的新图层的给定名称和该资源的名称是一样的。
- 包含命名实例的新图层的给定名称就是该实例的名称。
- 包含分离文本块字符的新图层用这个字符来命名。
- 如果新图层中包含图形对象（这个对象没有名称），因为该图形对象没有名称，因此该新图层命名为图层1（或图层2，依此类推）。

Flash会将新图层插入到时间轴中任意选中的图层下面。新图层从上到下排列，它们是按所选中的元素最初的创建顺序排列的。对于分离文本，图层是按字符顺序排列的，可以从左到右、从右到左或从上到下。例如，如果将文本FLASH分离并分散到各图层中，则新图层（命名为F、L、A、S和H）会从上到下排列，紧贴着最初包含该文本的图层的下面。

练习程序参见配套资料Sample\Chapter05\05_04_before.fla文件。

Step1：打开05_04_before.fla文件，舞台上已经有一个文本字符串MERRY，该文本位于图层text中，并且这时库中没有任何元件，如图5.24所示。

Step2：使用选择工具选中文本对象，执行【修改】|【分离】命令将文字打散，使文字成为单个字符串，如图5.25所示。

图5.24　舞台上的文本字符串

图5.25　分离文字

Step3：再执行【修改】|【时间轴】|【分散到图层】命令，如图5.26所示。将文字分散到图层，时间轴中增加了5个图层，从上到下分别以M、E、R、R、Y命名，原来的图层1变为空，可以删除该图层，如图5.27所示。

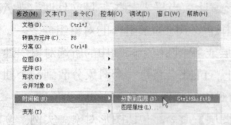

图5.26　执行【分散到图层】命令　　　　　　图5.27　自动生成新的图层

Step4：完成上述分散到图层操作以后，就可以将单个字符转换为图形元件，库中元件显示如图5.28所示。然后应用补间动画，时间轴如图5.29所示。

Step5：按快捷键Ctrl+Enter测试影片，完成后的风吹字效果图如图5.30所示。源程序参见配套资料Sample\Chapter05\05_04_finish.fla文件。

图5.28　库元件显示　　　　图5.29　补间动画　　　　图5.30　风吹字效果

5.2.4　图层属性

每个图层均提供了一系列的属性，并可通过位于图层名称右侧的图标进行访问，如图5.31所示。

本节将介绍如何显示/隐藏图层、显示图层对象的轮廓、改变图层轮廓颜色和对图层进行锁定/解锁。

1. 显示/隐藏图层

在工作过程中，可能需要显示或隐藏图层或文件夹。比如使指定图层的内容被隐藏起来，可以让用户更好地关注某个特定图层上的内容。当完成了要做的事情后，将图层重新打开，其内容可以再次显示。要显示或隐藏图层，可以执行下列任何一项操作。

单击图层中眼睛图标栏目下的小黑点，将自动出现一个红色的×，表示该图层处于隐藏状态，如图5.32所示。要使图层重新显示，可单击红色的×。

图5.31　图层属性显示在图层名称右边　　　　图5.32　红色的×表示该图层被隐藏

若要同时隐藏所有的图层，则可单击眼睛图标。要显示所有图层，再次单击眼睛图标。也可用右键单击某图层，从弹出的快捷菜单中选择【显示全部】命令。

要隐藏某一个图层以外的所有图层，按住Alt键单击该图层的眼睛图标，还可以用右键单击图层，然后从弹出的快捷菜单中选择【隐藏其他图层】。

2. 以轮廓形式查看图层上的对象

使图层中对象以轮廓形式显示，它们将显示为带有颜色的轮廓，帮助用户更改图层中的所有对象，并且在编辑或测试动画时如果想加速影片的显示，该功能就非常有用了。如图5.33和图5.34所示分别为正常显示和以轮廓显示的对象。练习程序参见配套资料Sample\Chapter05\05_05.fla文件。

要使图层以轮廓形式显示，有3种选择。

• 单击图层的轮廓图标（表示为带有颜色的方框），若方框图标变为空的，则表示当前图层中的对象以轮廓形式显示。如果要结束以轮廓形式显示对象，单击中空的方框图标即可。

• 要将所有图层的内容以轮廓形式显示，单击时间轴的方框图标（位于所有图层的方框图标的上方）。若要恢复到正常形式显示，再次单击方框图标。

• 如果要以轮廓形式显示除了某个图层以外的所有图层的对象，可以按住Alt键单击该图层的轮廓图标。

3. 更改轮廓颜色

每个图层的轮廓方框图标的颜色各不相同。如果使用前一节介绍的步骤使图层对象仅以轮廓形式显示，则每个方框图标的颜色代表了图层对象轮廓的颜色。因此，如果轮廓方框图标是红颜色的，则对象以红色轮廓显示，也可以改变默认的轮廓颜色，步骤如下：

Step1：首先，双击图层图标（位于图层名称的左方）或用右键单击图层，从弹出的快捷菜单中选择【属性】；还可以选择要更改轮廓颜色的图层，然后选择【修改】|【时间轴】|【图层属性】命令，都可以打开【图层属性】对话框。

Step2：在【图层属性】对话框中，单击【轮廓颜色】颜色样本，选择所需要的颜色，如图5.35所示。

图5.33 以轮廓显示图层中的对象

图5.34 以轮廓显示图层中的对象

Step3：完成上述操作后，单击【确定】按钮。

4. 图层的锁定/解锁

在Flash中首次创建一个图层时，图层默认是自动解锁的，否则将无法实现对图层的添加和编辑操作。但是，由于可以在不选定图层的情况下对图层中的内容进行处理，因此有可能在对其他图层的内容进行操作时不小心修改了某个图层中的内容。为了避免这种情况出现，Flash允许对图层进行锁定。对图层进行加锁和解锁有以下几种方法。

单击图层挂锁列（以挂锁的形式显示）的小黑点后，将自动转换为挂锁形式，表示该图层处于锁定状态，如图5.36所示。若要对图层解锁，则可以再次单击挂锁。

如果要同时对所有的图层进行锁定，可单击时间轴中的挂锁图标，要解锁则再次单击挂锁图标。

如果要锁定某个图层以外的所有图层，按住Alt键单击该图层的挂锁图标。还可以用右键单击图层，然后从弹出的快捷菜单中选择【锁定其他图层】选项。

5.2.5 组织图层

创建图层文件夹然后将图层放入其中来组织和管理这些图层。可以在时间轴中展开或折叠图层文件夹，而不会影响在舞台中看到的内容。对声音文件、ActionScript、帧标签和帧注释最好分别使用不同的图层或文件夹，这有助于在需要编辑这些项目时快速地找到它们。

从本质上说，图层文件夹是在时间轴中可以放置多个图层的文件夹，因此可以组织时间轴，如图5.37所示。

图5.35　在【图层属性】对话框中选　　图5.36　锁定图层　　　　图5.37　图层文件夹
　　　　择新的图层轮廓颜色

例如，对于一个含有一系列卡通人物的动画片，可以使每个人的单独部分（如胳膊、头、腿和眼睛等）都占用一个单独的图层。为了避免多个名称相似的图层在时间轴中产生混乱，可以将属于一个人身体部分的多个图层都组织到一个图层文件夹底下。该文件夹可以以人物的名字命名。

打开配套资料Sample\Chapter05\05_06.fla文件，每个人物的相关部分都组织到了以人名命名的文件夹下，一目了然，如图5.38所示。

图层文件夹可以被展开和折叠，因此可以隐藏时间轴中所有相关的图层而不会影响舞台中显示的内容。虽然图层文件夹中的内容不像图层一样可以在时间轴中清楚地显示，但是也同样具有许多与图层相同的属性，如锁定/解锁、显示/隐藏、命名以及轮廓颜色等。处理图层文件中的图层与处理单独的图层完全一样。

1. 创建图层文件夹

创建图层文件夹的过程非常简单，可以执行以下任一操作。

- 在时间轴中选择一个图层或文件夹，然后选择【插入】|【时间轴】|【图层文件夹】命令。
- 用右键单击时间轴中的一个图层名称，然后从快捷菜单中选择【插入文件夹】。

新文件夹将出现在所选图层或文件夹的上面。

2. 将图层添加到图层文件夹中

建立图层文件夹的目的是为了存放图层，将图层添加到图层文件夹中的步骤如下。

Step1：确保已经利用前面所讲的步骤创建了一个图层文件夹。

Step2：如图5.39所示，单击某个图层并将它拖放至图层文件夹图标中（当鼠标移动到图层文件夹正上方时，文件夹图标将被突出显示）。

Step3：释放鼠标按钮。

Step4：选中的图层将被移动到图层文件夹的正下方，其位置稍微有些缩进，表示它处于这个图层文件夹中，如图5.40所示。

图5.39 将图层移动到图层文件夹中

图5.38 使用图层文件夹组织图层　　　　图5.40 加入到图层文件夹中的图层

3. 展开和折叠图层文件夹

图层文件夹使所有的图层都位于一个树形结构中，这样有助于管理工作流程。可以展开或折叠文件夹来查看该文件夹包含的图层，而不会影响到舞台中哪些图层可见。文件夹中可以包含图层，也可以包含其他文件夹，这种组织图层的方式很像计算机中文件的组织方式。

无论折叠还是展开图层文件夹，只要单击图层文件夹名称左边的三角形即可。当三角形向下指，并且包含在该文件夹中的图层可见时，表示图层文件夹已被展开，如图5.41所示。

如果三角形向右指，并且包含在文件夹中的文件均不可见时，表示该图层已经被折叠，如图5.42所示。

图5.41 展开图层　　　　　　　　　　图5.42 折叠图层

5.2.6 编辑图层

前面已经介绍了图层的各种属性，下面将介绍如何编辑图层，即如何移动图层、复制图层、删除图层、重命名图层以及改变图层高度。

1. 移动图层

某个图层在时间轴中的位置决定了位于该图层上的对象或元件是覆盖其他图层上的内容还是被其他图层的内容所覆盖。因此，改变图层的排列顺序，也就改变了图层上的对象或元件与其他图层中的对象或元件在视觉上的表现形式。

移动图层的步骤如下。

Step1：在时间轴中选中要移动的图层。

Step2：单击并按住鼠标不放，开始拖动图层，此时将出现一条浅黑色的粗线，突出显示图层目前所处的位置。

Step3：当粗线到达图层所要放置的地方时，释放鼠标按钮。

如图5.43所示，选中图层1开始拖动，当灰色粗线出现在图层4的上方时释放鼠标，即可完成将图层1移动到图层4上方的操作。

2. 复制图层

对图层进行复制实际上并不是复制图层本身，而是对该图层上的所有内容进行复制，即一帧一帧地复制，然后将其粘贴到另一个新建的图层中。

复制图层的操作步骤如下。

Step1：单击要复制的图层名称，选中整个图层。

Step2：用右键单击图层中的任何一帧，从弹出的快捷菜单中选择【复制帧】命令。另外也可以使用快捷键Ctrl+Alt+C或选择【编辑】|【时间轴】|【复制帧】命令，通过该操作可以复制图层中每一帧的所有内容。

Step3：通过单击图层名称选择最新创建的图层。

Step4：用右键单击目标层的第一个空白关键帧，并从弹出的快捷菜单中选择【粘贴帧】命令。还可以选择【编辑】|【时间轴】|【粘贴帧】命令或使用快捷键Ctrl+Alt+V进行粘贴。

3. 重命名图层

每个图层在创建时都被分配一个默认的名称，依次为图层1、图层2、图层3……。可以对图层进行重命名，最好命名一个可以描述其内容的名称，这样在创建一个复杂的Flash动画时，可以较容易地识别出图层所包含的内容。

重命名图层有以下几种方法。

· 双击图层名称（注意不是其图标），当可编辑的栏出现时输入新的名称，如图5.44所示。

图5.43 移动图层

图5.44 重命名图层

· 双击图层图标（位于图层名称的左边），打开【图层属性】对话框，在【名称】栏中输入新的名称。此外，还可以通过选择【修改】|【时间轴】|【图层属性】命令打开【图层属性】

对话框。

如果不能看见某个图层的全部名称，只要单击并拖动时间轴的左边区域（图层名称所在区域）和时间轴右边区域（帧所在的区域）的分栏即可，如图5.45所示。

4. 改变图层高度

每个图层创建时都有一个默认的高度，也可以在需要的时候改变图层的高度。例如，当在Flash中使用音频文件时，可以向时间轴中添加声音，与其他在时间轴中使用的对象不同，音频文件是以音波形式显示的，如果图层的尺寸足够大，就可以观看到完整的波形，如图5.46所示。

图5.45 显示图层的完整名称

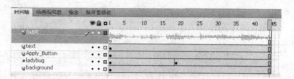

图5.46 增加图层高度使得声音波形可见

增加图层高度的步骤如下。

Step1：双击时间轴中图层的图标（即图层名称左侧的图标），然后执行下列操作之一。

·用右键单击图层名称，然后从上下文菜单中选择【属性】命令。

·在时间轴中选择该图层，然后选择【修改】|【时间轴】|【图层属性】命令。

Step2：打开【图层属性】对话框中，从【图层高度】下拉菜单中选择其中一个选项（100%、200%、300%），然后单击【确定】按钮，如图5.47所示。

图5.47 改变图层高度

图层的数量或高度会限制在时间轴中可以同时看到的图层数目，可以利用时间轴的滚动条向下滚动以观看更低一层的图层，还可以拖动分隔舞台区域和时间轴的栏。

5.3 时间轴

在Flash中，时间轴位于工作区的正上方，是进行Flash作品创作的核心部分。时间轴由图层、帧和播放头组成，影片的进度通过帧来控制。时间轴从形式上可以分为两个部分，左侧的图层操作区和右侧的帧操作区。在时间轴的上端标有帧号，播放头标示当前帧的位置。在时间轴上，帧是用小格符号来表示的，关键帧带有一个黑色的圆点。在帧与帧之间可以产生逐帧动画、运动补间动画、形变动画等，如图5.48所示。

可以更改帧在时间轴中的显示方式，也可以在时间轴中显示帧内容的缩略图。时间轴显示文档中哪些地方有动画，包括逐帧动画、补间动画和运动路径。

5.3.1 时间轴表示动画

时间轴通过不同的方式表示不同类型的动画（以及时间轴元素）。因此，最好是熟悉每一种表达方式，这样在使用时间轴时，不会因为不熟悉动画的外观而出现问题。

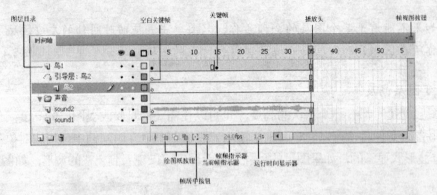

图5.48　时间轴显示

- 逐帧的动画通常通过一个具有一系列连续关键帧的图层来表示，如图5.49所示。
- 形状补间在开始和结束时是关键帧，中间是黑色的箭头（表示补间）和绿色的背景，如图5.50所示。

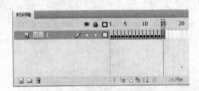

图5.49　逐帧动画

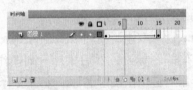

图5.50　形状补间

- 补间动画分为传统补间和补间动画，传统补间在开始和结束时是关键帧，在关键帧之间是黑色的箭头（表示补间）和紫色的背景，如图5.51所示。补间动画是Flash中引入的，关键帧之间是蓝色的背景，如图5.52所示。

图5.51　传统补间

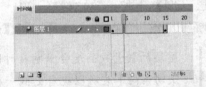

图5.52　补间动画

- 当关键帧后面跟随的是虚线时，表明运动补间是不完整的（通常是由于最后的关键帧被删除或没有添加的缘故），如图5.53所示。
- 如果一系列灰色的帧是以一个关键帧开头，并以一个空的矩形结尾，那么在关键帧后面的所有帧都具有相同的内容，如图5.54所示。
- 如果帧或关键帧带有小写的a，则表示它是动画中帧动作（全局函数）被添加的点，如图5.55所示。

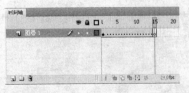

图5.53　运动补间不完整

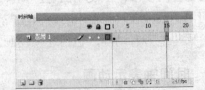

图5.54　普通帧延续前一个关键帧的内容

・带有红色旗帜的帧或关键帧表示存在的帧标签，如图5.56所示。

图5.55　给帧添加动作

图5.56　添加帧标签

5.3.2　更改时间轴上的帧显示

可以更改时间轴中帧的大小，以及向帧序列添加颜色以加亮显示它们，还可以在时间轴中包括帧内容的缩略图预览。这些缩略图是动画的概况，因此非常有用，但是它们需要额外的屏幕空间。更改帧显示是通过单击时间轴右侧的【帧视图】按钮实现的，如图5.57所示。

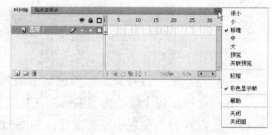

图5.57　单击【帧视图】按钮弹出菜单

下面将介绍图5.57中的菜单命令对时间轴上的帧显示的影响。练习程序参见配套资料Sample\Chapter05\05_07.fla文件。

打开该文件，单击时间轴右上角的【帧视图】按钮，显示【帧视图】弹出菜单，从弹出菜单中选择【小】、【很小】、【中】和【大】命令，与在默认情况下的【标准】视图进行比较。如图5.58所示分别为不同选项下的帧视图显示。比较结果可以看出，选择【大】帧宽度设置对于查看声音波形的详细情况非常有用，尤其在制作MTV动画时，可以充分看清楚声音波形的变化。

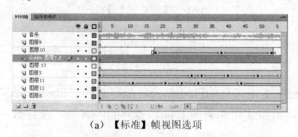

（a）【标准】帧视图选项

（b）【很小】帧视图选项

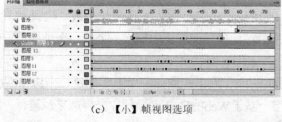

（c）【小】帧视图选项

（d）【中】帧视图选项

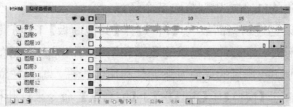

（e）【大】帧视图选项

图5.58　选择不同的帧视图选项比较

当时间轴中的图层较多时，如果要同时查看更多的图层，可以从【帧视图】选项中选择【较短】命令，缩短图层高度，让时间轴显示更多的图层，如图5.59所示。

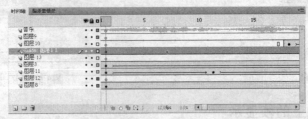

图5.59 改变图层高度

其他几个选项如下。

彩色显示帧：打开或关闭彩色显示帧顺序。

预览：显示每个帧的内容缩略图（其缩放比率适合时间轴帧的大小），但注意选择该命令可能导致内容的外观大小发生变化，如图5.60所示。

关联预览：显示每个完整帧（包括空白空间）的缩略图。如果要查看元素在动画期间在帧中的移动方式，此选项非常有用，但是这些预览通常比用【预览】选项生成的小，如图5.61所示。

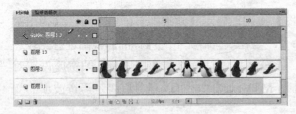 

图5.60 【预览】效果　　　　　　　　图5.61 【关联预览】效果

5.4 使用场景

不管是创建独立的动画、基于Web的动画短片还是完整的Flash站点，都有必要对Flash作品进行有效地组织。在Flash中使用场景可以将文档组织成可包含除其他场景外的内容的不连续部分。

就像戏剧一样，戏剧由一幕幕的场景组成，利用场景可以将整个Flash影片分成一段段独立的、易于管理的组块。每个场景都像是一段短影片，按照场景面板中的顺序一个接一个地播放，在场景之间没有任何停顿和闪烁。

场景的使用可以是无限的，仅仅受限于计算机的内存大小。例如，如果要创建一个Flash站点，可以对站点中的每个单独的部分使用场景。当今基于Web的Flash动画短片变得越来越流行，可以利用场景将所创建的Flash短片划分成多个场景。

一般情况下，可以通过场景面板（【窗口】|【其他面板】|【场景】命令）访问大多数的场景功能。场景面板不仅显示影片中场景的数量和组织的情况，还允许用户复制、添加、删除和移动场景。还有一种访问场景的简便方法就是利用编辑栏。编辑栏位于时间轴的上方、主程序菜单的下方，可以通过【窗口】|【工具栏】|【编辑栏】命令来打开和关闭编辑栏，如图5.62所示。

图5.62 利用编辑栏的场景按钮访问影片中的所有场景

一般情况下,编辑栏显示的是当前场景。当切换到另外一个场景时,编辑栏会相应更改显示。单击编辑栏右边的【编辑场景】按钮将打开一个下拉菜单,从中可以选择切换当前显示的场景。

利用场景面板可以添加、复制、重命名和重新排列场景。

1. 添加场景

随着影片越来越大,越来越复杂,需要添加更多的场景来更好地控制影片的组织结构。利用场景面板,可以根据需要添加任意数量的场景。具体的操作步骤如下。

Step1:选择【窗口】|【其他面板】|【场景】命令,打开场景面板。

Step2:单击位于场景面板右下角的【添加场景】按钮,也可以使用【插入】|【场景】命令来添加场景。

Step3:Flash会在影片中添加一个新场景。默认情况下,新场景会添加到当前场景的下面。新场景的默认名称按数字编排,例如场景1、场景2,如图5.63所示。

Step4:接下来就可以从场景面板中选择新添加的场景并开始创作。

2. 删除场景

删除场景的步骤如下。

Step1:选择【窗口】|【其他面板】|【场景】命令,打开场景面板。

Step2:选择要删除的场景。

Step3:单击场景面板右下角的【删除场景】按钮,如图5.64所示。

Step4:提示出现后,单击【确定】按钮。

 无法撤销删除场景。

图5.63 在场景面板中添加新场景

图5.64 删除场景

3. 复制场景

Flash提供了一个简单的复制功能,用户通过单击一个按钮就可以创建指定场景的副本,具体步骤如下。

Step1:选择【窗口】|【其他面板】|【场景】命令,打开场景面板,选择要复制的场景。

Step2:在场景面板的右下角单击【直接复制场景】按钮。

Step3:在场景面板中将会出现选定场景的副本,并在原来的名称上添加了"副本"字样,如图5.65所示。

4. 重命名场景

对于大型影片来说，使用Flash的默认场景名称不是特别方便，有必要根据影片内容的组织重新命名各个场景。重命名场景的步骤如下。

Step1：打开场景面板，双击要更改名称的场景。双击后，就可以对场景名称进行编辑了，如图5.66所示。

Step2：输入新的场景名称并单击Enter键（或单击场景面板的其他地方）。

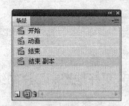

图5.65　复制场景

图5.66　重命名场景

5. 重新排列场景

场景是按照它们在场景面板中的排列顺序播放，如果要更改场景的播放顺序，直接在场景面板中更改场景的排列顺序即可，步骤如下。

Step1：打开场景面板（【窗口】|【其他面板】|【场景】命令）。

Step2：单击场景并将它拖动到想要的位置。当鼠标被按下后，光标将变成一条蓝色的线，显示出场景将要被放置的位置。

Step3：要移动场景，释放鼠标按钮即可。

第6章 创建动画

Flash提供了多种方法来创建动画和特殊效果。Flash支持如下类型动画：补间动画、传统补间、反向运动姿势、补间形状、逐帧动画。在学习制作动画之前，先介绍一些与动画有关的基础概念。

6.1 帧频

帧频是动画播放的速度，以每秒播放的帧数为度量。帧频太慢会使动画看起来一顿一顿的，帧频太快会使动画的细节变得模糊，24fps的帧频是新Flash文档的默认设置，通常在Web上提供最佳效果，标准的动画速率也是24fps。

动画的复杂程度和播放动画的计算机速度影响回放的流畅程度。在各种计算机上测试动画，以确定最佳帧频。

6.2 补间

补间是通过为一个帧中的对象属性指定一个值，然后为另一个帧中该相同属性指定另一个值，Flash会计算这2个帧之间的属性值，然后生成动画。

可补间的对象类型包括影片剪辑、图形、按钮元件以及文本字段。可补间的对象属性如下。

- 2D X和Y位置
- 3D Z位置（仅限影片剪辑）
- 2D旋转（绕Z轴）
- 3D X、Y和Z旋转（仅限影片剪辑）
- 倾斜X和Y
- 缩放X和Y
- 颜色效果（Alpha、亮度、色调和高级颜色设置）
- 滤镜属性

Flash支持两种不同类型的补间以创建动画：补间动画和传统补间。

补间动画在Flash CS4中引入，功能强大且易于创建。通过补间动画可对补间的动画进行最大程度的控制。传统补间（包括在早期版本的Flash中创建的所有补间）的创建过程更为复杂。补间动画提供了更多的补间控制，而传统补间提供了一些用户可能希望使用的某些特定功能。

补间动画和传统补间之间的差异如下。

- 传统补间使用关键帧。关键帧是其中显示对象的新实例的帧。补间动画只能具有一个与之关联的对象实例，并使用属性关键帧而不是关键帧。
- 补间动画在整个补间范围上由一个目标对象组成。
- 补间动画和传统补间都只允许对特定类型的对象进行补间。若应用补间动画，则在创建补间时将所有不允许的对象类型转换为影片剪辑。而应用传统补间会将这些对象类型转换为图形元件。

• 补间动画会将文本视为可补间的类型，而不会将文本对象转换为影片剪辑。传统补间会将文本对象转换为图形元件。

• 在补间动画范围上不允许帧脚本。传统补间允许帧脚本。

• 补间目标上的任何对象脚本都无法在补间动画范围的过程中更改。

• 可以在时间轴中对补间动画范围进行拉伸和调整大小，并将它们视为单个对象。传统补间包括时间轴中可分别选择的帧的组。

• 若要在补间动画范围中选择单个帧，必须按住**Ctrl**键单击帧。

• 对于传统补间，缓动可应用于补间内关键帧之间的帧组。对于补间动画，缓动可应用于补间动画范围的整个长度。若仅对补间动画的特定帧应用缓动，则需要创建自定义缓动曲线。

• 利用传统补间，可以在两种不同的色彩效果（如色调和**Alpha**透明度）之间创建动画。补间动画可以对每个补间应用一种色彩效果。

• 只可以使用补间动画来为3D对象创建动画效果。无法使用传统补间为3D对象创建动画效果。

• 只有补间动画才能保存为动画预设。

• 对于补间动画，无法交换元件或设置属性关键帧中显示的图形元件的帧数。应用了这些技术的动画要求使用传统补间。

6.3　动画预设

Flash CS4新增动画预设功能，可以把一些做好的补间动画保存为模板，并将它应用到其他对象上。在Flash CS4中元件和文本对象可以应用动画预设。如果在Flash CS3中已经保存了一些补间动画，可以直接将这些补间动画应用到自已的对象上。

实例6.1　动画预设

下面通过一个例子学习Flash CS4中的动画预设功能。

Step1：首先预览动画预设功能。打开配套资料Sample\Chapter06\06_01_before.fla文件，时间轴上有2个图层，Grass图层为草地背景，Kangaroo图层上有一个已经制作好的袋鼠影片剪辑实例，如图6.1所示。

Step2：Flash随附的每个动画都带有预览。选择【窗口】|【动画预设】命令打开动画预设面板，该面板有【默认预设】和【自定义预设】2个文件夹，如图6.2所示。

Step3：打开【默认预设】文件夹，从列表中选择一个动画预设，预览将在面板上部的预览窗口中播放，例如选择【2D放大】，将在窗口中看到图形的放大动画效果，如图6.3所示。

在【动画预览】窗口外单击，将停止预览动画的播放。

Step4：下面应用动画预设功能。

选择工具箱中的选择工具　，单击选中舞台上的袋鼠实例。

Step5：从动画预设面板的【默认预设】面板中选中【小幅度跳跃】预设动画，从预设面板窗口中可预览该动画效果。

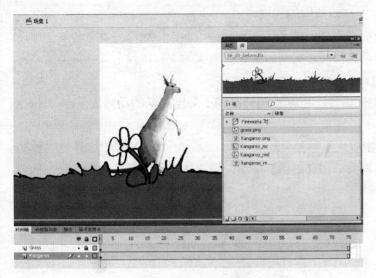

图6.1 舞台和时间轴   图6.2 动画预设面板

Step6：可单击动画预览面板右下角的【应用】按钮，如图6.4所示，或右击鼠标，从快捷菜单中选择【在当前位置应用】命令，如图6.5所示。

图6.3 预览动画预设   图6.4 单击【应用】按钮   图6.5 选择【在当前位置应用】命令

Step7：【小幅度跳跃】动画效果将应用于袋鼠影片剪辑，运动路径将显示在舞台上，如图6.6所示。

如果要应用动画预设使动画在舞台上对象的当前位置结束，可以按住Shift键的同时单击【应用】按钮，或从面板菜单中选择【在当前位置结束】命令。

Step8：将预设应用于舞台上的对象后，时间轴将自动创建关于该对象的补间动画，如图6.7所示。

图6.6 显示运动路径

每个动画预设都包含特定数量的帧。在应用预设时，在时间轴中创建的补间范围将包含此数量的帧。如果目标对象已应用了不同长度的补间，补间范围将进行调整，以符合动画预设的长度。可在应用预设后调整时间轴中补间范围的长度。

所创建的补间不再与动画预设面板有任何关系。在动画预设面板中删除或重命名某个预设对以前使用该预设创建的所有补间没有任何影响。如果在面板中的现有预设上保存新预设，它对使用原始预设创建的任何补间也没有影响。

Step9：快捷键按Ctrl+Enter测试影片，可以看到袋鼠做小幅度跳跃的动画效果，如图6.8所示。

Step10：注意每一个对象只能应用一种预设动画效果。从动画预设面板中选择另一种动画预设效果，如【中幅度跳跃】，再次单击【应用】按钮，新选择的预设效果将取代前一种预设效果。

图6.7 时间轴的补间动画　　　　　　图6.8 应用【大幅度跳跃】动画效果

Step11：还可以自定义动画预设。创建自己的补间，或对从动画预设面板应用的补间进行更改，将它另存为新的动画预设。新预设将显示在动画预设面板的【自定义预设】文件夹中。

新建图层Kangaroo_red，从库中将图形元件Kangaroo_red拖放到舞台合适位置，如图6.9所示。

Step12：选择动画预设面板中的【波动】效果应用于小袋鼠，如图6.10所示。然后拉动延长路径曲线，如图6.11所示。

图6.10 应用【波动】动画预设效果

图6.9 创建图形元件实例　　　　　　图6.11 修改【波动】动画预设效果

Step13：选中修改后的小袋鼠对象，或时间轴中的补间范围，或舞台上的运动路径，然后单击动画预设面板中的【将选区另存为预设】按钮，或从选定内容的上下文菜单中选择【另存为动画预设】命令，如图6.12和图6.13所示。

图6.12 【将选区另存为预设】按钮

图6.13 【另存为动画预设】命令

Step14：在【将预设另存为】对话框中输入预设名称，如图6.14所示。

Step15：新预设将显示在动画预设面板中，如图6.15所示。注意此时还无法在动画预设面板中预览该动画效果。Flash同时会将预设另存为XML文件，可以通过导入或导出XML文件将其添加到动画预设面板。

下面为所创建的任何自定义动画预设创建预览。

Step16：将刚创建的自定义动画补间复制到一个新的FLA文件。使用与自定义预设完全相同的名称即"我的波动"保存FLA。

Step17：使用【发布】命令从FLA文件创建SWF文件。

Step18：将SWF文件置于已保存的自定义动画预设XML文件所在的目录中。路径如下：

<硬盘>\Documents and Settings\<用户>\Local Settings\Application Data\Adobe\Flash CS4\<zh_CN>\Configuration\Motion Presets\

Step19：接下来可以在动画预设面板中预览自定义动画预设的效果，如图6.16所示。

图6.14 【将选区另存为预设】按钮

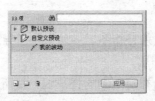

图6.15 新预设显示在动画预设面板中

图6.16 预览自定义动画预设

6.4 补间动画

Flash CS4中引入补间动画，功能强大且易于创建。补间动画可应用于元件实例和文本字段。

6.4.1 创建补间动画

实例6.2 补间动画

下面通过一个实例演示如何创建补间动画和对补间动画进行编辑。

Step1：打开配套资料Sample\Chapter06\06_02_before.fla文件，库中有一个飞碟图形元件，如图6.17所示。

Step2：选中舞台上的飞碟图形实例，选择【插入】|【补间动画】命令或用右键单击，从快捷菜单中选择【插入补间动画】命令，如图6.18所示。

如果对象不是可补间的对象类型，或者如果在同一图层上选择了多个对象，将显示一个对话框，通过该对话框可以将所选内容转换为影片剪辑元件。

如果补间对象是图层上的唯一项，则Flash将包含该对象的图层转换为补间图层。如果图层上没有其他任何对象，则Flash插入图层以保存原始对象堆叠顺序，并将补间对象放在自己的图层上。

如果原始对象仅驻留在时间轴的第一帧中，则补间范围的长度等于一秒的持续时间。Flash CS4的默认帧频为24fps，即补间持续24帧。如果帧频不足5fps，则范围长度为5帧。如果原始对象存在于多个连续的帧中，则补间范围将包含该原始对象占用的帧数。添加补间动画的时间轴如图6.19所示，用蓝色表示。

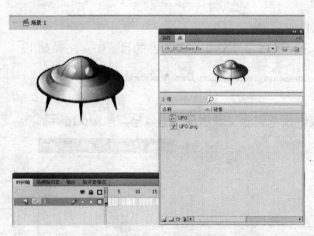

图6.17　舞台和时间轴

图6.18　创建补间动画

图6.19　补间图层

如果图层是常规图层，它将成为补间图层。如果是引导、遮罩或被遮罩图层，它将成为补间引导、补间遮罩或补间被遮罩图层。

Step3：可以在时间轴中拖动补间范围的任一端，按所需长度缩短或延长范围，如图8.20所示为拖动补间延长到40帧。

图6.20　延长补间到40帧

Step4：现在将动画添加到补间，将播放头放在补间范围内的某个帧上，然后将舞台上的对象拖到新位置。本例选择第40帧，然后将飞碟图形向右下方拖动。舞台上显示的运动路径显示从补间范围的第1帧中的位置到新位置的路径，如图6.21所示。

由于显式定义了对象的**X**和**Y**属性，因此将在包含播放头的帧中为**X**和**Y**添加属性关键帧。属性关键帧在补间范围中显示为小菱形，如图6.22所示。

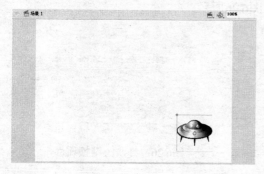

图6.21 改变对象位置   图6.22 自动添加属性关键帧

6.4.2 编辑补间运动路径

可使用下列方法编辑补间的运动路径。

- 在补间范围的任何帧中更改对象的位置。
- 将整个运动路径移到舞台上的其他位置。
- 使用选取、部分选取或任意变形工具更改路径的形状或大小。
- 使用变形面板或属性检查器更改路径的形状或大小。
- 使用【修改】|【变形】菜单中的命令。
- 将自定义笔触作为运动路径进行应用。
- 使用动画编辑器。

下面将学习几种方法改变补间运动路径，继续在刚才完成的06_02_before.fla文件基础上进行编辑。

Step1：利用工具箱中的选择工具可以改变运动路径，如图6.23所示。

Step2：还可以改变对象的其他属性，单击第20帧，再选择工具箱中的任意变形工具缩放对象，如图6.24所示。

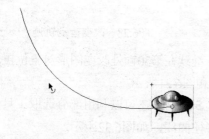

图6.23 改变对象运动路径   图6.24 改变对象大小

默认情况下，时间轴显示所有属性类型的属性关键帧。用右键单击补间范围，然后选择【查看关键帧】命令，可以查看【位置】、【缩放】、【倾斜】、【旋转】、【颜色】、【滤镜】等属性，如图6.25所示。

Step3：还可以使用属性检查器补间除位置以外的其他属性，如倾斜度和Alpha值等。

将播放头放在补间范围中要指定属性值的帧中，也可以将播放头放在补间范围的任何其他帧中。补间以补间范围的第1帧中的属性值开始，第1帧始终是属性关键帧。

本例选中第40帧的飞碟图形实例，然后在属性检查器中的【色彩效果】下拉列表中选择【色调】，调整参数，将颜色从蓝色调整为红色，如图6.26所示。

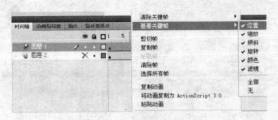

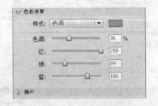

图6.25　查看关键帧属性　　　　　　　　　　　　图6.26　修改关键帧属性

拉动时间轴上的播放头，可以看到飞碟图形实例随着运动路径改变大小和颜色。单击时间轴下方的【绘图纸外观】按钮，再设置绘图纸起止范围为第1帧至第40帧，可以同时看到多个帧的对象运动状态，如图6.27所示。

Step4：可以将其他补间添加到现有的补间图层。单击选中时间轴的第10帧，然后利用工具箱中的选择工具拖动图形对象，曲线也跟着移动，如图6.28所示。同时在时间轴的第10帧自动创建一个关键帧，如图6.29所示。

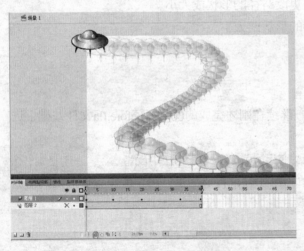

图6.27　查看图形对象运动轨迹　　　　　　　　　图6.28　改变运动轨迹

图6.29　时间轴显示

继续在第30帧处改变图形对象位置，如图6.30和图6.31所示。

Step5：还可以利用部分选取工具直接改变路径曲线，如图6.32所示。

Step6：补间动画的另一个强大功能是可以直接拖动补间延长补间范围，并且所创建的补间动画也会自动根据新的时间进行调整，本例将补间从第40帧延长到第60帧，可以看到各个关键帧的位置也相应发生变化，保持均匀分布，如图6.33所示。

Step7：创建补间后，可以轻松地将补间应用到新对象上。删除任一关键帧处的图形对象，从库中将新的图形元件拖放到舞台上，自动创建新的元件实例的补间动画，如图6.34所示。到这一步完成的程序可参见配套资料Sample\Chapter06\06_02_finish.fla文件。

图6.30 改变运动轨迹

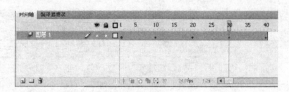

图6.31 时间轴显示

图6.32 利用部分选取工具改变运动轨迹

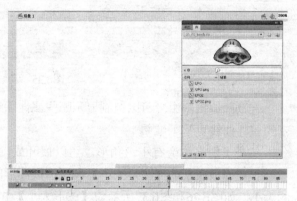

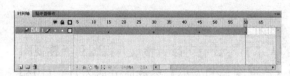

图6.33 延长补间动画

图6.34 将补间应用于另一图形对象

6.4.3 使用动画编辑器编辑属性曲线

动画编辑器面板可以查看所有补间属性及其属性关键帧，并且提供多种方式对补间进行控制。

具体功能如下。

- 设置各属性关键帧的值。
- 添加或删除各个属性的属性关键帧。
- 将属性关键帧移动到补间内的其他帧。
- 将属性曲线从一个属性复制并粘贴到另一个属性。
- 翻转各属性的关键帧。
- 重置各属性或属性类别。
- 使用贝赛尔控件对大多数单个属性的补间曲线的形状进行微调。（X、Y和Z属性没有贝赛尔控件。）
- 添加或删除滤镜或色彩效果并调整其设置。
- 向各个属性和属性类别添加不同的预设缓动。
- 创建自定义缓动曲线。
- 将自定义缓动添加到各个补间属性和属性组中。
- 对X、Y和Z属性的各个属性关键帧启用浮动。通过浮动，可以将属性关键帧移动到不同的帧或在各个帧之间移动以创建流畅的动画。

选择【窗口】|【动画编辑器】命令打开动画编辑器面板，如图6.35所示。从图中看到，可以分别对【基本动画】、【转换】、【色彩效果】、【滤镜】和【缓动】值进行设置。

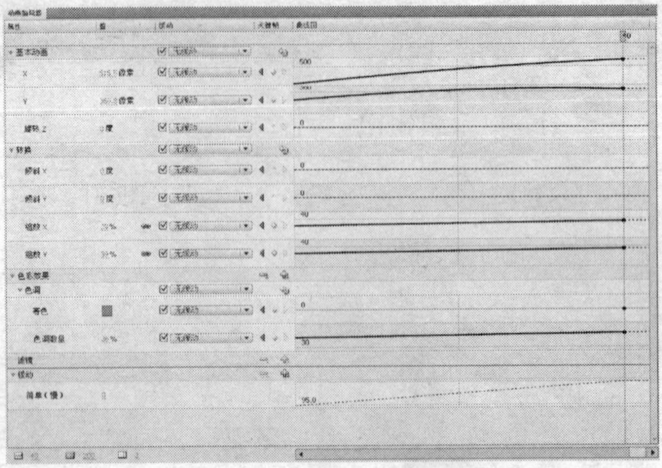

图6.35　动画编辑器

在动画编辑器中，可以控制显示哪些属性曲线以及每条属性曲线的显示大小。以大尺寸显示的属性曲线更易于编辑

每个类别名称旁有小三角形，可以展开或折叠该类别。

调整面板底部的【图形大小】和【扩展图形的大小】参数值可以调整展开视图和折叠视图的大小。如图6.36和图6.37所示为【图形大小】和【扩展图形的大小】参数值分别为71、119和58、91，可以对比一下不同参数下的视图大小。

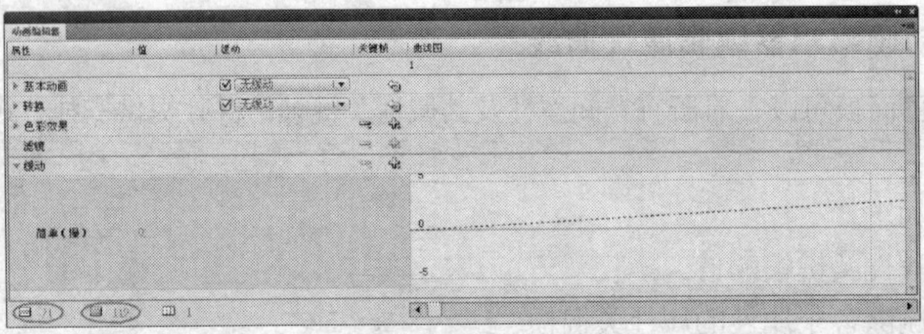

图6.36　【图形大小】和【扩展图形的大小】参数值为71、119

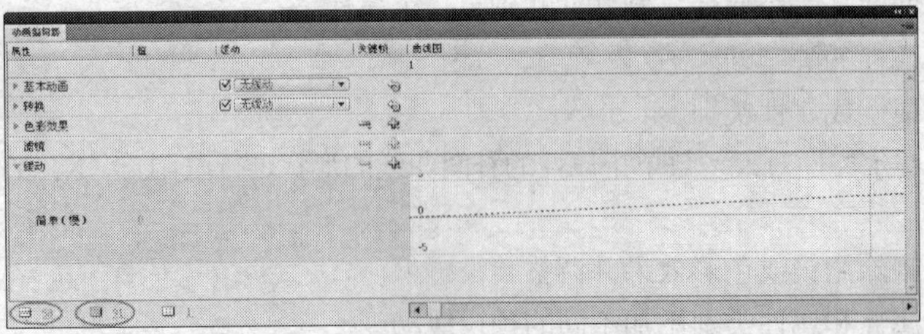

图6.37　【图形大小】和【扩展图形的大小】参数值为58、91

选择时间轴中的补间范围或者舞台上的补间对象或运动路径后，动画编辑器即会显示该补间的属性曲线。动画编辑器将在网格上显示属性曲线，该网格表示发生选定补间的时间轴的各

个帧。在时间轴和动画编辑器中，播放头将始终出现在同一帧编号中。

动画编辑器使用每个属性的二维图形表示已补间的属性值。每个属性都有自己的图形。每个图形的水平方向表示时间（从左到右），垂直方向表示对属性值的更改。特定属性的每个属性关键帧将显示为该属性的属性曲线上的控制点。如果向一条属性曲线应用了缓动曲线，则另一条曲线会在属性曲线区域中显示为虚线。该虚线显示缓动对属性值的影响。

6.4.4 缓动补间

缓动是用于修改Flash计算补间中属性关键帧之间的属性值的方法的一种技术。使用缓动后，每一帧中的属性值不再完全一样，Flash会调整对每个值的更改程度，从而实现更自然、更复杂的动画

使用动画编辑器可对任何属性曲线应用缓动，不需要创建复杂的运动路径就可以创建特定类型的复杂动画效果，并且可以在动画编辑器中编辑预设缓动曲线的属性及创建自定义缓动曲线。

Step1：将06_02_finish.fla文件另存为06_02_finish1.fla文件。单击动画编辑器【缓动】部分中的【添加】按钮，可以查看不同的缓动类型，如图6.38所示。

对于简单缓动曲线，该值是一个百分比，表示对属性曲线应用缓动曲线的强度。正值会在曲线的末尾增加缓动。负值会在曲线的开头增加缓动。对于波形缓动曲线（如正弦波或锯齿波），该值表示波中的半周期数。

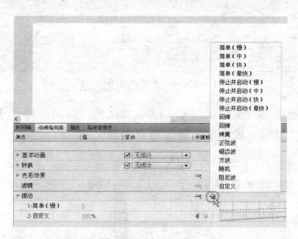

图6.38 缓动列表

Step2：从列表中选择最后一项【自定义】，然后通过【图形大小】、【可扩展的图形大小】和【可查看的帧】3个键调整【缓动】属性项到合适宽度和高度，缓动曲线如图6.39所示。

Step3：单击缓动曲线两端的点，用贝塞儿曲线相同的方法调整缓动曲线到如图6.40所示的形状。

Step4：然后打开动画编辑器面板上的【基本动画】属性项，从该属性类别的【已选的缓动】菜单中选择缓动类型为【2-自定义】，如图6.41所示。

Step5：按快捷键Ctrl+Enter测试影片，可以看到飞碟的缓动效果。

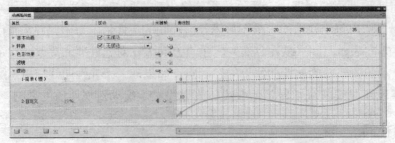

图6.39　自定义缓动曲线

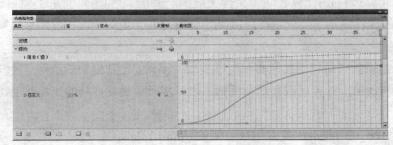

图6.40　调整自定义缓动曲线

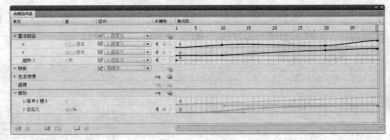

图6.41　将自定义缓动应用到基本动画

Step6：还可以使用动画编辑器对X、Y和Z属性进行微调。打开【基本动画】中的X属性值面板，调整各属性关键帧处的曲线，可以看到飞碟运动的路径也发生相应变化，如图6.42和图6.43所示。

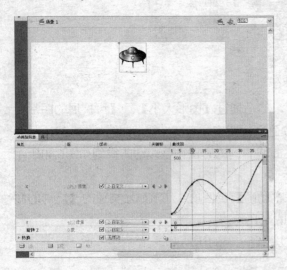

图6.42　微调基本动画的X属性值之一

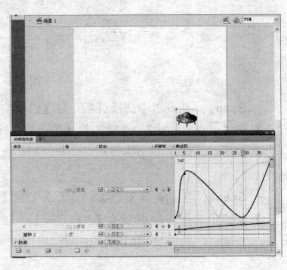

图6.43　微调基本动画的X属性值之二

Step7：动画编辑器还有一个强大的功能，将属性曲线从一个属性复制并粘贴到另一个属性。单击选中【基本动画】中的X属性值曲线，右击鼠标，从快捷菜单中选择【复制曲线】命令，如图6.44所示。

Step8：打开【转换】类别的【倾斜X】属性面板，然后右击鼠标，从快捷菜单中选择【粘贴曲线】命令，如图6.45所示。

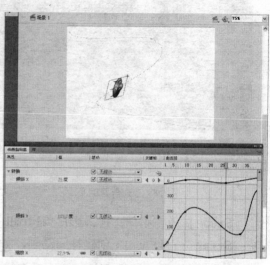

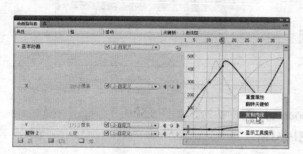

图6.44 复制属性曲线

图6.45 粘贴属性曲线

Step9：还可以继续将该曲线粘贴到【转换】类别的【倾斜Y】属性面板，如图6.46所示。

Step10：按快捷键Ctrl+Enter测试影片，可以看到飞碟的复杂运动。导入背景图片，最后的动画效果如图6.47所示。完成后的源程序可参见配套资料Sample\Chapter06\06_02_finish1.fla文件。

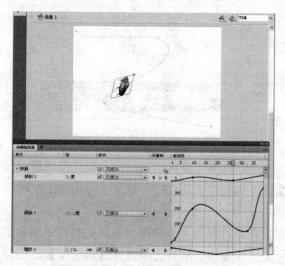

图6.46 粘贴到【倾斜Y】属性曲线

图6.47 飞碟动画效果

实例6.3 嵌套动画

下面再通过一个例子学习补间动画的嵌套动画功能。

Step1：打开配套资料Sample\Chapter06\06_03_before.fla文件，选择【窗口】|【工作区】|【基本功能】命令，在该模式下工作，舞台及时间轴分布如图6.48所示。可以看到时间轴上有

2个图层Grass和Golfball，舞台上有绿地和高尔夫小球。

Step2：选中舞台上的小球，执行【修改】|【转换为元件】命令，在【名称】栏输入ball_bounce，类型选择为【影片剪辑】，如图6.49所示。

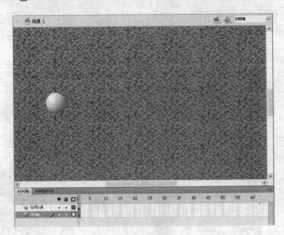

图6.48　舞台及时间轴　　　　　　　　　图6.49　转换为影片剪辑

Step3：双击小球，进入影片剪辑ball_bounce的编辑状态，如图6.50所示。

Step4：在时间轴上创建补间动画，如图6.51所示。

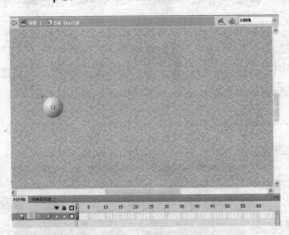

图6.50　进入影片剪辑元件编辑状态　　　　图6.51　在时间轴上创建补间动画

Step5：将播放头移动到第24帧，然后按住Shift键将小球垂直向上拉动，按住Shift键可以保证小球保持垂直移动。此时第24帧出现一个属性关键帧，如图6.52所示。在时间轴上拉动播放头，可以看到小球从下到上的垂直运动效果。

Step6：接下来选择【窗口】|【动画编辑器】命令打开动画编辑器面板，向补间动画添加自定义缓动效果。单击【缓动】类别上的添加按钮，从缓动类型列表中选择【自定义】，一边调整曲线弧度，一边拖动时间轴上的播放头查看缓动效果，直到满意为止，本例最后调整的缓动曲线如图6.53所示。

Step7：打开动画编辑器面板的【基本动画】类别，将Y属性的【已选的缓动】设置为【2-自定义】，如图6.54所示。

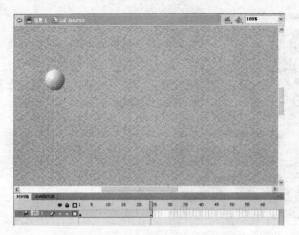

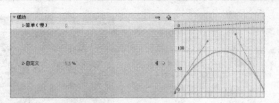

图6.53 自定义缓动曲线

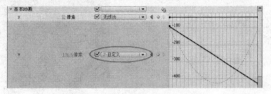

图6.52 第24帧出现一个属性关键帧　　　　图6.54 将缓动应用到Y属性

Step8：单击时间轴上的场景1图标回到主场景，按快捷键Ctrl+Enter测试动画，可以看到小球在原地做上下运动。

Step9：选中Golfball图层，创建补间动画，如图6.55所示。

Step10：拖动补间，将补间延长到第200帧甚至更长，并在Grass图层的第200帧处用右键单击，从快捷菜单选择【插入帧】命令，将背景图画延长到第200帧，如图6.56所示。按快捷键Ctrl+Enter测试动画，可以观察到小球在该段延长时间内依然做上下跳动的运动。

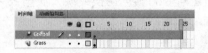

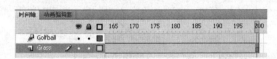

图6.55 创建Golfball图层的补间动画　　　　图6.56 延长补间动画和背景层到第200帧

Step11：单击Golfball图层的第1帧，将小球从舞台上移动到舞台左侧，如图6.57所示。

Step12：选中Golfball图层的第200帧，按住Shift键将小球从舞台左边的位置拖放到舞台右边，舞台上出现一条直线，表示小球的运动轨迹，如图6.58所示。

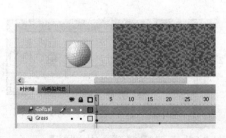

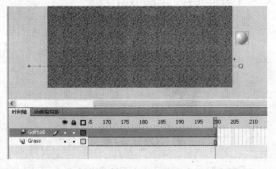

图6.57 设置小球运动的起始位置　　　　图6.58 设置小球运动的终止位置

Step13：按快捷键Ctrl+Enter测试影片，可以看到小球在从左边运动到右边的过程中，也一直保持上下跳动，效果如图6.59所示。最后的源程序参见配套资料Sample\Chapter06\06_03_finish.fla文件。

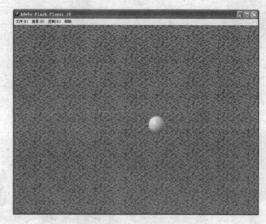

图6.59 最终动画效果

6.5 传统补间

Flash中的传统补间动画与补间动画类似，虽然创建过程相对复杂，但是传统补间具有某些补间动画不具备的动画控制功能。

在传统补间动画中，可以定义元件实例、组合体或文本块在时间轴某一帧中的属性，然后在另外一个关键帧中改变这些属性。实例的位置、大小以及旋转角度都属于实例的自身属性，还可以改变实例的颜色、亮度和不透明度等属性，创建渐变的颜色切换或淡入淡出效果。

下面通过一个小例子练习最基本的传统补间动画的制作。

Step1：新建一个Flash文档。

Step2：单击工具箱中的椭圆工具，按住Shift键在舞台上绘制一个正圆形。

Step3：再选中该圆形，右击鼠标，从快捷键中选择【转换为元件】命令，打开【转换为元件】对话框，如图6.60所示。

Step4：在【类型】一栏中选择【影片剪辑】，【名称】保持默认名称不变。将圆形转换为影片剪辑元件，如图6.61所示。

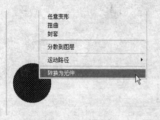

图6.60 将圆形转换为元件

图6.61 转换为影片剪辑元件

Step5：选中图层1的第20帧，右击鼠标，从快捷菜单中选择【插入关键帧】命令，如图6.62所示。

Step6：选中该帧的元件实例，将它从舞台左侧拖放到舞台右侧，如图6.63所示。

Step7：单击补间的帧范围内的任意帧，然后选择【插入】|【传统补间】|【传统补间】命令，在第1帧和第20帧之间创建传统补间动画。按快捷键Ctrl+Enter测试动画，可以看到圆形从第1帧到第20帧平行移动。

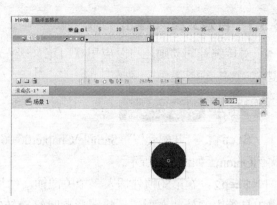

　　图6.62　转换为影片剪辑元件　　　　　　　　图6.63　改变圆形位置

　　Step8：接下来继续在第40帧插入一个关键帧，将第40帧的圆形拖放到舞台左下角。继续创建第20帧至第40帧之间的传统补间动画。

　　Step9：选中第20帧关键帧处的图形，单击工具箱中的任意变形工具，将圆形缩小，如图6.64所示。

　　Step10：选中第40帧关键帧处的图形，再次使用任意变形工具使圆形倾斜变形，如图6.65所示。

　　Step11：按快捷键Ctrl+Enter测试影片，即可得到小球改变位置、大小和倾斜度的动画效果。

　　Step12：接下来在第60帧处插入一个关键帧，选中第1帧，右击鼠标，从快捷菜单中选择【复制帧】命令，接下来选择第60帧，再从右键快捷菜单中选择【粘贴帧】命令，这样就将第1帧的圆形复制到了第60帧，改变第60帧的位置，将圆形拖放到舞台右下角。然后从属性面板的【色彩效果】下拉列表中选择【色调】，调整圆形颜色至红色，如图6.66所示。

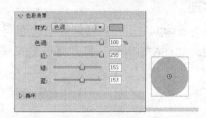

　图6.64　改变圆形大小　　图6.65　倾斜圆形　　　　　　图6.66　调整色调

　　还可以继续从【色彩效果】下拉列表中选择【Alpha】，将其值设为0%，以得到淡出效果，如图6.67所示。

　　Step13：继续选择【插入】|【传统补间】命令，在第40帧和第60帧之间插入传统补间。

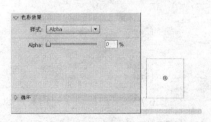

　图6.67　调整Alpha值

　　Step14：按快捷键Ctrl+Enter测试影片，即可得到小球改变颜色以及淡出效果。完成后的程序可参见配套资料Sample\Chapter06\06_04_finish.fla文件。

6.5.1 自定义缓入/缓出

对传统补间动画还可以应用【自定义缓入/缓出】对话框调节缓动曲线，设置不同缓动类型。

实例6.4 **洋葱皮动画**

Step1：打开配套资料Sample\Chapter06\06_05_before.fla文件。舞台左下方有一个图形元件实例Onion，如图6.68所示。

Step2：在第50帧处插入一个关键帧，然后将该帧的图形元件实例拖放到舞台右上角，利用工具箱中的任意变形工具将图形顺时针旋转90°，同时创建第1帧和第50帧之间的传统补间动画，如图6.69所示。

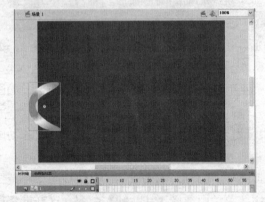
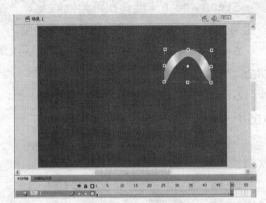

图6.68　第1帧处的图形　　　　　　　　　　图6.69　第50帧处的图形

Step3：按快捷键Ctrl+Enter测试影片，可以看到图形对象从左下方到右上方缓慢、均匀地移动。

Step4：选中第1关键帧处的图形实例，单击属性检查器的【补间】类别中的【编辑】按钮，如图6.70所示。打开【自定义缓入/缓出】对话框，如图6.71所示。

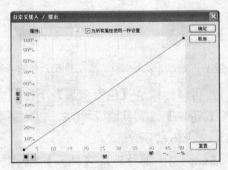

图6.70　单击缓动【编辑】按钮　　　　　　图6.71　【自定义缓入/缓出】对话框

该对话框显示一个表示运动程度随时间而变化的坐标图。水平轴表示帧，垂直轴表示变化的百分比。第一个关键帧表示为0%，最后一个关键帧表示为100%。图形曲线的斜率表示对象的变化速率。

【为所有属性使用一种设置】复选框表示显示的缓动曲线应用于所有属性，默认情况下该复选框处于选中状态，并且【属性】弹出菜单禁用。如果取消勾选该复选框，可从【属性】下拉列表中选择相应属性，有【位置】、【旋转】、【缩放】、【颜色】、【滤镜】几个属性选项，并且每个属性都有定义其变化速率的单独的曲线。

单击对话框左下角的【播放】和【停止】按钮可以预览播放或停止动画。右下角的【重置】按钮可以将速率曲线恢复默认状态，如图6.72所示。

单击对角线就可以向速率曲线添加一个控制点，拖动改变控制点的位置，可以实现对象动画的精确控制，如图6.73所示。

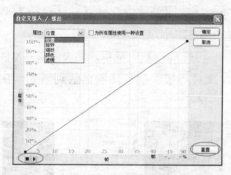
图6.72 功能按钮

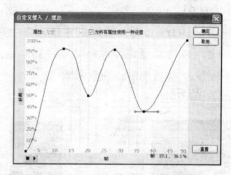
图6.73 添加并改变控制点

Step5：下面了解不同曲线对对象运动速度的影响。如果要增加对象速度，可以向上拖动控制点，如果要降低对象速度，可以向下拖动控制点。曲线水平时（无斜率），变化速率为零，曲线垂直时，变化速率最大，即在最短时间内完成变化，如图6.74所示。

Step6：单击【确定】按钮，将刚才设置的缓动曲线应用于动画补间，按快捷键Ctrl+Enter测试影片，可以发现图形对象的运动路径保持不变，但是动画变化速度变为快－慢－快的节奏。

Step7：再次打开【自定义缓入/缓出】对话框，将缓动曲线调整到如图6.75所示的形状。

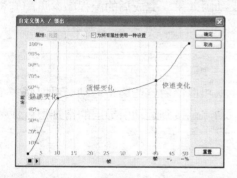
图6.74 曲线斜率与动画变化速度之间的关系之一

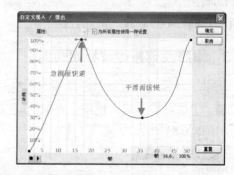
图6.75 曲线斜率与动画变化速度之间的关系之二

Step8：单击【确定】按钮将缓动曲线应用于动画补间。按快捷键**Ctrl+Enter**测试影片，对象的动画变化速度改变。该步骤完成后的源程序参见配套资料Sample\Chapter06\06_05_finish1.fla文件。

6.5.2 粘贴传统补间属性

使用【粘贴动画】命令可以复制传统补间，并且将补间应用于其他对象的特定属性。

Step9：单击时间轴下方的【新建图层】按钮，添加一个新的图层2，拖动图层2到图层1下方，右击图层2的第2帧，从快捷菜单中选择【转换为空白关键帧】，接着选中图层1的第1帧，从右键菜单中选择【复制帧】命令，再选中图层2的第2个空白关键帧，从右键菜单中选择【粘贴帧】命令，这样就将图层1第1帧的图形复制到了图层2的第2帧，如图6.76所示。

图6.76　复制粘贴关键帧

Step10：选中图层1的第一个关键帧，选择【编辑】|【时间轴】|【复制动画】命令，或从右键快捷菜单中选择【复制动画】命令，如图6.77所示。

Step11：选中图层2的第2个关键帧，右击鼠标，从快捷菜单中选择【粘贴动画】命令，即将图层1的补间属性复制到了图层2的图形实例，如图6.78所示。

也可以选择【选择性粘贴动画】命令，打开【粘贴特殊动作】对话框，将X位置、Y位置、水平缩放、垂直缩放、旋转和倾斜、颜色、滤镜以及滤镜等属性值选择性粘贴到新的实例对象上，如图6.79所示。

图6.77　复制动画　　　　　　　　　　　　图6.78　粘贴动画

Step12：重复Step9～Step11，依次创建图层1至图层7的传统补间动画，按快捷键Ctrl+Enter测试影片，最后得到如图6.80所示的洋葱皮动画效果。完成后的源程序参见配套资料Sample\Chapter06\06_05_finish2.fla文件。

6.5.3　沿路径创建传统补间动画

运动引导层可以绘制路径，补间实例、组或文本块可以沿着这些路径运动。可以将多个层链接到一个运动引导层，使多个对象沿同一条路径运动，链接到运动引导层的常规层就成为引导层，如图6.81所示。

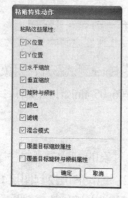

图6.79　选择性粘贴

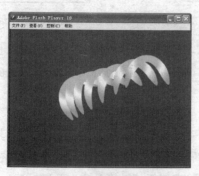

图6.80　洋葱皮动画效果

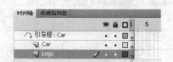

图6.81　不同层上的2个对象将沿同一路径运动

实例6.5 运动引导层动画

Step1：打开配套资料Sample\Chapter06\06_06_before.fla文件，时间轴上有2个图层，其实bg图层为背景图层，walkman图层上是已经创建的传统补间动画序列，如图6.82所示。

Step2：按快捷键Ctrl+Enter测试影片，可以看到小人从右边走到左边，如图6.83所示。该动画属于传统补间动画，在第1帧和最后一帧，对象位置改变，Flash自动创建2个关键帧之间的帧内容，但是传统补间动画只能创建2个关键帧之间的直线运动。

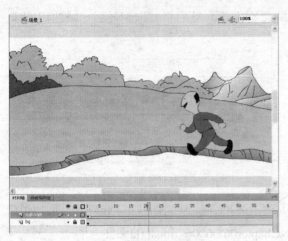

图6.82 舞台和时间轴   图6.83 小人直线运动

Step3：下面为传统补间动画创建运动路径。选中第1帧的小人，从属性检查器的【补间】类别中选择【调整到路径】复选框，补间元素的基线将会调整到运动路径。如果选择【贴紧】，补间元素的注册点将与运动路径对齐，如图6.84所示。

Step4：用右键单击包含传统补间的图层walkman，从快捷菜单中选择【添加传统运动引导层】命令，如图6.85所示。

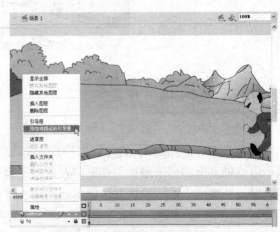

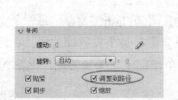

图6.84 选择【调整到路径】复选框   图6.85 添加传统运动引导层

Step5：这时在walkman图层上方将添加一个运动引导层，并缩进walkman图层名称，表明该图层已经绑定到该运动引导层，如图6.86所示。

Step6：接着选择运动引导层，使用工具箱中的铅笔工具顺着背景层山坡的弧度绘制一条曲线，如图6.87所示。

图6.86　添加运动引导层的时间轴

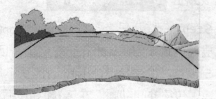

图6.87　绘制运动路径

Step7：拖动小人，使其贴紧第1帧处曲线的起始位置，然后将其拖到最后一帧曲线的末尾，分别如图6.88和图6.89所示。

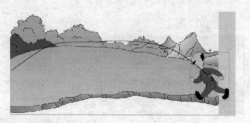

图6.88　将对象贴紧至第1帧

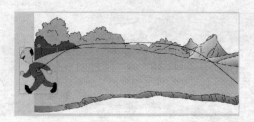

图6.89　将对象贴紧至最后一帧

Step8：按快捷键Ctrl+Enter测试动画，小人将沿着刚才绘制的曲线运动路径运动，如图6.90所示。完成后的源程序参见配套资料Sample\Chapter06\06_06_finish.fla文件。

图6.90　最终动画效果

6.6　逐帧动画

逐帧动画是通过修改每一帧中的内容而产生的，它特别适合于那些复杂的、每一帧中的图像都有变化的动画，而且这种变化并不仅仅是简单的移动。因为Flash需要存储每一个完整的帧，所以逐帧动画将显著增加文件量。在逐帧动画中，Flash会保存每个完整帧的值，如图6.91所示的骑自行车的少女。注意，创建逐帧动画时，需要将每个帧都定义为关键帧，然后为每个帧创建不同图像。

创建逐帧动画的步骤如下。

Step1：单击图层名称使之成为活动层，然后在动画开始播放的图层中选择一个帧。

Step2：如果该帧不是关键帧，选择【插入】|【时间轴】|【关键帧】命令使之成为一个关键帧。

Step3：在序列的第一个帧上创建插图。可以使用绘画工具、从剪贴板中粘贴图形，或导入一个文件。

图6.91 骑自行车的少女

Step4：单击同一行中右侧的下一帧，然后选择【插入】|【时间轴】|【关键帧】命令，或者选中该帧，用右键单击，然后从快捷菜单中选择【插入关键帧】命令。添加一个新的关键帧，其内容和第1个关键帧一样。

Step5：在舞台中改变该帧的内容，改变动画接下来的增量。

Step6：要完成逐帧动画序列，重复Step4和Step5，直到创建了所需的动作。

Step7：对动画进行测试。

实例6.6 **逐帧动画**

Step1：新建一个Flash文档，选择【修改】|【文档】打开【文档属性】对话框。设置文档大小为320像素×240像素，帧频保持默认值不变，如图8.92所示。

Step2：将图层1命名为Ground，单击工具箱中的线条工具，按住Shift键在舞台下部绘制一条水平线，表示地平线，如图6.93所示。

图6.92 设置文档属性

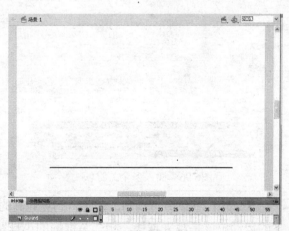

图6.93 绘制地平线

Step3：单击时间轴下方的【新建图层】按钮，将其命名为Ball，单击工具箱中的椭圆工具，按住Shift键绘制一个正圆，将圆形移动到线条上方，使其看起来像被地面支撑的样子，如图6.94所示。

Step4：选中舞台上的小球，将其转换为图形元件Ball。

Step5：接下来考虑动画延续时间。假设该动画持续1秒，按照默认帧频设置，1秒内包含24帧，在2个图层的第24帧分别按下F5键插入一个普通帧，使动画延续24帧，即1秒钟。

Step6：选中Ball图层的第1帧，将该帧处的小球垂直向上拉动，表示动画开始的起始位置，如图6.95所示。

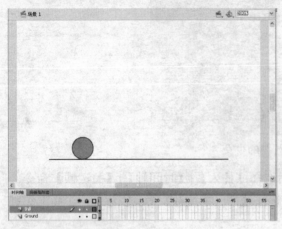

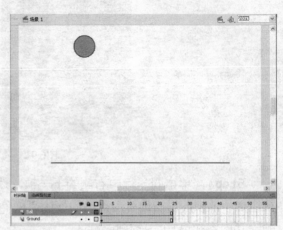

图6.94　绘制小球　　　　　　　　　　　　　　　　图6.95　动画开始的位置

按照帧频设置，可以绘制每秒24帧的动画，但根据经验，每秒12幅的动画已经能够达到比较理想的动画效果，即2帧一幅画面。

依次选择Ball图层的第3帧、第5帧……第11帧，分别插入关键帧，时间轴如图6.96所示。

Step7：分析动画，小球在1秒（24帧）内完成一个完整动画，在第24帧又回到起始位置，因此选中一半的时间即第13帧，将小球拖放到水平线上，如图6.97所示。

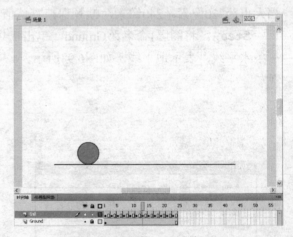

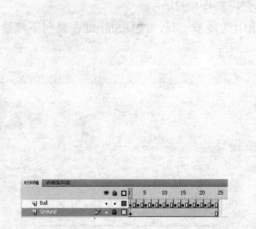

图6.96　插入多个关键帧　　　　　　　　　　　　　图6.97　设置第13关键帧动画

Step8：继续分析动画，为了得到更逼真的动画效果，考虑到重力加速度，小球从顶部向下的运动应该是越来越快，相邻关键帧的小球距离拉开越来越远。

单击时间轴下方的【绘图纸外观】功能按钮，可以同时显示和编辑多个帧，有利于关键帧图形更好定位。选中第3帧，然后将小球向下拉动一定距离。在打开【绘制纸外观】功能的情况下，可以显示小球与第1帧小球的相对位置，如图6.98所示。

Step9：延长时间轴上方绘图纸外观的右手柄到第5帧，然后将第5帧的小球继续向下拉动一定距离，这次距离更远一些，如图6.99所示。

Step10：继续设置第7帧、第9帧、第11帧的关键帧动画，逐渐增加小球之间的距离。在第11帧，各个关键帧处的小球位置如图6.100所示。

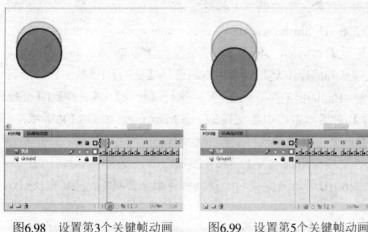
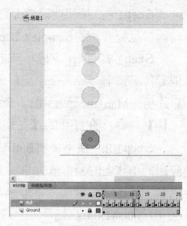

图6.98　设置第3个关键帧动画　　　图6.99　设置第5个关键帧动画　　　图6.100　各关键帧处的小球位置

Step11： 现在已经完成小球向下运动的动画过程。向上运动的过程正好相反。小球在第13帧到达地面，第15帧的画面应与第11帧一样，因此将第11帧的图形复制粘贴到第15帧（通过【复制帧】和【粘贴帧】命令），将第9帧的图形复制粘贴到第17帧。依此类推。

Step12： 小球的跳跃动画完成后，接下来制作小球的变形动画，小球在弹跳过程产生略微变形将使动画更加逼真。选中第3帧的小球，利用任意变形工具将小球轻微向下拉伸，选择【窗口】|【变形】打开变形面板可以看到缩放的高度，如图6.101所示。

Step13： 选中第5帧的小球，将其继续拉伸，并且拉伸的幅度更大一些，这样到第11帧，小球变形更加厉害，在变形过程中，注意保持动画的连续性，如图6.102所示。

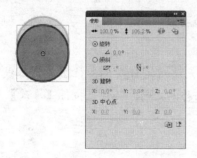
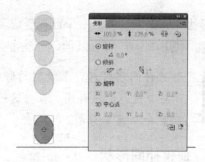

图6.101　竖直拉伸小球　　　　　　　图6.102　依次拉伸小球

Step14： 在第13帧，小球到达地面。在该帧创建横向拉伸效果，模拟小球撞向地面的变形效果，如图6.103所示。

Step15： 接着在第13帧和第14帧之间插入一个普通帧，将小球撞向地面的时间从2帧延续到3帧，注意将Ground图层也延续到第25帧，时间轴如图6.104所示。

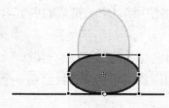

图6.103　小球触到地面的动画　　　　图6.104　延长时间轴

Step16：按快捷键Ctrl+Enter测试影片，小球做上下弹跳运动，如图6.105所示。完成后的动画参见配套资料Sample\Chapter06\06_07_finish.fla文件。

Step17：制作完成小球上下运动的动画后，还可以利用交换元件功能，将动画应用到其他元件实例上。导入一个元件或直接从外部库中复制过来，本例选择【复制】|【粘贴】命令将影片剪辑Man_mc导入到库，然后选中Ball图层的第1个关键帧，执行【修改】|【元件】|【交换元件】命令，在打开的【交换元件】对话框中选中要交换的元件Man_mc，如图6.106所示。

Step18：接下来对Ball图层的每个关键帧都进行交换元件的操作，原来在每个关键帧处应用到小球上的变形效果也随着元件交换应用到小人上。按快捷键Ctrl+Enter测试影片，蓝色小人也上下运动，伴随变形效果，如图6.107所示。完成后的动画参见配套资料Sample\Chapter06\06_07_finish1.fla文件。

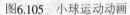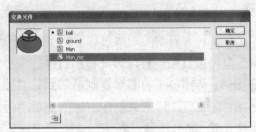

图6.105 小球运动动画　　　　图6.106 交换元件　　　　图6.107 小人运动动画

6.7 补间形状

形状补间是把对象从一个形状变成另一个形状，也可以补间形状的位置、大小、颜色和不透明度。利用形状补间可以创建一些非常有趣的效果。

 形状补间只对舞台上绘制的形状起作用，而无法对元件实例、位图、文本或组合的对象进行形状补间。在对这些对象进行形状补间之前，必须先执行【修改】|【分离】命令将其分解。

6.7.1 创建补间形状

创建形状补间的步骤如下。

Step1：创建一个新的文档。

Step2：选择第1帧，在默认情况下它是空白关键帧。

Step3：使用工具箱中的矩形工具绘制一个正方形，第1帧将会自动变成关键帧，如图6.108所示。

Step4：单击选中第24帧，插入一个关键帧。Flash将使用第1个关键帧的内容填充最后一个关键帧。

Step5：使用不同的变换工具处理对象，使它变成自己想要的形状，也可以删除图像并创建一个完整的新图像。本例删除原来的正方形，在原来的位置使用椭圆工具绘制一个圆形，如图6.109所示。

这样，第1帧中包含一个带正方形的关键帧，第24帧包含一个带圆形的关键帧。

Step6：接下来选择2个关键帧之间的任意一帧，选择【插入】|【补间形状】命令，创建补间形状动画，如图6.110所示。

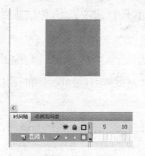

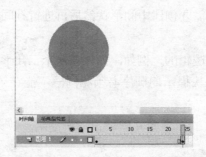

图6.108 在第1帧绘制一个正方形　　图6.109 在第24帧绘制一个圆形　　图6.110 选择【插入】|【补间形状】命令

Step7：时间轴上显示绿色背景的箭头线。在时间轴上拖动播放头，或按Enter键，可以预览补间，如图6.111所示。

图6.111 时间轴上补间形状显示

Step8：还可以对形状进行动画补间，将第24帧的圆形向右移动，使其处于与第1帧正方形不同的位置，按Enter键预览补间形状动画。打开【绘图纸外观】功能，可以看到从正方形到圆形的形变效果，如图6.112所示。

Step9：还可以对形状的颜色进行补间。修改第24帧的圆形颜色，使其与第1帧的正方形颜色不同，按Enter键预览颜色的补间形状动画效果。如图6.113所示。

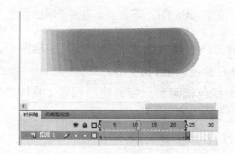

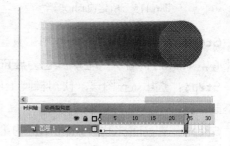

图6.112 不同位置的形状补间动画　　　　图6.113 不同颜色的形状补间动画

6.7.2 使用形状提示控制形状变化

如果要控制复杂的形状变化，可以使用形状提示。形状提示会标识起始形状和结束形状中相对应的点。例如，如果要补间一张正在改变表情的脸部图画，可以使用形状提示来标识每只眼睛，这样在发生形变时，脸部就不会乱成一团，每只眼睛还都可以辨认，并在转换过程中分别变化。

图6.114分别为给字符1添加形状提示后从1变化到2的过程。

形状提示包含从a到z的字母，用于识别起始形状和结束形状中相应的点，最多可以使用26个形状提示。起始关键帧中的形状提示是黄色的，结束关键帧中的形状提示是绿

图6.114 字符添加形状提示后的变化过程

色的，如果不在一条直线上则为红色。

如果要在补间形状时获得最佳效果，最好遵循以下准则。

· 复杂的补间形状中，需要创建中间形状然后再进行补间，而不是只定义起始和结束的形状。

· 确保形状提示是符合逻辑的。例如，如果在一个三角形中使用三个形状提示，则原始三角形和要补间的三角形中形状提示的顺序必须相同，不能在第一个关键帧中是abc，而在第二个中是acb。

· 按逆时针顺序从形状的左上角开始放置形状提示，效果最好。

实例6.7　补间形状动画

Step1：新建一个Flash文档，文档大小为400像素×400像素，帧频保持默认值，如图6.115所示。

Step2：在时间轴上新建10个图层，依次命名如图6.116所示。

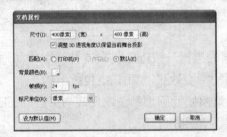

图6.115　新建Flash文档　　　　　　　　图6.116　新建并命名若干图层

Step3：选中centre图层，利用工具箱中的椭圆工具在舞台上绘制一个黄色的椭圆形，代表花心，如图6.117所示。笔触颜色为#FFCC00，中心颜色为#FFFF99。

Step4：选中stem图层，使用椭圆工具绘制半个绿色椭圆形，接着使用钢笔工具或铅笔工具绘制植物的茎，如图6.118所示。

Step5：在centre图层和stem图层的第16帧分别插入一个普通帧。

Step6：下面添加花瓣。选中right图层第1帧，使用椭圆工具绘制花瓣，笔触颜色可以选择白色，填充颜色选择【放射状】填充，左边的颜色指针为紫红色#FF00FF，右边的颜色指针为白色，如图6.119所示。

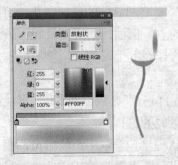

图6.117　绘制花心　　　　图6.118　绘制花茎　　　　图6.119　绘制right层第1帧图形

Step7：在right图层第16帧插入一个关键帧，希望花瓣在该帧打开，使用任意变形工具修改图形如图6.120所示。

Step8：使用任意变形工具修改花瓣位置的过程如图6.121所示。先选中工具箱中的任意变形工具，单击花瓣，白色小圆圈代表在花瓣中心位置的注册点，用鼠标拖动注册点到左下角位置，然后就可以旋转花瓣到水平位置，最后再将注册点向上移动。

图6.120 绘制第16帧图形

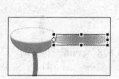

图6.121 利用任意变形工具旋转花瓣

Step9：right图层第1帧和第16帧处的图形修改好之后，选择【插入】|【补间形状】命令创建第1帧到第16帧的形变动画，如图6.122所示。

Step10：按Enter键测试一下形状变化，发现效果不理想，没有花瓣打开的效果。下面给花瓣添加形状提示，以得到花瓣打开的自然效果。选中第1帧处的花瓣，选择【修改】|【形状】|【添加形状提示】命令，依次添加a、b、c、d4个形状提示点，如图6.123所示。

Step11：选中第16帧，调整a、b、c、d4个形状提示点的位置如图6.124所示。

Step12：按Enter测试形变效果。

图6.122 创建形状补间动画

图6.123 right图层起始形状处
的形状提示点分布

图6.124 right图层终止形状处
的形状提示点分布

Step13：接下来继续创建其他图层的花瓣，在front centre图层花瓣的运动相对简单，只添加了2个形状提示点，如图6.125和图6.126所示。

Step14：对centre left图层，注意在第16帧，为了避免花瓣出现翻卷，形状提示点b和d交换了位置，交换形状提示点是防止形状在变形过程中发生翻卷的常用方法。第1帧和第16帧的形状提示点分布分别如图6.127和图6.128所示。

图6.125 front centre图层第1
帧形状提示点分布

图6.126 front centre图层第16
帧形状提示点分布

图6.127 centre left图层第1帧
形状提示点分布

Step15：如图6.129和图6.130所示分别为front right图层第1帧和第16帧处的形状提示点分布图。

图6.128　centre left图层第16帧形状提示点分布　　图6.129　front right图层第1帧形状提示点分布　　图6.130　front right图层第16帧形状提示点

Step16：每个花瓣图层设置好形状补间后，时间轴如图6.131所示。

Step17：利用6.5.3节提到的沿路径创建传统补间动画的知识，接下来还可以创建花瓣打开后，一片花瓣飘落地面的动画效果。按住Shift键选中所有图层的帧，然后在第45帧插入一个普通帧，将所有动画时间延长到第45帧。

在front left图层的第17帧插入一个关键帧，选中该帧的花瓣，将其转换为图形元件，元件名称为front left，如图6.132所示。

图6.131　时间轴显示　　　　　　　　　　图6.132　转换为图形元件

Step18：选中front left图层，右击鼠标，从快捷菜单中选择【添加传统运动引导层】命令，在front left图层之上添加一个运动引导层，如图6.133所示。

Step19：选中引导层，在第17帧添加一个空白关键帧，选中工具箱中的铅笔工具，然后在工具箱中的选项区中设置绘制模式为【平滑】，如图6.134所示。

Step20：在引导层上绘制一条从花瓣中心到地面的曲线，代表花瓣飘落地面的运动路径，如图6.135所示。

图6.133　添加运动引导层　　　　图6.134　设置铅笔工具的绘画模式　　　　图6.135　绘制运动路径

Step21：在线条保持选中的状态下，单击工具箱选项区的【贴紧至对象】选项按钮，如图6.136所示。

Step22：取消选择线条，再选中front left图层的第17帧，将黑色小圆点移至线条末端，如图6.137所示。

在front left图层的第45帧插入一个关键帧，将花瓣移动到地面，黑色小圆圈贴紧线条末端，如图6.138所示。

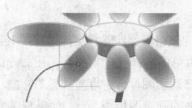

图6.136　选择【贴紧至对象】选项按钮　　　图6.137　贴紧至对象1　　　图6.138　贴紧至对象2

Step2 3：选中front left图层的第17关键帧，选择【插入】|【传统补间】命令，沿路径创建传统补间动画。

Step2 4：按快捷键Ctrl+Enter测试动画，一片花瓣沿路径飘落，时间轴如图6.139所示。最终效果如图6.140所示。完成后的源程序参见配套资料Sample\Chapter06\06_08_finish.fla文件。

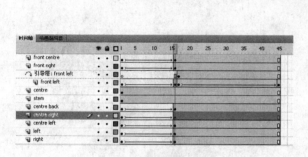

图6.139　时间轴显示　　　　　　　　　　图6.140　动画效果

6.8　遮罩动画

遮罩动画是Flash中的一个很重要的动画类型，很多效果丰富的动画都是通过遮罩动画来完成的。

6.8.1　遮罩动画的概念

在Flash的图层中有一个遮罩图层类型，为了得到特殊的显示效果，可以在遮罩层上创建一个任意形状的"视窗"，遮罩层下方的对象可以通过该"视窗"显示出来，而"视窗"之外的对象将不会显示。

比如我们经常在Flash的作品中看到很多眩目神奇的效果，如水波、万花筒、百页窗、放大镜、望远镜等，其中不少就是用最简单的"遮罩"完成的。

在Flash动画中，"遮罩"主要有2种用途，一个是用在整个场景或一个特定区域中，使场景外的对象或特定区域外的对象不可见，另一个是用来遮罩住某一元件的一部分，从而实现一些特殊的效果。遮罩项目可以是填充的形状、文字对象、图形元件的实例或影片剪辑。可以将多个图层组织在一个遮罩层之下来创建复杂的效果。

6.8.2 创建遮罩动画

1. 创建遮罩

在Flash中没有一个专门的按钮来创建遮罩层,遮罩层其实是由普通图层转化的。只要在某个图层上单击右键,在弹出菜单中选择【遮罩层】,使命令的左边出现一个小钩,该图层就会生成遮罩层,层图标就会从普通层图标■变为遮罩层图标■,系统会自动把遮罩层下面的一层关联为"被遮罩层",在缩进的同时图标变为■,如果想关联更多层被遮罩,只要把这些层拖到被遮罩层下面就行了,如图6.141所示。

2. 构成遮罩和被遮罩层的元素

遮罩层中的图形对象在播放时是看不到的,遮罩层中的内容可以是按钮、影片剪辑、图形、位图、文字等,但不能使用线条,如果一定要用线条,可以将线条转化为"填充"。

如图6.142所示,"被遮罩层"上是一幅完整图片。在其上添加一个"遮罩层"后,单击"遮罩层"名称旁边的锁图标,解锁该图层,既可以在图层上添加遮罩图形。如图6.143所示为在"遮罩层"利用矩形工具绘制一个矩形的画面,矩形的填充颜色任意,测试动画即可得到如图6.144所示的效果。

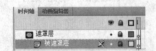

图6.141　遮罩层和被遮罩层　　　　　　　　图6.142　被遮罩层上的图片

　　　　图6.143　遮罩层上的矩形　　　　　　　　　　图6.144　矩形遮罩效果

还可以利用椭圆工具在"遮罩层"绘制一个圆形,如图6.145所示。圆形遮罩效果如图6.146所示。

从两个小例子可以看出,Flash会忽略遮罩层中的位图、渐变、透明度、颜色和线条样式,遮罩图形的下层图形会显现出来,而在遮罩图形之外的画面将不可见。

图6.145 遮罩层上的圆形

图6.146 圆形遮罩效果

3. 遮罩中可以使用的动画形式

可以在遮罩层、被遮罩层中分别或同时使用形状补间动画、动作补间动画、引导线动画等动画手段，从而使遮罩动画变成一个可以施展无限想象力的创作空间。

例如，在遮罩层可以创建补间形状动画，第1帧处是一个窄条矩形，如图6.147所示，第50帧处利用工具箱中的任意变形工具可以拉伸矩形盖住遮罩层的图片，如图6.148所示。时间轴如图6.149所示。

图6.147 遮罩层第1帧处的窄条矩形

图6.148 遮罩层第50帧处的拉伸矩形

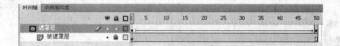

图6.149 时间轴显示

按快捷键Ctrl+Enter测试动画，可以看到画面从上到下出现卷轴效果，如图6.150所示。完成后的源程序可参见配套资料Sample\Chapter06\06_09_finish.fla文件。

改变遮罩层上的形状和动画，还可以制作各种遮罩动画效果，分别如图6.151～图6.153所示。

图6.150 卷轴遮罩效果

图6.151 方块遮罩效果

图6.152 不规则遮罩效果   图6.153 线条遮罩效果

6.9 反向运动动画

反向运动（Inverse kinematics）是三维设计专有名词，指的是使用计算父物体的位移和运动方向，从而将所得信息继承给其子物体的一种物理运动方式。该功能是Flash CS4新增功能，通过向元件实例或单个形状内部添加骨骼，可以轻松创建各关节连接的运动动画，如人物胳膊、腿的运动和面部表情变化等。如图6.154所示即为添加了IK骨骼的人物形状，如图6.155所示为添加了骨骼的元件。

Flash有两个专门处理IK的工具，分别是骨骼工具 和绑定工具 。使用骨骼工具可以向元件实例和形状添加骨骼。使用绑定工具可以调整形状对象的各个骨骼和控制点之间的关系。

Flash有两种方式使用IK，第一种方式是添加骨骼或关节将多个元件实例相连接，如图6.156所示，舞台上是添加骨骼之前的一组相同的影片剪辑，如图6.157所示为添加骨骼之后的该组影片剪辑。创建IK骨骼后，可以任意拖动骨骼或元件实例创建自然的骨骼运动动画，如图6.158所示。

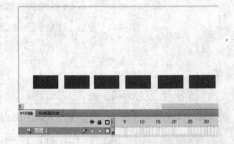

图6.154 添加IK骨骼的人物形体   图6.155 添加骨骼的元件   图6.156 一组相同的影片剪辑

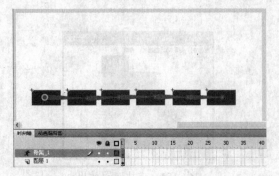

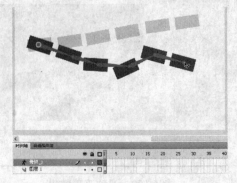

图6.157 添加骨骼之后的该组影片剪辑   图6.158 拖动实例创建新形态

第二种方式是向形状对象内部直接添加骨架。通过添加骨骼，可以移动形状的各个部分并对其进行动画处理，而无需绘制形状补间动画。例如，向图6.159所示的形状内部添加骨骼，添加骨骼后的形状如图6.160所示。然后可以拖动形状创建类似蛇运动的逼真而自然的扭曲动画，如图6.161所示。

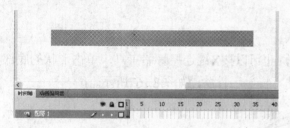

图6.159　舞台上的形状

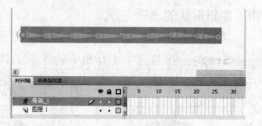

图6.160　添加骨骼后的形状

Flash向元件实例或形状添加骨骼时，将自动创建一个新图层，称为姿势图层。每个姿势图层只能包含一个骨架及其关联的实例或形状，如图6.162所示。

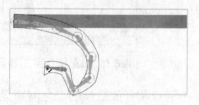

图6.161　扭曲形状

图6.162　添加的姿势图层

下面利用向形状添加骨骼，创建一个模拟小草摇摆的动画。

实例6.8 　模拟小草摇摆的IK动画

Step1：新建一个Flash文档。

Step2：选择工具箱中的铅笔工具 ，然后在选项区中将【铅笔模式】设置为【平滑】，如图6.163所示。

Step3：在舞台上绘制如图6.164所示的轮廓线，使轮廓线基本像一株小草的形状，并保持闭合，以便下一步进行颜色填充。

Step4：接下来选择工具箱中的颜料桶工具 ，设置笔触颜色为浅绿色（#92A541），单击形状内部进行填充，得到如图6.165所示的效果。

图6.163　选择【平滑】绘画模式

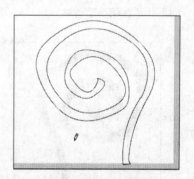

图6.164　绘制小草轮廓线

Step5：接下来移除轮廓线，选择工具箱中的选择工具 ，双击选中轮廓线，如图6.166所示。

Step6：选中轮廓线后，按下Delete键，删除笔触。

Step7：注意某个形状转换为IK形状后，它无法再与IK形状外的其他形状合并，并且某些用于编辑形状的选项失效。

选择工具箱中的选择工具，选择整个形状。

Step8：接着选中工具箱中的骨骼工具 ，也可以按X键选择骨骼工具，单击形状的底部并向上拖动，创建关节的第一部分。在拖动时，将显示骨骼，如图8.167所示。

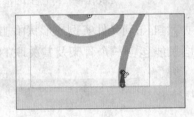

图6.165　填充颜色　　　图6.166　选中轮廓线后进行删除　　　图6.167　选择骨骼工具后拖动

Step9：拖动鼠标向上移动，然后释放鼠标，在单击的点和释放鼠标的点之间将显示一个实心骨骼。每个骨骼都具有头部、圆端和尾部（尖端），如图6.168所示。

Step10：添加第一个骨骼时，Flash将形状转换为IK形状对象，并将其移动到时间轴中的新图层上。新图层称为姿势图层。所有关联的骨骼和IK形状对象都驻留在姿势图层中。每个姿势图层只能包含一个骨架。时间轴如图6.169所示。

Step11：添加第一节骨骼后，继续使用骨骼工具单击第一个关节的头部，开始创建第2节骨骼，如图6.170所示。第二节骨骼将成为根骨骼的子级。

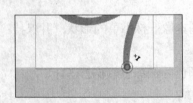
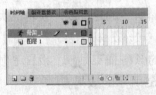
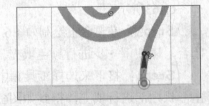

图6.168　向形状添加第一节骨骼　　　图6.169　时间轴　　　图6.170　添加第二节骨骼

图6.171　添加其余骨骼

Step12：重复上述步骤，继续添加其余骨骼，直到到达形状的根部，如图6.171所示。

Step13：选中刚创建的姿势图层，右击第120帧，从弹出菜单中选择【插入姿势】命令，如图6.172所示。

Step14：完成上一步后，在第120帧插入一个关键帧，并且在第1帧和第120帧之间显示为绿色背景，如图6.173所示。

图6.172 选择【插入姿势】命令

图6.173 时间轴显示

Step15：接下来在第60帧也选择【插入姿势】命令，插入一个关键帧，如图6.174所示。

Step16：接下来单击工具箱中的选择工具，退出对姿势图层的编辑。

Step17：重新选中舞台上的形状，单击任一关节点，然后移动鼠标，会发现形状也跟着移动，如图6.175所示。

图6.174 在第60帧也插入姿势

图6.175 改变形状姿势

Step18：继续移动鼠标，调整形状到合适位置，如图6.176所示。

Step19：按快捷键Ctrl+Enter可以测试影片效果。完成后的源程序参见配套资料Sample/Chapter06/06_10_finish.fla文件，效果图如图6.177所示。

图6.176 继续改变形状姿势

图6.177 IK动画效果

第7章 认识ActionScript 3.0

ActionScript是Flash中的脚本编写语言，Flash CS4使用ActionScript 3.0，也是ActionScript目前的最高版本。利用ActionScrip可以增加Flash影片的交互性。

动作面板是向Flash影片中添加动作脚本语句的界面，它提供如下几个窗口组件：动作工具箱（按类别分组显示ActionScript元素）、脚本导航器和脚本窗口。通过这些窗口可以选择动作脚本元素，对它们进行排列并可以根据需要编辑任何单独的参数。

按F9快捷键或选择【窗口】|【动作】命令可以打开动作面板，如图7.1所示。

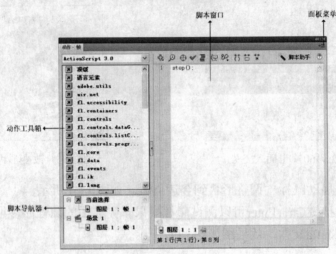

图7.1 动作面板

7.1 ActionScript编程基础

在使用Flash进行编程前，有必要先了解ActionScript的组成。

7.1.1 语言元素

在Flash编程中使用的语言元素与其他语言类似。编写ActionScript最重要的一步就是了解特定术语在语言中所扮演的角色。

1. 数据类型

数据类型用来定义一组值。例如，Boolean数据类型所定义的一组值中仅包含两个值：true和false。除了Boolean数据类型外，ActionScript 3.0还定义了其他几个常用的数据类型，如String、Number和Array。可以使用类或接口来自定义一组值，从而定义自己的数据类型。

2. 变量

变量可用来存储程序中使用的值。要声明变量，必须将var语句和变量名结合使用。在ActionScript 2.0中，类型注释时才需要使用var语句。在ActionScript 3.0中，总是需要使用var语句。例如，下面的ActionScript语句声明一个名为i的变量：

```
var i;
```

要将变量与一个数据类型相关联，则必须在声明变量时进行此操作。在声明变量时不指定变量的类型是合法的，但这在严格模式下将产生编译器警告。可通过在变量名后面追加一个后跟变量类型的冒号（:）来指定变量类型。例如，下面的代码声明一个int类型的变量i:

```
var i:int;
```

可以使用赋值运算符（=）为变量赋值。例如，下面的代码声明一个变量i并将值20赋给它:

```
var i:int;
i = 20;
```

也可以在声明变量的同时为变量赋值，如下面的示例所示:

```
var i:int = 20;
```

通常，在声明变量的同时为变量赋值的方法不仅在赋予基元值（如整数和字符串）时很常用，而且在创建数组或实例化类的实例时也很常用。下面的示例显示了一个使用一行代码声明和赋值的数组:

```
var numArray:Array = ["zero", "one", "two"];
```

可以使用new运算符来创建类的实例。下面的示例创建一个名为CustomClass的实例，并向名为customItem的变量赋予对该实例的引用:

```
var customItem:CustomClass = new CustomClass( );
```

如果要声明多个变量，可以使用逗号运算符（,）来分隔变量，从而在一行代码中声明所有这些变量。例如，下面的代码是在一行中声明3个变量:

```
var a:int, b:int, c:int;
```

也可以在同一行代码中为其中的每个变量赋值。例如，下面的代码声明3个变量（a、b和c）并为每个变量赋值:

```
var a:int = 10, b:int = 20, c:int = 30;
```

3. 作用域

变量的作用域是指变量的作用范围。全局变量是指在代码的所有区域中定义的变量，而局部变量是指仅在代码的某个部分定义的变量。在ActionScript 3.0中，始终为变量分配声明它们的函数或类的作用域。

4. 函数

函数是执行特定任务并可以在程序中重用的代码块。函数在ActionScript中始终扮演着极为重要的角色。

5. 类

在ActionScript 3.0中，每个对象都是由类定义的。可将类视为某一类对象的模板或蓝图。类定义中可以包括变量、常量以及方法，前两者用于保存数据值，后者是封装绑定到类的行为的函数。存储在属性中的值可以是"基元值"，也可以是其他对象。基元值是指数字、字符串或布尔值。

ActionScript中包含许多属于核心语言的内置类。其中的某些内置类（如Number、Boolean

和String）表示ActionScript中可用的基元值。其他类（如Array、Math和XML）定义属于ECMAScript标准的更复杂对象。

在ActionScript面向对象的编程中，任何类都可以包含3种类型的特性：属性、方法、事件。这些元素共同用于管理程序使用的数据块，并用于确定执行哪些动作以及动作的执行顺序。

6. 属性

属性表示某个对象中绑定在一起的若干数据块中的一个。例如，MovieClip类具有rotation、x、width和alpha等属性。可以像处理单个变量那样处理属性。事实上，可以将属性视为包含在对象中的子变量。

7. 方法

方法是指可以由对象执行的操作。例如，在Flash中使用时间轴上的几个关键帧和动画制作了一个影片剪辑元件，通过方法可以播放或停止该影片剪辑，或者指示播放头移到特定的帧。

下面的代码指示名为shortFilm的MovieClip开始播放。

```
shortFilm.play( );
```

8. 事件

事件是确定计算机执行哪些指令以及何时执行的机制。

本质上，事件就是所发生的、ActionScript能够识别并可响应的事情。许多事件与用户交互有关，例如，用户单击按钮，或按键盘上的键等。也有其他类型的事件，例如，使用ActionScript加载外部图像，会存在一个事件可以知道图像何时加载完毕。实际上，当ActionScript程序正在运行时，Flash Player只是坐等某些事情的发生，当这些事情发生时，Flash Player将运行为这些事件指定的特定ActionScript代码。

7.1.2　控制语句

语句是告诉FLA文件执行操作的指令，例如执行特定的动作。ActionScript 3.0提供了3个可用来控制程序流的基本条件语句。

- if...else语句
- If...else if语句
- switch语句

其中，if...else语句是最常见的语句。该条件语句用于测试一个条件，如果该条件存在，则执行一个代码块，否则执行替代代码块。例如，下面的代码测试x的值是否超过20，如果是，则生成一个trace( )函数，否则生成另一个trace( )函数。

```
if (x > 20)
{
    trace("x is > 20");
}
else
{
    trace("x is <= 20");
}
```

如果不想执行替代代码块，可以仅使用if语句，而不用else语句。

实例7.1 进度条

下面使用条件语句学习进度条动画的制作。进度条动画指的是载入动画比较大时，先显示其他画面。

Step1：打开配套资料Sample/Chapter07/07_01_before.fla文件。在时间轴上有3个图层，分别是：image、preloader和action，如图7.2所示。

在preloader图层第1帧有一个表示进度的进度条，如图7.3所示。

在image图层第3帧有幅图片，如图7.4所示。

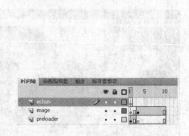

图7.2 时间轴显示　　　　　　　　　　　　图7.3 进度条

Step2：选中action图层第2帧，从右键菜单中选择【插入空白关键帧】命令。选择【窗口】|【动作】命令，打开动作面板，从左边动作工具箱中选择【语言元素】|【语句、关键字和指令】|【语句】，从【语句】类别中双击if，在动作面板中即显示if语句，如图7.5所示。

图7.4 图片　　　　　　　　　　　　　　图7.5 双击if语句

Step3：在if语句后面紧跟的大括号内输入如下语句，该语句判断影片剪辑是否完全载入，如果完全载入，则从第2帧开始播放动画，否则，则跳转到第1帧继续显示进度条。

```
if (this.bytesLoaded==this.bytesTotal) {
        play( );
}
```

然后继续从【语句】类别中双击选择else语句，

```
else {
    gotoAndPlay(1);
}
```

代码输入完成后，可以单击脚本窗口中的自动套用格式按钮，该按钮自动对脚本格式化，并检查是否存在语法错误。

Step4：按快捷键Ctrl+Enter测试动画，发现由于第2帧导入的图片体积相对不大，因此进度条在飞快地一闪后，马上出现第2帧的图片，并且反复播放。

Step5：现在希望动画只播放一次。在antion图层第10帧插入一个空白关键帧，打开动作面板，从动作面板左侧动作工具箱的【flash.display】|【MovieClip】|【方法】类别中双击选择stop语句，如图7.6所示。

Step6：按快捷键Ctrl+Enter测试影片，如图7.7所示。完成后的源程序参见配套资料Sample/Chapter07/07_01_finish.fla文件。

图7.6 加入stop语句　　　　　　　　　　　图7.7 进度条动画

7.2 使用脚本助手

使用脚本助手可以帮助向Fla文件添加ActionScript，避免一些基本的语法和逻辑错误。在脚本助手模式下，可以添加、删除或更改脚本窗口中语句的顺序，在脚本窗口上方的框中输入动作参数；查找和替换文本；以及查看脚本行号。

实例7.2　使用脚本助手

Step1：打开配套资料Sample/Chapter07/07_02_before.fla文件。选择时间轴上的content图层，该图层有个名为bottle的影片剪辑，如图7.8所示。

Step2：双击舞台，进入影片剪辑bottle的编辑模式。注意，时间轴包含一段FLV视频，拖动时间轴上的播放头可以预览视频效果，如图7.9所示。

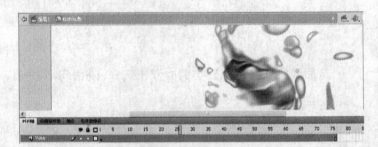

图7.8 content图层上的影片剪辑bottle　　　　图7.9 预览视频播放效果

Step3：单击时间轴上的场景1图标返回主场景编辑模式。

Step4：按快捷键Ctrl+Enter测试影片，注意，动画一开始就播放。现在准备向影片添加一个控制按钮，只有单击该按钮才能开始播放动画。

Step5：选择【窗口】|【库】命令，打开库面板，可以看到库中有一个事先制作好的按钮startButton，如图7.10所示。新建一个图层，命名为button，然后将该按钮元件从库中拖放到舞台右下角。

Step6：接下来命名按钮实例，以便在动作脚本中可以引用它。选中按钮实例，然后在属性面板的【实例名称】栏中输入startButton，如图7.11所示。

图7.10 库中的按钮元件

图7.11 命名按钮实例

Step7：先单击content图层名称旁的锁图标锁定该层，避免误修改。然后选择action图层的第1帧，选择【窗口】|【动作】命令打开动作面板。单击【脚本助手】按钮，在"脚本助手"模式中，动作面板中常见的【语法检查】、【自动套用格式】、【显示代码提示】和【调试选项】按钮以及菜单项处于禁用状态，如图7.12所示。

Step8：影片开始时，bottle影片剪辑自动运行。下面先添加动作脚本使bottle影片剪辑在影片开始时处于停止状态。使用脚本助手前，需要了解一些基本的方法、函数和变量，比如影片剪辑属于flash.display包。

图7.12 单击【脚本助手】按钮

双击打开动作工具箱中的flash.display类，在打开的目录下定位到MovieClip的【方法】，再双击stop语句向脚本窗口中添加语句，如图7.13所示。"not_set_yet"表明还没有指明语句附加的对象。本例要附加动作的对象是影片剪辑bottle，因此在【对象】文本栏中输入bottle，如图7.14所示。

Step9：接下来为按钮设定鼠标按下事件。按下鼠标，触发事件，影片剪辑开始播放。在ActionScript 3.0中，需要使用事件侦听器设定鼠标事件。

图7.13　向脚本窗口添加stop动作　　　　　　　　图7.14　添加动作对象bottle

　　打开flash.events包，在eventDispatcher类中定位到【方法】列表下的AddEventListener，双击该语句，将其添加到脚本窗口，同时可以观察到，在脚本助手模式下，脚本窗口上方出现很多字段和空白文本框，如图7.15所示。

　　Step10：在【对象】文本框中输入附加事件侦听器的对象：startButton，如图7.16所示。

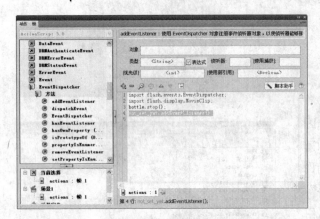

图7.15　添加事件侦听器　　　　　　　　　图7.16　添加附加事件侦听器的对象

　　Step11：侦听类型为鼠标按下事件，把光标放到【类型】文本框中，然后找到动作工具箱的flash.events中的MouseEvents下的【属性】，双击属性列表中的MOUSE_DOWN语句，如图7.17所示。

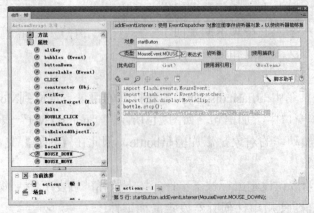

图7.17　选择添加侦听事件的类型

Step12：接下来设置【侦听器】。在【侦听器】文本框中输入startClip，后面将创建同名函数，如图7.18所示。

Step13：下面开始创建startClip函数。从动作工具箱的【语句、关键字和指令】下的【定义关键字】列表中双击选择function语句，如图7.19所示。

图7.18 添加侦听器函数

图7.19 插入function函数

Step14：在新打开的字段域的【名称】栏输入startClip，表示事件侦听器中列出的函数。在【参数】栏键入e:MouseEvent，如图7.20所示。

Step15：最后，添加代码使bottle影片剪辑开始播放。再次单击【脚本助手】按钮，回到正常脚本编辑模式，把光标移到第7行，从动作工具箱中打开【flash.display】|【MovieClip】|【方法】列表，从中双击选择play语句，如图7.21所示。

图7.20 键入函数参数

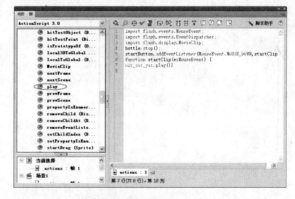

图7.21 添加play语句

Step16：将not_set_yet语句用bottle替换，最后的完整代码如图7.22所示。

图7.22 完整代码

　　此段代码先停止自动播放bottle动画，然后给start按钮添加鼠标按下事件，最后startClip函数完成播放bottle影片剪辑的功能。

　　Step17：按快捷键Ctrl+Enter测试影片，单击"开始播放动画"按钮开始播放动画，效果图如图7.23所示。完成后的源程序参见配套资料Sample/Chapter07/07_02_finish.fla文件。

图7.23　效果图

第8章 处理影片剪辑

Flash中的影片剪辑就像一个微型影片,它有自己的时间轴和属性。库中的影片剪辑元件可以在Flash影片中多次使用,每次使用都创建一个影片剪辑的实例。MovieClip类是在Flash CS4中创建的动画和影片剪辑元件的核心类,它不仅具有显示对象的所有行为和功能,还具有用于控制影片剪辑的时间轴的其他属性和方法。本章将介绍如何使用ActionScript创建、控制及更改影片剪辑实例的属性等。

8.1 影片剪辑基础知识

影片剪辑是使用ActionScript创建动画内容时非常重要的一个因素。在Flash中创建的影片剪辑元件都会被添加到该Flash文档的库中。默认情况下,此元件会成为MovieClip类的一个实例,因此具有MovieClip类的属性和方法。

在将某个影片剪辑元件的实例放置在舞台上时,如果该影片剪辑具有多个帧,它会自动按时间轴进行回放。这一特点使MovieClip类与其他类区别开来,可以在Flash创作工具中通过补间动画或补间形状来创建动画。相反,对于作为Sprite类的实例的显示对象,只需以编程方式更改该对象的值即可创建动画。

在ActionScript的早期版本中,MovieClip类是舞台上所有实例的基类。在ActionScript 3.0中,影片剪辑只是可以在屏幕上显示的众多显示对象中的一个。如果使用显示对象时不需要时间轴,则使用Shape类或Sprite类替代MovieClip类可能会提高播放性能。

在发布SWF文件时,Flash会将舞台上的所有影片剪辑元件实例转换为MovieClip对象。通过在属性检查器的【实例名称】字段中指定影片剪辑元件的实例名称,就可以在ActionScript中引用该元件。在创建SWF文件时,Flash会生成创建该MovieClip实例的代码并使用该实例名称声明一个变量。如果已经命名了嵌套在其他已命名影片剪辑内的影片剪辑,则这些子级影片剪辑将被视为父级影片剪辑的属性,可以使用点语法访问该子级影片剪辑。例如,如果实例名称为childClip的影片剪辑嵌套在另一个实例名称为parentClip的剪辑内,则可以通过调用以下代码来播放子级剪辑的时间轴动画:

```
parentClip.childClip.play( )
```

尽管ActionScript 2.0中MovieClip类的一些旧方法和属性仍保持不变,但其他方法和属性已发生了变化。所有前缀为下划线的属性均已被重新命名。例如,_width和_height属性现在分别作为width和height被访问,而_xscale和_yscale则作为scaleX和scaleY被访问。

实例8.1 改变影片剪辑实例的属性

本实例是控制影片剪辑属性的一个效果演示,可以改变影片剪辑实例的大小、位置、颜色、形状等属性,通过本例将初步学习控制影片剪辑属性的方法。

Step1:打开配套资料Sample\Chapter08\08_01_before.fla文件。在舞台上有一幅背景图片,选择【窗口】|【库】命令打开元件库,库中有一个已经制作好的影片剪辑ant,如图8.1所示。

Step2：新建一个图层命名为ant，将ant影片剪辑从库中拖放到舞台上，并在属性面板中将其命名为ant_mc，以便在ActionScript中引用，如图8.2所示。

图8.1　舞台和库元件

图8.2　输入实例名称

Step3：新建一个图层并命名为action，选择【窗口】|【动作】命令打开动作面板，在动作面板中输入如下动作脚本：

```
//改变对象位置
ant_mc.addEventListener(MouseEvent.CLICK,moveAnt)
function moveAnt(event:MouseEvent):void {
        ant_mc.x+=20;
        ant_mc.y+=20;
    }
```

图8.3　移动蚂蚁的动画效果

该段代码表示给影片剪辑实例ant_mc添加鼠标单击事件侦听器，事件侦听函数为moveAnt，一旦发生鼠标单击事件，则执行函数moveAnt，改变ant_mc实例的x、y值。

Step4：按快捷键Ctrl+Enter测试影片，单击舞台上的蚂蚁，蚂蚁则向右下方移动，效果图如图8.3所示。

Step5：还可以通过改变对象的宽度和高度即width和height属性值改变对象的大小，代码如下：

```
//改变对象大小
ant_mc.addEventListener(MouseEvent.MOUSE_DOWN,resizeAnt)

function resizeAnt(event:MouseEvent):void{
   ant_mc.width = ant_mc.width+100;
   ant_mc.height = ant_mc.height+100;
}

ant_mc.addEventListener(MouseEvent.MOUSE_UP,resizeAnt2)
function resizeAnt2(event:MouseEvent):void{
   ant_mc.width = ant_mc.width/2;
```

```
    ant_mc.height = ant_mc.height/2;
  }
```

Step6：接下来还可以通过下列代码改变影片剪辑实例的可视性。

```
//改变对象可视性
ant_mc.addEventListener(MouseEvent.CLICK, hideAnt);

function hideAnt(event:MouseEvent):void {
    ant_mc.visible = false;
}
```

Step7：按快捷键**Ctrl+Enter**测试影片，单击舞台上的蚂蚁，蚂蚁消失，但是再也不能重新回到舞台上。下面对动画进行修改，使一个对象消失时，另一个对象就出现，即2个对象轮换出现。

Step8：新建一个图层并命名为**dog**，从库中将**dog**影片剪辑拖放到与**ant**重合的位置，如图8.4所示，并在属性面板中将实例命名为**dog_mc**，如图8.5所示。

图8.4 对象重合　　　　　　　　　　　图8.5 命名实例

Step9：在动作面板中输入如下代码：

```
//对象交替出现
//一开始狗不可见
dog_mc.visible=false;

dog_mc.addEventListener(MouseEvent.CLICK, hideShow);
ant_mc.addEventListener(MouseEvent.CLICK, hideShow);

function hideShow(event:MouseEvent):void {
    //这里没有直接使用ant_mc.visible = false;而是对当前状态取反
    ant_mc.visible = !ant_mc.visible;
    dog_mc.visible =!dog_mc.visible;
}
```

Step10：按快捷键**Ctrl+Enter**测试影片，单击蚂蚁对象，蚂蚁和狗将交替出现。

Step11：下面一段代码，可以创建鼠标拖拽动画，用鼠标可以拖动蚂蚁。

```
//鼠标拖拽动画
ant_mc.addEventListener(MouseEvent.MOUSE_DOWN, startDragging);
ant_mc.addEventListener(MouseEvent.MOUSE_UP, stopDragging);

function startDragging(event:MouseEvent):void
{
    ant_mc.startDrag( );
}

function stopDragging(event:MouseEvent):void
{
    ant_mc.stopDrag( );
}
```

Step12：下面这段代码可以改变对象的颜色。随着单击鼠标，对象颜色不断变化。该段代码要用到ColorTransform类。使用ColorTransform类可以精确地调整影片剪辑中的所有颜色值。颜色调整函数或颜色转换可以应用于所有4个通道：红色、绿色、蓝色和Alpha透明度。

当ColorTransform对象应用于显示对象时，将按如下方法为每个颜色通道计算新值。

- 新红色值 = (旧红色值 * redMultiplier) + redOffset
- 新绿色值 = (旧绿色值 * greenMultiplier) + greenOffset
- 新蓝色值 = (旧蓝色值 * blueMultiplier) + blueOffset
- 新Alpha值 = (旧Alpha值 * alphaMultiplier) + alphaOffset

如果计算后任何一个颜色通道值大于255，则该值将被设置为255。如果该值小于0，将被设置为0。

具体代码如下：

```
//改变对象颜色
ant_mc.addEventListener(MouseEvent.CLICK, transformCatColor);
//R,G,B,A乘数和R,G,B,A偏移量
var resultColorTransform = new ColorTransform (0.1,0.1,0.1,1,120,120,120,255);
ant_mc.transform.colorTransform = resultColorTransform;

function transformCatColor(event:MouseEvent):void {
    var resultColorTransform = ant_mc.transform.colorTransform;
    //创建颜色转换对象并改变
    //红色峰值为255，蓝色偏移量从+255到-100循环
    resultColorTransform.redOffset = Math.min(resultColorTransform.redOffset+10,255);
    resultColorTransform.redMultiplier = Math.min(resultColorTransform.redMultiplier+0.1,1);
    resultColorTransform.blueOffset += 10;
    if (resultColorTransform.blueOffset >= 255)
    {
            resultColorTransform.blueOffset = -100;
    }
    resultColorTransform.blueMultiplier = 0.1;
    //复制到蚂蚁
    ant_mc.transform.colorTransform = resultColorTransform;
}
```

Step13：按快捷键Ctrl+Enter测试影片。完成后的源程序参见配套资料Sample\Chapter08\08_01_finish.fla文件。

8.2 控制影片剪辑

Flash利用时间轴来形象地表示动画或状态改变。任何使用时间轴的可视元素都必须由MovieClip对象或从MovieClip类扩展而来。尽管ActionScript可控制任何影片剪辑的停止、播放或转至时间轴上的另一点，但不能用于动态创建时间轴或在特定帧添加内容，这项工作只能用Flash创作工具来完成。

MovieClip在播放时将以设定帧频播放影片，在ActionScript中，可通过修改Stage.frame-Rate属性重新设定帧频。

8.2.1 播放影片剪辑和停止回放

play( )和stop( )方法允许对时间轴上的影片剪辑进行基本控制。例如，假设舞台上有一个影片剪辑元件，其中包含一个自行车横穿屏幕的动画，其实例名称设置为bicycle。如果将以下代码附加到主时间轴上的关键帧，

```
bicycle.stop( );
```

自行车将不会移动（将不播放其动画）。自行车的移动可以通过一些其他的用户交互来开始。例如，如果舞台上有一个名为play_btn的按扭，则主时间轴上某一关键帧上的以下代码会使单击该按扭时播放该动画：

```
//单击该按扭时调用此函数。它会使自行车动画进行播放
function playAnimation(event:MouseEvent):void
{
    bicycle.play( );
}
//将该函数注册为按钮的侦听器
play_btn.addEventListener(MouseEvent.CLICK, playAnimation);
```

如图8.6和图8.7所示分别为动画静止和单击按钮后运动的画面。该程序可参见配套资料Sample\ Chapter13\13_02_finish.fla文件。

图8.6 动画静止

图8.7 单击按钮播放动画

8.2.2 播放影片剪辑和停止回放

在影片剪辑中，play( )和stop( )方法并非是控制回放的唯一方法。也可以使用nextFrame( )和prevFrame( )方法手动向前或向后沿时间轴移动播放头。调用这两种方法中的任一种均会停止回放并分别使播放头向前或向后移动一帧。

使用play( )方法类似于每次触发影片剪辑对象的enterFrame事件时调用nextFrame( )。使用该方法，可以为enterFrame事件创建一个事件侦听器并在侦听器函数中让bicycle回到前一帧，从而使bicycle影片剪辑向后播放，如下所示：

```
//触发enterFrame事件时调用此函数，这意味着每帧调用一次该函数
function everyFrame(event:Event):void
{
```

```
            if (bicycle.currentFrame = = 1)
            {
                bicycle.gotoAndStop(bicycle.totalFrames);
            }
            else
            {
                bicycle.prevFrame( );
            }
        }
        bicycle.addEventListener(Event.ENTER_FRAME, everyFrame);
```

　　在正常回放过程中，如果影片剪辑包含多个帧，播放时将会无限循环播放，也就是说在经过最后一帧后将返回到第1帧。使用prevFrame( )或nextFrame( )时，不会自动发生此行为（在播放头位于第1帧时调用　prevFrame( )不会将播放头移动到最后一帧）。以上示例中的if条件将检查播放头是否已返回至第1帧，并将播放头设置在最后一帧前面，从而有效地使影片剪辑向后持续循环播放。

8.2.3　跳到不同帧和使用帧标签

　　调用gotoAndPlay( )或gotoAndStop( )可以使影片剪辑跳到指定帧。可以是时间轴上的帧编号，也可以是由帧标签指定的帧。可以通过属性检查器为时间轴上的任何帧分配一个标签，方法是先选择时间轴上的某一帧，然后在属性检查器的【帧标签】字段中输入一个名称。

　　当创建复杂的影片剪辑时，使用帧标签比使用帧编号具有明显优势。当动画中的帧、图层和补间的数量变得很大时，应考虑给重要的帧加上具有解释性说明的标签来表示影片剪辑中的行为转换（例如，"离开"、"行走"或"跑"）。这可提高代码的可读性，同时使代码更加灵活，因为转到指定帧的ActionScript调用是唯一的。如果以后决定将动画的特定片段移动到不同的帧，无需更改ActionScript代码，只要将这些帧的相同标签保持在新位置即可。

　　为便于在代码中表示帧标签，ActionScript 3.0包括了FrameLabel类。此类的每个实例均代表一个帧标签，并具有一个name属性（表示在属性检查器中指定的帧标签的名称）和一个frame属性（表示该标签在时间轴上所处帧的帧编号）。

　　为了访问与影片剪辑实例相关联的FrameLabel实例，MovieClip类包括了两个可直接返回FrameLabel对象的属性。currentLabels属性返回一个包含影片剪辑整个时间轴上所有FrameLabel对象的数组。currentLabel属性返回一个表示在时间轴上最近遇到的帧标签的FrameLabel对象。

　　假设创建一个名为"机器人"的影片剪辑并已经为其动画的各个状态加上了标签。可以设置一个用于检查currentLabel属性的条件以访问机器人的当前状态，如以下代码所示：

```
        if (robot.currentLabel.name = = "walking")
        {
            //完成一些操作
        }
```

8.2.4　处理场景

　　在Flash创作环境中，可以使用场景来区分SWF文件播放时将要经过的一系列时间轴。使用gotoAndPlay( )或gotoAndStop( )方法的第二个参数，可以指定要向其发送播放头的场景。所有

FLA文件开始时都只有初始场景，但是可以向影片添加新的场景。

使用场景并非始终是最佳方法，因为场景有许多缺点。包含多个场景的Flash文档可能很难维护，尤其是在存在多个作者的环境中。多个场景也会使带宽效率降低，因为发布过程会将所有场景合并为一个时间轴，这样将使所有场景进行渐进式下载。因此，除非是组织冗长的基于多个时间轴的动画，否则通常不鼓励使用多个场景。

MovieClip类的scenes属性返回表示SWF文件中所有场景的Scene对象的数组。currentScene属性返回一个表示当前正在播放的场景的Scene对象。Scene类具有多个提供有关场景信息的属性。labels属性返回表示该场景中帧标签的FrameLabel对象的数组。name属性将以字符串形式返回场景名称。numFrames属性返回一个表示场景中帧的总数的整数。

实例8.2 跑跳的小人

本实例将学习利用动作脚本根据指定帧标签改变动画播放次序。

Step1：打开配套资料Sample\Chapter08\08_03_before.fla文件。单击舞台上的【编辑场景】按钮，可以看到该动画由2个场景构成，分别为sceneOne和sceneTwo，如图8.8和图8.9所示。

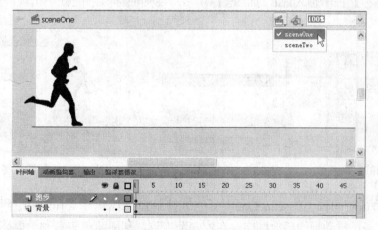

图8.8 sceneOne的舞台

图8.9 sceneTwo的舞台

Step2：按快捷键**Ctrl+Enter**测试影片，可以看到先播放场景1的动画，然后是场景2的动画。画面效果分别如图8.10和图8.11所示。

图8.10　sceneOne的舞台　　　　　　　　　　图8.11　sceneTwo的舞台

Step3：下面准备添加动作脚本改变场景播放次序。在编写代码之前，选中sceneOne中的小人实例，从属性检查器中可看到该实例已被命名为running_man，如图8.12所示。

Step4：双击该实例，可进入该实例的编辑窗口，选中时间轴上最后一帧，然后在属性检查器的【实例名称】栏中输入last，如图8.13所示。添加帧标签后的帧上出现一面小红旗，如图8.14所示。

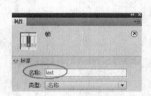

图8.12　影片剪辑的实例名称　　　图8.13　添加帧标签　　　图8.14　添加帧标签后的时间轴显示

Step5：单击时间轴上的sceneOne图标回到场景1，添加一个新的图层"动作"，准备添加动作脚本改变多场景动画的播放顺序。在8.2.2节提到，利用帧标签有利于提高代码的可读性。

```
import  flash.display.MovieClip;
import  flash.display.FrameLabel;
var  labels:Array = running_man.currentLabels;

for (var i:uint = 0; i < labels.length; i++) {
    var label:FrameLabel = labels[i];
    if(label.name =="last")
    {
            gotoAndPlay(1,"sceneTwo");
    }
}
```

MovieClip类的currentLabels属性返回由当前场景的FrameLabel对象组成的数组。如果MovieClip实例不使用场景，数组会包括整个MovieClip实例的所有帧标签。

Step6：按快捷键Ctrl+Enter测试动画，发现这次动画由场景2开始播放。完成后的源程序参见配套资料Sample\Chapter08\08_03_finish.fla文件。

8.3 创建MovieClip对象

在Flash中，向舞台上添加内容可以直接从库中拖放资源到舞台上，在较复杂的项目中，还可以使用ActionScript以编程方式创建影片剪辑。这种方法具有多个优点：代码更易于重用、编译时速度加快，并可在ActionScript中进行更复杂的修改。

ActionScript 3.0的显示列表API简化了动态创建MovieClip对象的过程。当以编程方式创建影片剪辑（或任何其他显示对象）实例时，只有通过对显示对象容器调用addChild( )或addChildAt( )方法将该实例添加到显示列表中后，才能在屏幕上看到该实例。该操作允许创建影片剪辑、设置其属性，甚至可以在向屏幕呈现该影片剪辑之前调用方法。

默认情况下，Flash文档库中的影片剪辑元件实例不能以动态方式创建（即只使用Action-Script创建）。这是由于为了在ActionScript中使用元件而导出的每个元件都会增加SWF文件的大小，而且有些元件可能不适合在舞台上使用。因此，为了使元件可以在ActionScript中使用，必须指定为ActionScript导出该元件。

为ActionScript导出元件的步骤如下。

Step1：在库面板中选择该元件并打开【元件属性】对话框。必要时激活【高级】设置。

Step2：在【链接】部分，选中【为ActionScript导出】复选框。该操作将同时激活"类"和"基类"字段。

默认情况下，"类"字段会用删除空格的元件名称填充（例如，名为Tree House的元件会变为TreeHouse）。若要指定该元件对其行为使用自定义类，需要在此字段中输入该类的完整名称，包括它所在的包。如果希望能够在ActionScript中创建该元件的实例，但不需要添加任何其他行为，则可以使类名称保持原样。

"基类"字段的值默认为flash.display.MovieClip。如果想让元件扩展另一个自定义类的功能，可以指定该类的名称替代这一值，只要该类能够扩展Sprite（或MovieClip）类即可。

Step3：按【确定】按钮保存所做的更改。此时，如果Flash找不到包含指定类的定义的外部ActionScript文件（例如，如果不需要为元件添加其他行为），将显示以下警告：如果库元件不需要超出MovieClip类功能的独特功能，则可以忽略此警告消息。

实例8.3 猫

Step1：打开配套资料Sample\Chapter08\08_04_before.fla文件。舞台为空白，元件库如图8.15所示。下面准备利用动作脚本在舞台上创建库元件cat的一个实例，并在屏幕上显示该实例。在编写代码之前，需要将库元件设置为可被ActionScript导出。

Step2：选中库面板中的cat元件，右击鼠标，从快捷菜单中选择【属性】命令，打开【元件属性】对话框，在【链接】部分，选中【为ActionScript导出】复选框，如图8.16所示。

图8.15 影片剪辑的实例名称

Step3：按【确定】按钮保存所做的更改。

Step4：选中场景1的第1帧，选择【窗口】|【动作】打开动作面板，输入如下两行代码：

```
var c:cat = new cat( );
addChild(c);
```

Step5：按快捷键**Ctrl+Enter**测试影片，效果图如图8.17所示。上面两行代码是用ActionScript实现在舞台上创建元件实例的另一种方法，该实例具有影片剪辑的所有属性，同时还具有cat类中定义的自定义方法。但是发现元件实例位于舞台左上角，这是因为使用ActionScript创建元件实例时，默认会将实例放置在舞台原点即（0,0）处。

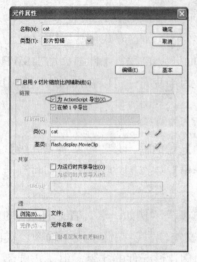

图8.16　添加帧标签

图8.17　创建元件实例

Step6：下面继续补充代码，使利用ActionScript创建的实例能够位于舞台中心。

```
c.x = stage.stageWidth /2;     //将实例放在舞台的水平居中位置
c.y = stage.stageHeight / 2;   //将实例放在舞台的垂直居中位置
```

图8.18　调整元件实例到中心位置

Step7：按快捷键**Ctrl+Enter**测试影片，发现元件实例已经调整到舞台中心位置，如图8.18所示。

Step8：使用ActionScript不仅能够创建单个实例，还能实现动态创建大量实例，并且在创建实例时自定义每个实例的属性。下面删除刚才所有的代码，通过添加循环语句动态实现同时创建多个cat实例，第1帧上添加的动作脚本如下：

```
import  flash.geom.ColorTransform;
var totalcats:uint = 10;
var i:uint;
for (i = 0; i < totalcats; i++)
```

```
{
    //创建一个新的cat实例
    var c:cat = new cat( );
    //将新的cat放在可在舞台上均匀间隔开的x 坐标处
    c.x = (stage.stageWidth / totalcats) * i;
    //将Circle实例放在舞台的垂直居中位置
    c.y = stage.stageHeight / 2;
    //将cat实例更改为随机颜色
    c.transform.colorTransform = getRandomColor( );
    //将cat实例添加到当前时间轴
    addChild(c);
}
function getRandomColor( ):ColorTransform
{
    //为红色、绿色和蓝色通道生成随机值
    var red:Number = (Math.random( ) * 512) - 255;
    var green:Number = (Math.random( ) * 512) - 255;
    var blue:Number = (Math.random( ) * 512) - 255;

    //使用随机颜色创建并返回ColorTransform对象
    return new ColorTransform(1, 1, 1, 1, red, green, blue, 0);
}
```

上面这段代码演示了如何使用代码快速创建和自定义元件的多个实例。每个实例都根据循环内的当前计数进行定位，并且每个实例都通过设置transform属性（cat通过扩展MovieClip类而继承该属性）获得了一种随机颜色。

Step9：按快捷键Ctrl+Enter测试影片，得到效果图如图8.19所示。改变totalcats变量的值为6，重新运行影片，又得到不同的排列和颜色效果，如图8.20所示。完成后的源程序参见配套资料Sample\Chapter08\08_04_finish.fla文件。

图8.19　5只猫排列效果

图8.20　7只猫改变颜色的排列效果

实例8.4　**类和影片剪辑**

在实例8.3中已经学习了如何通过在时间轴上添加代码来实现在舞台上复制并创建多个影片剪辑实例，下面将学习如何通过编写影片剪辑的类文件实现改变影片剪辑属性的效果。

Step1：打开配套资料Sample\Chapter08\08_05_before.fla文件。库中有一个影片剪辑元件BlueCircle，双击进入，该影片剪辑是一个蓝色的圆，如图8.21所示。

Step2：选择元件BlueCircle，右击鼠标，从快捷菜单中选择【属性】命令，打开【元件属性】对话框，勾选【为ActionScript导出】和【在帧1中导出】，在【类】名中输入Circle，该名称将在ActionScript 3.0中加以引用，如图8.22所示。单击【确定】按钮。

图8.21　库面板

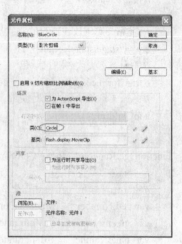

图8.22　命名类

Step3：回到主场景，选中图层1的第1帧，选择【窗口】|【动作】打开动作面板，输入如下动作脚本：

```
function DisplayCircles( )
{
    for (var i:int = 0;i<20;i++)
    {var newCircle:Circle = new Circle( );
    this.addChild(newCircle);

    newCircle.x = Math.random ( )*800;
    newCircle.y =Math.random ( )*400;
    newCircle.alpha = .2+Math.random( )*.5;

    var scale:Number = .3+Math.random( )*0.8;
    newCircle.scaleX =newCircle.scaleY=scale;
    }

}
DisplayCircles( );
```

上面这段代码与实例8.3中的类似，不过更改了实例的大小和透明度。

Step4：按快捷键Ctrl+Enter测试影片，空白的舞台上出现许多大小不一、透明度不一的蓝色圆圈，如图8.23所示。

Step5：接下来通过创建外部ActionScript文件添加代码使舞台上的蓝色圆圈能够动起来。将文件另存为Sample\Chapter08\08_05_finish.fla文件。

选择【文件】|【新建】命令打开【新建文档】对话框，从【常规】选项卡中选择【ActionScript文件】，如图8.24所示。单击【确定】按钮。

Step6：打开新的ActionScript文件后，在添加代码之前，先选择【文件】|【保存】命令将文件保存到与08_05_finish.fla文件相同的路径下，文件名为Circle.as。

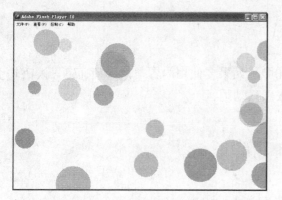

图8.23 在舞台上创建多个影片剪辑实例

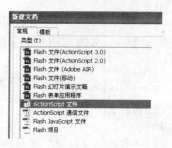

图8.24 新建ActionScript文件

Step7：在代码窗口中输入如下代码：

```
package{
    import flash.display.*;
    import flash.events.*;
    public class Circle extends MovieClip{
        var radians = 0;
        var speed = 0;
        var radius = 5;
        public function Circle( )
        {
            speed = 0.01+.5*Math.random( );
            radius = 2 + 10* Math.random( );

            this.addEventListener(Event.ENTER_FRAME,RotateCircle);
        }
        function RotateCircle(e:Event)
        {
            radians += speed;

            this.x += Math.round(radius*Math.cos(radians));
            this.y += Math.round(radius*Math.sin(radians));
        }
    }
}
    DisplayCircles( );
```

Step8：保持2个文件均处于打开状态，单击08_05_finish文件的选项卡，如图8.25所示。回到该文件，该文件的舞台还是空白的状态，按下快捷键Ctrl+Enter，舞台上的圆形开始按照不同的直径和速度转动。

Step9：接下来对Step7中的代码进行解释。首先对包进行声明。

图8.25 新建AS文件

```
Package{
    ......
    }
```

接下来2行为导入语句，在ActionScript 3.0中，如果要使用内置类，必须通过导入语句引用类路径。例如，本例中使用enterframe事件来创建动画。

```
import flash.display.*;
import flash.events.*;
```

接下来是代码中最关键的部分。

```
public class Circle extends MovieClip{
    ...
    }
```

注意上面这段话中的Circle即为事先在定义元件属性时所定义的类名。通过所创建的类将影片剪辑和库中的元件联系起来。还要注意，在上述这段代码中，使用了关键字extends。extends关键字指明Circle从MovieClip类中的继承关系，影片剪辑的基类为flash.display.MovieClip。

接下来看余下的代码。

```
public function Circle( )
        {
        speed  = 0.01+.5*Math.random( );
    radius = 2 + 10* Math.random( );

    this.addEventListener(Event.ENTER_FRAME,RotateCircle);
        }
```

在上面这个构造函数中，首先利用随机函数定义速度speed和半径radius变量，随机函数randon( )返回的值在0和1之间，希望动画的速度和旋转半径变化大一些，接着定义了几个系数跟随机函数的返回值相乘。

添加侦听器函数，该函数有2个参数，第1个参数为Enter_Frame事件，第2个参数为RotateCircle方法。

```
this.addEventListener(Event.ENTER_FRAME,RotateCircle);
```

在RotateCircle方法中，借助Cosine函数和Sine函数来定义圆圈的旋转行为。

```
function RotateCircle(e:Event)
        {
            radians  += speed;
            this.x  += Math.round(radius*Math.cos(radians));
            this.y  += Math.round(radius*Math.sin(radians));
            }
```

Step10：按照上面的方法，还可以添加背景，并进行元件交换，将BlueCircle元件交换为Pengiun元件，因此可以得到如图8.26所示的动画效果，多只企鹅在雪地上旋转打圈，完成后的源程序可以参见配套资料Sample\Chapter08\08_06_finish.fla文件。

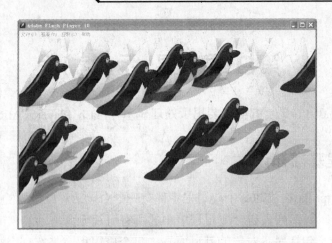

图8.26 企鹅旋转动画

第9章 显 示 编 程

ActionScript 3.0中的显示编程主要用于处理显示在Flash Player或AIR舞台上的元素。

9.1 显示编程基础知识

使用ActionScript 3.0构建的每个应用程序都有一个由显示对象构成的层次结构，这个结构称为"显示列表"。显示列表包含应用程序中的所有可视元素。

·舞台 舞台是包括显示对象的基础容器。每个应用程序都有一个Stage对象，其中包含所有的屏幕显示对象。舞台是顶级容器，它位于显示列表层次结构的顶部，如图9.1所示。在该图中，"SWF文件的主类"指的是每个SWF文件都关联的一个ActionScript类，当Flash Player在HTML页中打开SWF文件时，Flash Player将调用该类的构造函数，所创建的实例（始终是一种显示对象）将添加为Stage对象的子级。SWF文件的主类始终扩展Sprite类。可以通过任何DisplayObject实例的stage属性来访问舞台。

·显示对象 在ActionScript 3.0中，在应用程序屏幕上出现的所有元素都属于"显示对象"类型。flash.display包中包括的DisplayObject类是由许多其他类扩展的基类。这些不同的类表示一些不同类型的显示对象，如矢量形状、影片剪辑和文本字段等。

·显示对象容器 显示对象容器是一些特殊类型的显示对象，这些显示对象除了有自己的可视表示形式之外，还可以包含显示对象的子对象。DisplayObjectContainer类是DisplayObject类的子类。DisplayObjectContainer对象可以在其"子级列表"中包含多个显示对象。例如，如图9.2所示为一种称为Sprite的DisplayObjectContainer对象，其中包含各种显示对象。Display-ObjectContainer对象又称为"显示对象容器"或简称为"容器"。例如，舞台就是一个对象容器。尽管所有可视显示对象都从DisplayObject类继承，但每类显示对象都是DisplayObject类的一个特定子类。例如，有Shape类或Video类的构造函数，但没有DisplayObject类的构造函数。

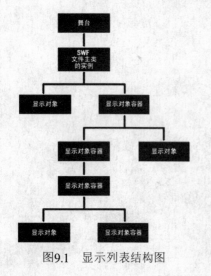

图9.1 显示列表结构图

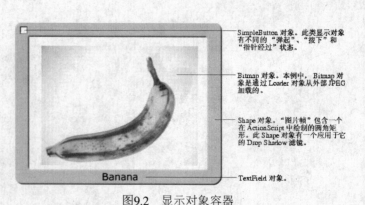

图9.2 显示对象容器

9.2 处理显示列表和显示列表容器

9.2.1 向显示列表添加显示对象

Flash Player由两大功能块组成：ActionScript虚拟机（AVM）和渲染引擎，AVM执行ActionScript代码，渲染引擎在屏幕上绘制图像，这样，在屏幕上得到一个显示对象就由以下两步组成，首先需要在ActionScript引擎中创建显示对象，然后由渲染引擎创建并在屏幕上绘制对象。

使用new关键字可以创建显示对象的实例，从而完成在ActionScript引擎中创建显示对象的第一步。任何添加到显示列表中的对象都是DisplayObject对象的子类，如Sprite，MovieClip，TextField或自定义类。例如，下面的代码可以建立MovieClip实例：

```
var myClip:MovieClip = new MovieClip( );
```

上面这行代码就在AVM中创建一个MovieClip实例，但是这只完成了第一步，还没有在渲染引擎中创建它，因此该对象还不会出现在屏幕上。要创建渲染引擎中的实例，需要将对象添加到显示列表中。这可以通过从一个已经添加到显示列表的DisplayObjectContainer实例调用addChild( )或addChildAt( )方法来实现。

addChild( )中的参数应该是任何要向显示对象容器添加的"子级"对象。例如，当在舞台上添加任何可视元素时，该元素会成为Stage对象的"子级"。

下面这段代码就演示了如何在AVM中创建一个对象，并通过将其添加到显示列表在渲染引擎中创建一个对象。

```
import flash.display.DisplayObjectContainer;
import flash.display.Sprite;
import flash.text.TextField;

//在ActionScript引擎中创建显示对象
var myword:TextField = new TextField( );
myword.text = "你好！";

//通过添加对象到显示列表在渲染引擎中创建对象
//从而在屏幕上得到文字字段
  this.addChild( myword );
```

注意，在上面的代码中，如果省略了最后一行代码，则myText的TextField对象不可见。在最后一行代码中，this关键字必须引用已添加到显示列表中的显示对象容器，例如root或stage，可以将最后一行代码改为：

```
DisplayObjectContainer( root ).addChild( container );
```

显示对象容器可以同时容纳多个子对象。每个子对象都有一个索引值，类似数组的下标值，指定其在列表中的顺序，每个子对象在列表中的顺序决定其在屏幕上的堆叠次序。索引值为0的子对象表示位于列表底部，在索引值为1的子对象后面出现，依次类推。这类似于Flash以前版本中的深度的概念。

当使用addChild( )方法添加一个新的显示对象时，它将会出现在容器中所有子对象的上方，这是因为addChild( )方法赋予新添加对象最大的索引值。如果要指定添加子对象的特定堆叠顺序，必须使用addChildAt( )方法。

addChildAt( )方法有两个参数，要添加的子显示对象以及该对象在堆叠顺序中所处的位置。指定位置为0表示将子对象添加到列表的底部，使该对象在其余子对象下方出现。如果先前已经在该位置指定了一个子对象，所有的子对象都会顺序后移一位给新对象腾出位置。

实例9.1　**向显示列表添加对象**

本例首先使用addChile( )方法先后创建一个红色的圆和蓝色的圆，蓝色的圆将在红色的圆上方。两次调用addChile( )方法后，红色的圆在显示列表中的位置为0，蓝色的圆为1。接下来使用addChildAt( )方法指定在列表位置为1的地方插入一个绿色的圆，这样蓝色的圆在列表中的位置将由原来的1变成2，绿色的圆插到位置为1的地方，即绿色的圆夹在红色的圆和蓝色的圆之间。最后红、绿、蓝在列表中的位置将分别为0、1、2。具体步骤如下。

Step1：选择【文件】|【新建】命令，打开【新建文档】窗口，从【常规】选项卡中选择【ActionScript文件】，建立一个外部ActionScript文件，如图9.3所示。

在打开的脚本窗口中输入如下代码：

```
package {
  import flash.display.*;
  public class CircleExample extends Sprite {
    public function CircleExample(  ) {
      //创建3个不同颜色的圆，改变它们的坐标使其相交
      var red:Shape = createCircle( 0xFF0000, 100 );
      red.x = 175;
      red.y = 150;
      var green:Shape = createCircle( 0x00FF00, 100 );
      green.x = 250;
      green.y = 250;
      var blue:Shape = createCircle( 0x0000FF, 100);
      blue.x = 325;
      blue.y = 150;

      //首先添加红色的圆，然后添加蓝色的圆，这样蓝色的圆位于红色的圆上方
      addChild( red );
      addChild( blue );

      //将绿色的圆置于红色的圆和蓝色的圆之间
      addChildAt( green, 1 );
    }

      //函数createCircle：创建指定颜色和半径的圆
    public function createCircle( color:uint, radius:Number ):Shape {
      var shape:Shape = new Shape(  );
      shape.graphics.beginFill( color );
      shape.graphics.drawCircle( 0, 0, radius );
      shape.graphics.endFill(  );
      return shape;
    }
  }
}
```

Step2：选择【文件】|【保存】命令将该文件保存在Flash文档所在的目录中。文件名应

与代码清单中的类名称一致。本例中的类名为**CircleExample**，将该文件保存为**CircleExample.as**文件。

Step3：选择【文件】|【新建】命令，打开【新建文档】对话框，从【常规】选项卡中选择【Flash文件（ActionScript3.0）】，建立Flash文档，如图9.4所示。将文件另存为**09_01.fla**文件。

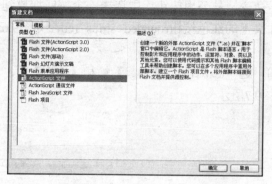

图9.3 新建ActionScript文件

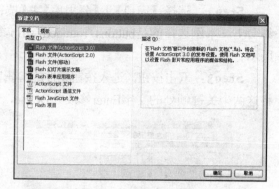

图9.4 新建Flash文件

Step4：选择【窗口】|【动作】命令，打开动作面板，输入下面的动作脚本指令。这几行代码的作用是导入在外部文件**CircleExample.as**中的自定义类，然后向舞台添加实例。

```
import CircleExample;
var Circle:CircleExample = new CircleExample( );
addChild(Circle);
```

Step5：保存文件，按快捷键**Ctrl+Enter**测试影片，得到3个圆重叠的效果，红色的圆在最下方，其次是绿色的圆，最上方是蓝色的圆。为了便于说明，在3个圆上分别添加了字母**R**、**G**和**B**，效果图如图9.5所示。具体代码可参考配套资料Sample\Chapter09\Circle-Example.as文件和09_01.fla文件。

图9.5 向舞台添加多个显示对象

9.2.2 删除显示列表中的对象

removeChild( )方法可以从显示列表中删除一个对象，括号内的参数即为要删除的对象。如果不知道要删除对象的参数信息，可以使用removeChildAt( )方法。该方法只需要知道要删除子显示对象在容器列表中的位置，从0到最大层数。使用该方法删除一个子对象后，其他具有较高索引值的子对象都顺序下移一位。例如，有一个容器内有3个子对象，分别位于0、1、2的位置，如果删除位于位置0的子对象，原来在位置1的对象自动移动到位置0，原来在位置2的对象自动移动到位置1。如果在中间位置删除一个子对象，容器内位于该子对象后面的其余子对象的位置都会发生变化。所以通常有两种方法可以删除容器内的子对象：一是删除位于位置0的子对象，二是删除排在最后面的对象。使用后面一种方法删除子对象时，容器内的其余对象都不需要改变位置。在第一种情况下，只要显示容器内有子对象，总是存在一个子对象位于序号为0的位置，如果删除位于该位置的子对象，就会有一个新的子对象补充到该对象，这样就可以使用循环语句不断删除位于序号为0位置上的对象，所以推荐使用第一种方法删除子对象。

实例9.2 删除显示列表中的子对象

Step1：打开在实例9.1中完成的**09_01.fla**文件，选择【文件】|【另存为】命令将其另存为**09_02_a**文件。

Step2：选择【窗口】|【公用库】|【按钮】命令，从公用按钮库中选择一个按钮拖放到舞台上，本例选择的是**buttons rounded strips**文件夹下的红色按钮**rounded strips red**，如图9.6所示。

Step3：双击按钮，进入按钮元件的编辑窗口，选中**text**图层的【弹起】帧和【按下】帧，将这两个关键帧处的文字**Enter**修改为**Delete**，如图9.7所示。

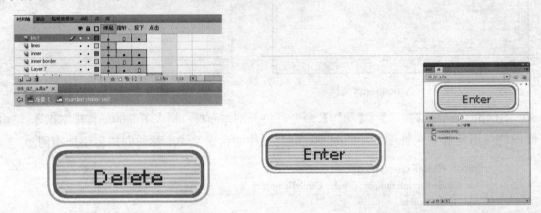

图9.6 添加一个公用库按钮   图9.7 修改按钮文字

Step4：单击舞台上方的场景1图标回到主场景，按快捷键**Ctrl+Enter**测试影片，调整按钮位置到舞台右下角，如图9.8所示。

Step5：在主场景中选中舞台上的按钮实例，在属性检查器中将其命名为**button1**，如图9.9所示。

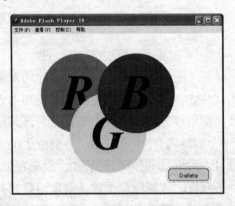

图9.8 调整按钮位置   图9.9 命名按钮实例

Step6：选中图层1的第1帧，选择【窗口】|【动作】命令打开动作面板，脚本窗口中已经有在实例9.1中添加的动作脚本，在舞台上创建了3个重叠的彩色圆。下面添加一段代码，使单击按钮即从舞台上删除刚创建的圆。

```
import CircleExample;
var Circle:CircleExample = new CircleExample( );
```

```
    addChild(Circle);
    //给按钮添加一个侦听器
    button1.addEventListener(MouseEvent.CLICK,removeCircle);
    //从舞台删除Circle对象
    function removeCircle(e:MouseEvent ):void {
       removeChild( Circle );
       }
```

Step7：按快捷键**Ctrl+Enter**测试影片，刚开始运行界面如图9.6所示，单击**Delete**按钮，3个圆同时从舞台上消失。这一步的代码可参考配套资料Sample\Chapter09\CircleExample.as文件和09_02_a.fla文件。

Step8：下面继续修改代码，使单击按钮，3个彩色的圆逐个从舞台上消失。将**09_02_a.fla**文件另存为**09_02_b.fla**文件。选中图层1的第1帧，选择【窗口】|【动作】命令打开动作面板，修改代码如下所示：

```
    import CircleExample;
    import flash.display.Sprite;
    import flash.display.DisplayObject;

    //创建类CircleExample的实例
    var Circle:CircleExample = new CircleExample( );
    //创建一个显示对象容器实例
    var container1:Sprite= new Sprite( );

    addChild(container1);

    //向显示对象容器分别添加3个子对象
    container1.addChild(Circle.redcontainer);
    container1.addChild(Circle.greencontainer);
    container1.addChild(Circle.bluecontainer);

    //给按钮添加一个侦听器
    button1.addEventListener(MouseEvent.CLICK,removeCircle);

    //单击一次按钮，即从舞台删除位置为0的对象
    function removeCircle(e:MouseEvent ):void {
       //只有在显示对象容器中还有子对象时，才允许删除
       if ( container1.numChildren > 0 ) {
           container1.removeChildAt(0 );
       }
    }
```

注意，在上面这段代码中，需要事先在**CircleExample.as**文件中将3个Sprite类的变量都声明为**public**类型的，才能成功实现向显示对象容器添加子对象。

```
    public var redcontainer:Sprite = new Sprite( );
    public var greencontainer:Sprite = new Sprite( );
    public var bluecontainer:Sprite = new Sprite( );
```

Step9：按快捷键**Ctrl+Enter**测试影片，可以看到按照添加顺序的先后，红色圆最先被添加到显示对象容器位置为0的位置，其次是绿色的圆，最后是蓝色的圆，因此单击按钮，首先删除位置为0处的红色圆，如图9.10所示。其次是位置为1处的绿色圆，如图9.11所示。

最后的代码可参考配套资料Sample\Chapter09\CircleExample.as文件和09_02_b.fla文件。

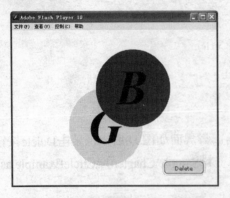

图9.10 先删除位置为0处的红色圆　　　　图9.11 其次删除位置为1处的绿色圆

9.2.3 改变显示列表中的子对象顺序

DisplayObjectContainer类的setChildIndex( )方法可以改变显示容器中包含子对象的排列顺序，它具有两个参数：要移动的子对象以及该对象在容器中的新位置。从9.1.1可以知道以下几行代码可以将三个彩色的圆添加到舞台上，红色圆索引值为0，绿色为1，蓝色为2，如图9.12所示。

```
addChild( red );
addChild( green );
addChild( blue );
```

使用下面这条语句可以将蓝色的圆移到位置为0处，即最下方，如图9.13所示。

```
setChildIndex( blue, 0 );
```

图9.12 3个圆按红、绿、蓝排列　　　　图9.13 3个圆重新按蓝、绿、红排列

使用setChildIndex( )方法时需要知道所指定子对象的新索引值，如果要把子对象放到最后面，新的索引值为0，如果要把子对象放到最前面，可以指定新索引值为numChildren-1。如果要把一个子对象移到另一个子对象下面，需要先利用getChildIndex( )方法得到子对象的索引值，然后利用该值改变另一个子对象的位置。getChildIndex( )方法的参数值为子显示对象，返回该子对象在容器中的索引值。

例如，下面两行代码将一个红色的圆和蓝色的圆添加到容器。

```
addChild( red);
addChild( blue );
```

接下来要把红色圆放在蓝色圆上面，需要先利用getChildIndex( )方法得到红色的圆的索引值，然后将蓝色的圆放到该索引值处。蓝色的圆取代红色圆在容器中的位置，红色的圆上移一层。

```
setChildIndex( blue, getChildIndex(red ) );
```

注意，如果一个子对象移动到比自身索引值小的位置，目标索引值之后的所有对象的索引值都会自动增加1。如果子对象移动到比自身索引值大的位置，那么从该对象现在的位置到目标位置之间，包括目标索引值处的所有子对象的索引值都自动减1。

实例9.3 改变显示列表中的子对象顺序

Step1：选择【文件】|【新建】命令，打开【新建文档】对话框，从【常规】选项卡中选择【ActionScript文件】，建立一个外部ActionScript文件，如图9.14所示。

Step2：在打开的脚本窗口中输入如下代码：

```
package {
  import flash.display.*;
  import flash.events.*;
  public class GetChildAtExample extends Sprite {
    public function GetChildAtExample( ) {
      //指定颜色值
      var color:Array = [ 0xFF0000, 0x660099, 0xFF6600,
                          0x00FF99, 0x000066, 0x990000,
                          0x00FF00, 0x0000FF, 0x666666];
      //创建9个正方形，并顺序排列
      for ( var i:int = 0; i < 9; i++ ) {
        var square:Shape = createRect( color[i], 100 );
        square.x = 100+i*30;//x的坐标值每次增加30
        square.y = 50+i*20; //y的坐标值每次增加20

        addChild(square );
      }
      this.addEventListener( MouseEvent.CLICK, updateDisplay );
    }

    //将底层的子对象移动到最上层
    public function updateDisplay( event:MouseEvent ):void {
      //getChildAt(0) 返回位于底层的子对象
      //numChildren - 1为顶层的索引值
      setChildIndex( getChildAt(0), numChildren - 1 );
    }

    //创建指定颜色和边长的正方形
    public function createRect( color:uint, side:Number ):Shape {
      var shape:Shape = new Shape( );
      shape.graphics.beginFill( color );
      shape.graphics.drawRect( 0, 0, side,side );
      shape.graphics.endFill( );
      return shape;
    }
  }
}
```

Step3：选择【文件】|【保存】命令将文件保存为GetChildAtExample.as文件。

Step4：选择【文件】|【新建】命令，打开【新建文档】对话框，从【常规】选项卡中选择【Flash文件（ActionScript3.0）】，建立Flash文档，如图9.15所示。将文件另存为09_03.fla文件。

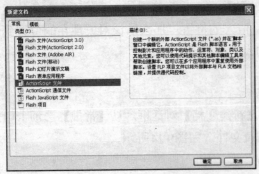

图9.14　新建ActionScript文件

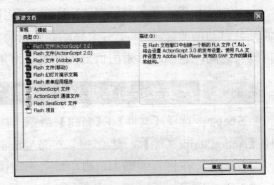

图9.15　新建Flash文件

Step5：选择【窗口】|【动作】命令，打开动作面板，输入下面的动作脚本指令。这几行代码的作用是导入在外部文件CircleExample.as中的自定义类，然后向舞台添加实例。

```
import  GetChildAtExample;
var c: GetChildAtExample= new   GetChildAtExample( );
addChild(c);
```

Step6：保存文件，按快捷键**Ctrl+Enter**测试影片，得到9个正方形重叠的效果，如图9.16所示。在正方形任意位置处单击，底层的正方形就移动到最上层，如图9.17所示。具体代码可参考配套资料Sample\Chapter09\GetChildAtExample.as和**09_03.fla**文件。

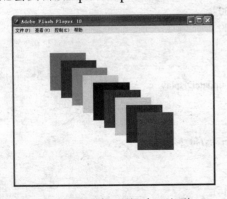

图9.16　顺序排列的9个正方形

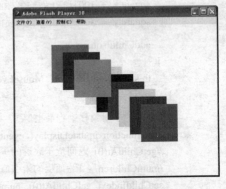

图9.17　改变正方形的排列顺序

实例9.4　火焰山

下面的例子通过鼠标单击事件，直接在舞台上创建库中影片剪辑的实例。

Step1：打开配套资料Sample\Chapter09\09_04_before.fla文件。舞台上有一幅已经导入的背景图片，如图9.18所示。打开库，库中有一个影片剪辑Fire，双击该元件名称可进入该元件编辑窗口，在时间轴上拖动播放头，可以看到该影片剪辑为逐帧动画，得到火焰燃烧的逼真效果，如图9.19所示。

Step2：选中库中的Fire元件，右击鼠标，从快捷菜单中选择【属性】，打开【元件属性】面板，勾选【为ActionScript】导出，然后在【类】中输入名称Fire，以便在ActionScript加以引用，如图9.20所示。

Step3：选择【窗口】|【动作】命令打开动作面板，在动作面板中输入如下动作脚本：

```
stage.addEventListener(MouseEvent.CLICK,clickHandler);
function clickHandler(event:MouseEvent):void
{
    var c:Fire = new Fire( );
    addChild(c);
    }
```

Step4：按快捷键**Ctrl+Enter**测试影片，单击舞台中部，火焰即在鼠标单击处燃起，如图9.21所示。完成后的源程序参见配套资料Sample\Chapter09\09_04_finish.fla文件。

图9.18　背景图片

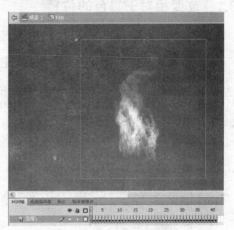

图9.19　影片剪辑Fire

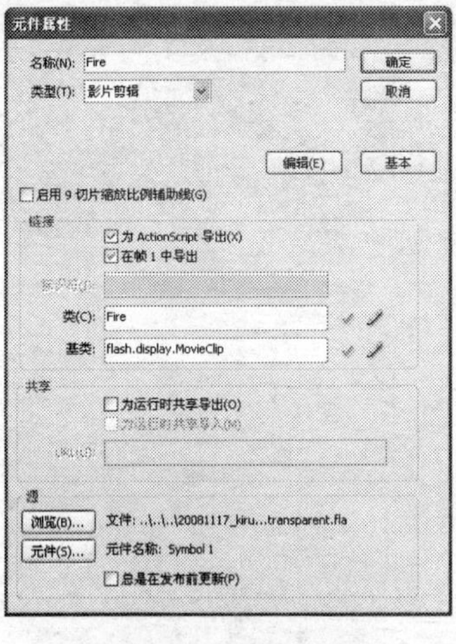

图9.20　设置元件属性

图9.21　火焰山效果

9.3　改变对象大小和位置

对任何显示对象进行的最基本操作是确定显示对象在屏幕上的位置。可以通过更改对象的x和y属性来设置显示对象的位置。

例如：

```
myShape.x = 17;
myShape.y = 212;
```

显示对象定位系统将舞台视为一个笛卡尔坐标系（带有水平X轴和垂直Y轴的常见网格系统）。坐标系的原点（X和Y轴相交的0,0坐标）位于舞台的左上角。从原点开始，X轴的值向右为正，向左为负，而Y轴的值向下为正，向上为负（与典型的图形系统相反）。例如，通过前面的代码行可以将对象myShape移到X轴坐标为17（原点向右17个像素）和Y轴坐标为212（原点向下212个像素）的位置。

默认情况下，当使用ActionScript创建显示对象时，x和y属性均设置为0，从而可将对象放在其父内容的左上角。

9.3.1 改变相对于舞台的位置

x和y属性始终是指显示对象相对于其父显示对象坐标轴的0,0坐标的位置，这一点非常重要。因此，对于包含在Sprite实例内的Shape实例（如圆），如果将Shape对象的x和y属性设置为0，则会将圆放在Sprite的左上角，该位置不一定是舞台的左上角。要确定对象相对于全局舞台坐标的位置，可以使用任何显示对象的globalToLocal( )方法将坐标从局部（舞台）坐标转换为本地（显示对象容器）坐标，代码如下：

```
//将形状定位到舞台左上角
//无论其父级位于什么位置

//创建Sprite，确定的位置为x和y均为200
var mySprite:Sprite = new Sprite( );
mySprite.x = 200;
mySprite.y = 200;
this.addChild(mySprite);

//在Sprite的0,0坐标处绘制一个点作为参考
mySprite.graphics.lineStyle(1, 0x000000);
mySprite.graphics.beginFill(0x000000);
mySprite.graphics.moveTo(0, 0);
mySprite.graphics.lineTo(5, 0);
mySprite.graphics.lineTo(5, 5);
mySprite.graphics.lineTo(0, 5);
mySprite.graphics.endFill( );

//创建圆Shape实例
var circle:Shape = new Shape( );
mySprite.addChild(circle);

//在Shape中绘制半径为50且中心点的x和y坐标均为50的圆
circle.graphics.lineStyle(1, 0x000000);
circle.graphics.beginFill(0xff0000);
circle.graphics.drawCircle(50, 50, 50);
circle.graphics.endFill( );

//移动Shape，使其左上角位于舞台的0, 0坐标处
var stagePoint:Point = new Point(0, 0);
var targetPoint:Point = mySprite.globalToLocal(stagePoint);
circle.x = targetPoint.x;
circle.y = targetPoint.y;
```

将以上这段代码添加到一个.fla文件的时间轴上，并运行程序，得到的效果图如图9.22所示。源程序参见配套资料Sample\Chapter09\09_05.fla文件。

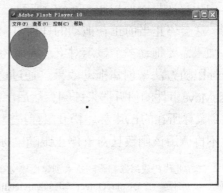

图9.22 改变父级与子级显示
对象的相对位置

9.3.2 创建拖放交换组件

经常为了创建拖放交互组件而移动显示对象，当用户单击某个对象时，在松开鼠标按键之前，该对象会随着鼠标的移动而移动。在ActionScript中可以采用两种方法创建拖放交互组件。在每种情况下，都会使用两个鼠标事件：按下鼠标按键时，通知对象跟随鼠标光标；松开鼠标按键时，通知对象停止跟随鼠标光标。

第一种方法使用startDrag( )方法，它比较简单，但限制较多。按下鼠标按键时，将调用要拖动的显示对象的startDrag( )方法。松开鼠标按键时，将调用stopDrag( )方法。

例如，下面这段代码就是实现用鼠标拖动舞台上的square影片剪辑实例。

```
//此代码使用startDrag( )技术创建拖放交互组件
//正方形是一个DisplayObject（例如MovieClip或Sprite实例）

import flash.events.MouseEvent;

//按下鼠标按键时会调用此函数
function startDragging(event:MouseEvent):void
{
    square.startDrag( );
}

//松开鼠标按键时会调用此函数
function stopDragging(event:MouseEvent):void
{
    square.stopDrag( );
}

square.addEventListener(MouseEvent.MOUSE_DOWN, startDragging);
square.addEventListener(MouseEvent.MOUSE_UP, stopDragging);
```

源程序参见配套资料Sample\Chapter09\12_08.fla文件。

这种方法有一个非常大的限制：每次只能使用startDrag( )拖动一个项目。如果正在拖动一个显示对象，然后对另一个显示对象调用了startDrag( )方法，则第一个显示对象会立即停止跟随鼠标。例如，如果startDragging( )函数发生了如下更改，则只拖动circle对象，而不管square.startDrag( )方法调用：

```
function startDragging(event:MouseEvent):void
{
    square.startDrag( );
    circle.starDrag( );
}
```

　　由于每次只能使用startDrag( )拖动一个对象，因此，可以对任何显示对象调用stopDrag( )方法，这会停止当前正在拖动的任何对象。

　　如果需要拖动多个显示对象，或者为了避免多个对象使用startDrag( )而发生冲突，最好使用鼠标跟随方法来创建拖动效果。通过这种技术，当按下鼠标按键时，会将函数作为舞台的**mouseMove**事件的侦听器来订阅。然后，每次鼠标移动时都会调用此函数，它将使所拖动的对象跳到鼠标所在的*x,y*坐标。松开鼠标按键后，取消此函数作为侦听器的订阅，这意味着鼠标移动时不再调用该函数且对象停止跟随鼠标光标。下面是说明此技术的一些代码：

```
//此代码使用鼠标跟随技术创建拖放交互组件
//圆是一个DisplayObject（例如MovieClip或Sprite实例）

import  flash.events.MouseEvent;

var  offsetX:Number;
var  offsetY:Number;

//按下鼠标按键时会调用此函数
function  startDragging(event:MouseEvent):void
{
        //记录按下鼠标按键时光标的位置与按下鼠标按键时圆的x, y坐标之间的差异（偏移量）
        offsetX = event.stageX - circle.x;
        offsetY = event.stageY - circle.y;

        //通知Flash Player开始侦听mouseMove事件
        stage.addEventListener(MouseEvent.MOUSE_MOVE, dragCircle);
}
//松开鼠标按键时会调用此函数
function  stopDragging(event:MouseEvent):void
{
        //通知Flash Player停止侦听mouseMove事件
        stage.removeEventListener(MouseEvent.MOUSE_MOVE, dragCircle);
}

//只要按下鼠标按键
//每次移动鼠标时都会调用此函数
function  dragCircle(event:MouseEvent):void
{
        //将圆移到光标的位置，从而保持
        //光标的位置和拖动对象的位置
        //之间的偏移量
        circle.x = event.stageX - offsetX;
        circle.y = event.stageY - offsetY;

        //指示Flash Player在此事件后刷新屏幕
        event.updateAfterEvent( );
}
circle.addEventListener(MouseEvent.MOUSE_DOWN, startDragging);
circle.addEventListener(MouseEvent.MOUSE_UP, stopDragging);
```

　　源程序参见配套资料Sample\Chapter09\09_06.fla文件。

　　除了使显示对象跟随鼠标光标之外，拖放交互组件的共有部分还包括将拖动对象移到显示对象的前面，以使拖动对象好像浮动在所有其他对象之上。例如，假定有两个对象（圆和正方形），它们都有一个拖放交互组件。如果圆在显示列表中出现在正方形之下，单击并拖动圆时光标会出现在正方形之上，圆好像在正方形之后滑动，这样就中断了拖放视觉效果。可以使用拖放交互组件避免这一点，以便在单击圆时圆移到显示列表的顶部，使圆会始终出现在其他任何内容的顶部。

```
//此代码使用鼠标跟随技术创建拖放交互组件
//圆和正方形是 DisplayObject（例如MovieClip或Sprite实例）

import flash.display.DisplayObject;
import flash.events.MouseEvent;

var offsetX:Number;
var offsetY:Number;
var draggedObject:DisplayObject;

//按下鼠标按键时会调用此函数
function startDragging(event:MouseEvent):void
{
    //记住正在拖动的对象
    draggedObject = DisplayObject(event.target);

    //记录按下鼠标按键时光标的位置与按下鼠标按键时拖动的对象的x, y坐标之间的差异（偏移量）
    offsetX = event.stageX - draggedObject.x;
    offsetY = event.stageY - draggedObject.y;

    //将所选对象移到显示列表的顶部
    stage.addChild(draggedObject);

    //通知Flash Player开始侦听mouseMove事件
    stage.addEventListener(MouseEvent.MOUSE_MOVE, dragObject);
}

//松开鼠标按键时会调用此函数
function stopDragging(event:MouseEvent):void
{
    //通知Flash Player停止侦听mouseMove事件
    stage.removeEventListener(MouseEvent.MOUSE_MOVE, dragObject);
}

//只要按下鼠标按键
//每次移动鼠标时都会调用此函数
function dragObject(event:MouseEvent):void
{
    //将拖动的对象移到光标的位置，从而保持光标的位置和拖动的对象的位置之间的偏移量
    draggedObject.x = event.stageX - offsetX;
    draggedObject.y = event.stageY - offsetY;

    //指示Flash Player在此事件后刷新屏幕
    event.updateAfterEvent( );
}

circle.addEventListener(MouseEvent.MOUSE_DOWN, startDragging);
circle.addEventListener(MouseEvent.MOUSE_UP, stopDragging);

square.addEventListener(MouseEvent.MOUSE_DOWN, startDragging);
square.addEventListener(MouseEvent.MOUSE_UP, stopDragging);
```

源程序参见配套资料Sample\Chapter09\ 09_07.fla文件。

要进一步扩展这种效果，如在几副纸牌（或几组标记）之间移动纸牌（或标记）的游戏中，用户可以在"拿出"拖动对象时将拖动对象添加到舞台的显示列表中，然后在"放入"拖动对象时（通过松开鼠标按键）将拖动对象添加到另一个显示列表中（如"那副纸牌"或"那组标记"）。

9.3.3　平移和滚动显示对象

如果显示对象太大，不能在指定区域中完全显示出来，则可以使用scrollRect属性定义显示对象的可查看区域。此外，通过更改scrollRect属性响应用户输入，可以使内容左右平移或上下滚动。

scrollRect属性是Rectangle类的实例，Rectangle类包括将矩形区域定义为单个对象所需的有关值。最初定义显示对象的可查看区域时，可以先创建一个新的Rectangle实例并为该实例分配显示对象的scrollRect属性。以后进行滚动或平移时，可以将scrollRect属性读入单独的Rectangle变量，最后更改所需的属性（例如，更改Rectangle实例的x属性进行平移，或更改y属性进行滚动）。最后将该Rectangle实例重新分配给scrollRect属性，将更改的值通知显示对象。

实例9.5　天气预报

本例将制作滚动文本，效果图如图9.23所示。

Step1：打开配套资料Sample\Chapter09\09_08_before.fla文件。库中有已经制作好的一些元件，舞台上的元素分布如图9.24所示。

图9.23　天气预报效果图

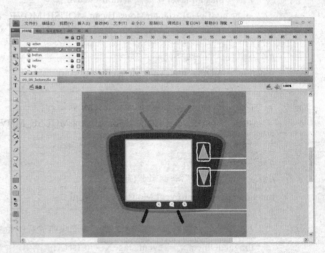

图9.24　素材准备

Step2：分别选中button图层的向上和向下按钮，注意到两个按钮的实例名分别为down和up，如图9.25和图9.26所示。

图9.25　按钮实例down

图9.26　按钮实例up

Step3：选中图层text，选择工具箱中的文本工具 **T**，单击舞台，在舞台上拉出一个与黄色正方形差不多大小的边框，从属性检查器中选择【动态文本】，宋体，23号字，并在【实例名称】栏中输入实例名称bigText，注意将文本【行为】选为【多行】，如图9.27所示。

Step4：在文本框内输入部分城市天气预报，如图9.28所示。

图9.27 设置文本格式

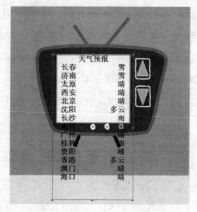

图9.28 键入动态文本

Step5：选中图层action的第1帧，选择【窗口】|【动作】打开动作面板，输入动作脚本指令。下面的代码定义了名为bigText的TextField对象的可查看区域，该对象因太高而不能适合SWF文件的边界。单击名为up和down的两个按钮时，它们调用的函数通过修改scrollRect Rectangle实例的y属性而使TextField对象的内容向上或向下滚动。

```
import flash.events.MouseEvent;
import flash.geom.Rectangle;

//定义TextField实例的最初可查看区域
//左：0，上：0，宽度：TextField的宽度，高度：200个像素
bigText.scrollRect = new Rectangle(0, 0, bigText.width, 200);

//将TextField作为位图缓存以提高性能
bigText.cacheAsBitmap = true;

//单击up按钮时调用
function scrollUp(event:MouseEvent):void
{
    //访问当前滚动矩形
    var rect:Rectangle = bigText.scrollRect;
    //将矩形的y值减小20，从而使矩形有效下移20个像素
    rect.y -= 20;
    //将矩形重新分配给TextField以"应用"更改
    bigText.scrollRect = rect;
}

//单击"向下"按钮时调用
function scrollDown(event:MouseEvent):void
{
    //访问当前滚动矩形
    var rect:Rectangle = bigText.scrollRect;
    //将矩形的y值增加20，从而使矩形有效上移20个像素
```

```
        rect.y  +=  20;
        //将矩形重新分配给TextField以"应用"更改
        bigText.scrollRect = rect;
    }

    up.addEventListener(MouseEvent.CLICK, scrollUp);
    down.addEventListener(MouseEvent.CLICK, scrollDown);
```

注意，在使用显示对象的scrollRect属性时，最好指定Flash Player使用cacheAsBitmap属性将显示对象的内容作为位图来缓存。这样每次滚动显示对象时，Flash Player就不必重绘显示对象的整个内容，而可以改为使用缓存的位图将所需部分直接呈现到屏幕上。

Step6：按快捷键Ctrl+Enter测试影片，按上下滚动箭头，文本发生滚动。完成后的源程序参见配套资料Sample\Chapter09\09_08_finish.fla文件。

9.3.4　缩放显示对象

可以采用两种方法来测量和处理显示对象的大小：使用尺寸属性（width和height）或缩放属性（scaleX和scaleY）。每个显示对象都有width属性和height属性，它们最初设置为对象的大小，以像素为单位。可以通过读取这些属性的值来确定显示对象的大小。还可以指定新值来更改对象的大小，如下所示：

```
//调整显示对象的大小
square.width = 420;
square.height = 420;

//确定圆显示对象的半径
var radius:Number = circle.width / 2;
```

更改显示对象的height或width会导致缩放对象，这意味着对象内容经过伸展或挤压以适合新区域的大小。如果显示对象仅包含矢量形状，将按新缩放比例重绘这些形状，而品质不变。此时将缩放显示对象中的所有位图图形元素，而不是重绘。例如，缩放图形时，如果数码照片的宽度和高度增加后超出图像中像素信息的实际大小，数码照片将被像素化，使数码照片显示带有锯齿。

当更改显示对象的width或height属性时，Flash Player还会更新对象的scaleX和scaleY属性。这些属性表示显示对象与其原始大小相比的相对大小。scaleX和scaleY属性使用小数（十进制）值来表示百分比。例如，如果某个显示对象的width已更改，其宽度是原始大小的一半，则该对象的scaleX属性的值为0.5，表示50%。如果其高度加倍，则其scaleY属性的值为2，表示200%。

```
//圆是一个宽度和高度均为150个像素的显示对象
//按照原始大小，scaleX和scaleY均为1 (100%)
trace(circle.scaleX);   //输出：1
trace(circle.scaleY);   //输出：1

//当更改width和height属性时，Flash Player会相应更改scaleX和scaleY属性
circle.width = 100;
circle.height = 75;
trace(circle.scaleX);   //输出：0.6622516556291391
trace(circle.scaleY);   //输出：0.4966887417218543
```

此时，大小更改不成比例。换句话说，如果更改一个正方形的height但不更改其width，则其边长不再相同，它将是一个矩形而不是一个正方形。如果要更改显示对象的相对大小，则可以通过设置scaleX和scaleY属性的值来调整该对象的大小。另一种方法是设置width或height属性。例如，下面的代码将更改名为square的显示对象的width，然后更改垂直缩放（scaleY）以匹配水平缩放，所以正方形的大小成比例。

```
//直接更改宽度
square.width = 150;

//更改垂直缩放以匹配水平缩放，使大小成比例
square.scaleY = square.scaleX;
```

实例9.6 哈哈镜

Step1：打开配套资料Sample\Chapter09\09_09_before.fla文件。库中有已经制作好的一些元件，舞台上的元素分布如图9.29所示。

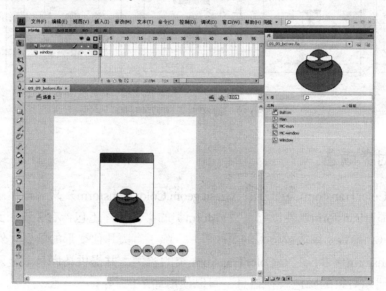

图9.29 舞台元素分布

Step2：舞台上的蓝色小人影片剪辑实例名称为window，如图9.30所示。

Step3：小人下方顺序排列的5个控制按钮实例名称分别为button_25、button_50、button_100、button_150和button_200，如图9.31所示。

Step4：插入一个新的action图层，选中该图层第1帧，选择【窗口】|【动作】，打开动作面板，在动作脚本窗口输入如下代码：

```
import flash.events.MouseEvent;
//给button_25按钮添加事件侦听器
button_25.addEventListener(MouseEvent.CLICK,Scale25);
//更改对象的scaleX和scaleY属性
function Scale25(event:MouseEvent):void {
    window.scaleX =0.25;
    window.scaleY =0.25;

}
```

图9.30　蓝色小人的影片剪辑实例名称

图9.31　按钮的实例名称

Step5：按快捷键**Ctrl+Enter**测试影片，单击舞台上标识为**25%**的按钮，蓝色小人将缩小到原来的25%。

Step6：重复步骤4依次给其余按钮添加动作脚本。使按下不同的按钮按照不同比例改变小人大小，效果分别如图9.32所示。源程序参见配套资料Sample\Chapter09\09_09_finish.fla文件。

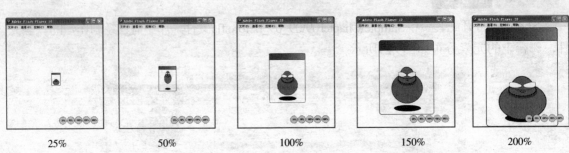

25%　　　　　　50%　　　　　　100%　　　　　　150%　　　　　　200%

图9.32　改变小人动画的比例

9.4　调整对象颜色

可以使用ColorTransform类的方法（flash.geom.ColorTransform）来调整显示对象的颜色。每个显示对象都有transform属性（它是Transform类的实例），还包含有关应用到显示对象的各种变形的信息（如旋转、缩放或位置的更改等）。除了有关几何变形的信息之外，Transform类还包括colorTransform属性，它是ColorTransform类的实例，并提供访问来对显示对象进行颜色调整。要访问显示对象的颜色转换信息，可以使用如下代码：

```
var colorInfo:ColorTransform = myDisplayObject.transform.colorTransform;
```

创建ColorTransform实例后，可以通过读取其属性值来查明已应用了哪些颜色转换，也可以通过设置这些值来更改显示对象的颜色。要在进行任何更改后更新显示对象，必须将ColorTransform实例重新分配给transform.colorTransform属性。

```
var colorInfo:ColorTransform = my DisplayObject.transform.colorTransform;
//此处进行某些颜色转换
//提交更改
myDisplayObject.transform.colorTransform = colorInfo;
```

9.4.1　设置颜色值

ColorTransform类的color属性可用于为显示对象分配具体的红、绿、蓝（RGB）颜色值。在下面的实例中，当用户单击表示颜色的按钮时，将使用color属性将名为car的显示对象的颜色更改为蓝色。

实例9.7　变色汽车

Step1：打开配套资料Sample\Chapter09\09_10_before.fla文件。库中有已经制作好的一些元件，舞台上的元素分布如图9.33所示。最左边是一排颜色按钮，希望实现单击某个颜色按钮，汽车的颜色跟着变化。

Step2：依次选中swatches图层的按钮实例，在属性检查器中看到实例名称依次为swatch_red、swatch_purple、swatch_yellow、swatch_green、swatch_blue、swatch_grey，如图9.34所示。

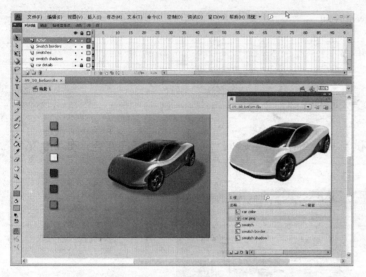

图9.33　舞台元素分布　　　　　　　　　　图9.34　按钮的实例名称

Step3：选中car color图层，该图层上有一个汽车形状的影片剪辑实例，实例名称为car，如图9.35所示。接下来要做的就是添加动作脚本控制按钮改变该影片剪辑实例的颜色。

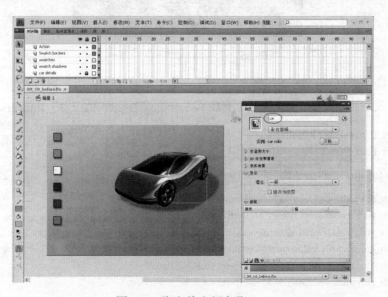

图9.35　汽车的实例名称car

Step4：选中Action图层的第1帧，选择【窗口】|【动作】打开动作面板，在脚本窗口中添加如下代码：

```
//car是舞台上的一个显示对象
//swatch_red、swatch_purple、swatch_yellow、swatch_green、swatch_blue、swatch_grey是舞台上的按钮

import flash.events.MouseEvent;
import flash.geom.ColorTransform;

//访问与car关联的ColorTransform实例
var colorInfo:ColorTransform = car.transform.colorTransform;

swatch_red.addEventListener(MouseEvent.CLICK, makeRed);

//单击swatch_red时会调用此函数
function makeRed(event:MouseEvent):void
{
    //设置ColorTransform对象的颜色
    colorInfo.color = 0xFF0000;
    //将更改应用于显示对象
    car.transform.colorTransform = colorInfo;
}
```

Step5：按快捷键**Ctrl+Enter**测试影片，单击红色按钮，汽车的颜色变成红色，如图9.36所示。

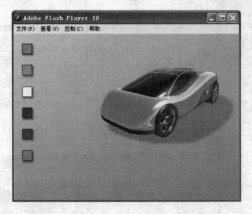

图9.36 改变汽车的颜色为红色

Step6：接下来继续添加动作脚本，为其余几个按钮添加侦听器以及相应函数。完整的代码如下所示。最后完成的源程序参见配套资料Sample\Chapter09\12_13_finish.fla文件。

```
import flash.events.MouseEvent;
import flash.geom.ColorTransform;

var colorInfo:ColorTransform = car.transform.colorTransform;

swatch_red.addEventListener(MouseEvent.CLICK, makeRed);
swatch_purple.addEventListener(MouseEvent.CLICK, makePurple);
swatch_yellow.addEventListener(MouseEvent.CLICK, makeYellow);
swatch_green.addEventListener(MouseEvent.CLICK, makeGreen);
swatch_blue.addEventListener(MouseEvent.CLICK, makeBlue);
swatch_gray.addEventListener(MouseEvent.CLICK, makeGrey);

function makeRed(event:MouseEvent):void
{
    colorInfo.color = 0xFF0000;
    car.transform.colorTransform = colorInfo;
```

```
}

function makePurple(event:MouseEvent):void
{
    colorInfo.color = 0xFF00FF;
    car.transform.colorTransform = colorInfo;
}

function makeYellow(event:MouseEvent):void
{
    colorInfo.color = 0xFFFF00;
    car.transform.colorTransform = colorInfo;
}

function makeGreen(event:MouseEvent):void
{
    colorInfo.color = 0x003333;
    car.transform.colorTransform = colorInfo;
}

function makeBlue(event:MouseEvent):void
{
    colorInfo.color = 0x0000FF;
    car.transform.colorTransform = colorInfo;
}

function makeGrey(event:MouseEvent):void
{
    colorInfo.color = 0x7F7F7F;
    car.transform.colorTransform = colorInfo;
}
```

9.4.2 更改对象颜色和亮度

假设显示对象有多种颜色（例如，数码照片），如果不想完全重新调整对象的颜色，只想根据现有颜色来调整显示对象的颜色，这种情况下，ColorTransform类包括一组可用于进行此类调整的乘数属性和偏移属性。乘数属性的名分别为redMultiplier、greenMultiplier、blueMultiplier和alphaMultiplier，它们的作用像彩色照片滤镜（或彩色太阳镜）一样，可以增强或削弱显示对象上的某些颜色。偏移属性（redOffset、greenOffset、blueOffset和alphaOffset）可用于额外增加对象上某种颜色的值，或用于指定特定颜色可以具有的最小值。

在属性检查器上的【颜色】下拉列表中选择【高级】时，这些乘数和偏移属性与Flash创作工具中影片剪辑元件可用的高级颜色设置相同。

下面的代码加载一个JPEG图像并为其应用颜色转换，当鼠标指针沿X轴和Y轴移动时，将调整红色和绿色通道值。在本例中，由于未指定偏移值，因此屏幕上显示的每个颜色通道的颜色值将表示图像中原始颜色值的一个百分比，这意味着任何给定像素上显示的大部分红色或绿色都是该像素上红色或绿色的原始效果。

```
import flash.display.Loader;
import flash.events.MouseEvent;
import flash.geom.Transform;
import flash.geom.ColorTransform;
import flash.net.URLRequest;
```

```
//将图像加载到舞台上
var loader:Loader = new Loader( );
var url:URLRequest = new URLRequest("flowerjpg");
loader.load(url);
this.addChild(loader);

//当鼠标移过加载的图像时会调用此函数
function adjustColor(event:MouseEvent):void
{
    //访问Loader的ColorTransform对象（包含图像）
    var colorTransformer:ColorTransform = loader.transform.colorTransform;

    //根据鼠标位置设置红色和绿色乘数
    //红色值的范围从 0%（无红色）（当光标位于左侧时）到 100% 红色（正常图像外观）（当光标位
于右侧时）

    //这同样适用于绿色通道，不同的是它由Y轴中鼠标的位置控制
    colorTransformer.redMultiplier = (loader.mouseX / loader.width) * 1;
    colorTransformer.greenMultiplier = (loader.mouseY / loader.height) * 1;

    //将更改应用到显示对象
    loader.transform.colorTransform = colorTransformer;
}

loader.addEventListener(MouseEvent.MOUSE_MOVE, adjustColor);
```

将上面的代码写入到Flash文档动作图层的第1帧，flower.jpg为位于同一文件夹下的图片。完成后的源程序参见配套资料Sample\Chapter09\09_11.fla文件，效果图如图9.37所示，第一幅图为原始图像效果。

图9.37　鼠标滑过改变图像颜色

9.5　遮罩显示对象

可以通过动作脚本实现将一个显示对象用作遮罩来创建一个孔洞，透过该孔洞使另一个显示对象的内容可见。

要指明一个显示对象将是另一个显示对象的遮罩，应将遮罩对象设置为被遮罩的显示对象的mask属性：

```
//使对象 maskSprite 成为对象 mySprite的遮罩
mySprite.mask = maskSprite;
```

被遮罩的显示对象显示在用做遮罩的显示对象的全部不透明区域之内。例如，下面的代码将创建一个半径为200的圆，用做遮罩。底层的图像只有部分显露出来，如图9.38所示。river.jpg

为位于同一文件夹载入的图像。源程序可参见配套资料Sample\Chapter09\09_12.fla文件。

```
var loader:Loader = new Loader( );
loader.load(new URLRequest("river.jpg"));
addChild(loader);
var maskSprite:Sprite = new Sprite( );
maskSprite.graphics.lineStyle( );
maskSprite.graphics.beginFill(0xFFFFFF);
maskSprite.graphics.drawCircle(0, 0, 200);
maskSprite.graphics.endFill( );
loader.mask = maskSprite;
addChild(maskSprite);
maskSprite.startDrag(true);
```

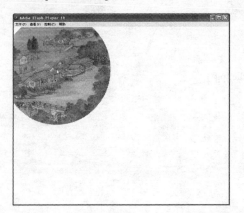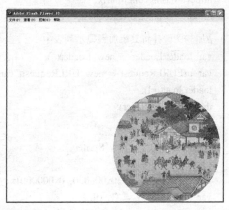

图9.38　遮罩效果

用作遮罩的显示对象可拖动、设置动画，并可动态调整大小，可以在单个遮罩内使用单独的形状。遮罩显示对象不一定需要添加到显示列表中。但是，如果希望在缩放舞台时也缩放遮罩对象，或者如果希望支持用户与遮罩对象的交互（如用户控制的拖动和调整大小），则必须将遮罩对象添加到显示列表中。遮罩对象已添加到显示列表时，显示对象的实际z索引（从前到后顺序）并不重要。（除了显示为遮罩对象外，遮罩对象将不会出现在屏幕上。）如果遮罩对象是包含多个帧的一个MovieClip实例，则遮罩对象会沿其时间轴播放所有帧，如果没有用做遮罩对象，也会出现同样的情况。通过将mask属性设置为null可以删除遮罩：

```
//删除mySprite中的遮罩
mySprite.mask = null;
```

还可以使用显示对象遮罩用设备字体设置的文本。当使用显示对象遮罩用设备字体设置的文本时，遮罩的矩形边框会用作遮罩形状。也就是说，如果为设备字体文本创建了非矩形的显示对象遮罩，则SWF文件中显示的遮罩将是遮罩的矩形边框的形状，而不是遮罩本身的形状。

如果遮罩显示对象和被遮罩的显示对象都使用位图缓存，则支持Alpha通道遮罩，如下所示：

```
//maskShape是一个包括渐变填充的Shape实例
mySprite.cacheAsBitmap = true;
maskShape.cacheAsBitmap = true;
mySprite.mask = maskShape;
```

例如，Alpha通道遮罩的一个应用是对遮罩对象使用应用于被遮罩显示对象之外的滤镜。在下面这段代码中，首先将一个外部图像文件candle.jpg加载到舞台上。该图像（更确切地说，是加载图像的Loader实例）将是被遮罩的显示对象。渐变椭圆（中心为纯黑色，边缘渐变为透明）绘制在图像上，这就是Alpha遮罩。两个显示对象都打开了位图缓存。椭圆设置为图像的遮罩，然后使其可拖动。

```
//以下代码假设它正在显示对象容器
//（如MovieClip或Sprite实例）中运行

import flash.display.GradientType;
import flash.display.Loader;
import flash.display.Sprite;
import flash.geom.Matrix;
import flash.net.URLRequest;

//加载图像并将其添加到显示列表中
var loader:Loader = new Loader( );
var url:URLRequest = new URLRequest("candle.jpg");
loader.load(url);
this.addChild(loader);

//创建Sprite
var oval:Sprite = new Sprite( );
//绘制渐变椭圆
var colors:Array = [0x000000, 0x000000];
var alphas:Array = [1, 0];
var ratios:Array = [0, 255];
var matrix:Matrix = new Matrix( );
matrix.createGradientBox(200, 100, 0, -100, -50);
oval.graphics.beginGradientFill(GradientType.RADIAL,
                                colors,
                                alphas,
                                ratios,
                                matrix);
oval.graphics.drawEllipse(-100, -50, 200, 100);
oval.graphics.endFill( );
//将Sprite添加到显示列表中
this.addChild(oval);

//对于两个显示对象都设置cacheAsBitmap = true
loader.cacheAsBitmap = true;
oval.cacheAsBitmap = true;
//将椭圆设置为加载器（及其子级，即加载的图像）的遮罩
loader.mask = oval;

//使椭圆可拖动
oval.startDrag(true);
```

完成后的源程序参见配套资料Sample\Chapter09\09_13.fla文件。遮罩后效果如图9.39所示。

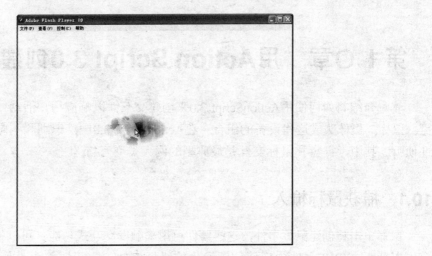

图9.39 Alpha通道遮罩后效果

第10章 用Action Script 3.0创建交互操作

本章介绍将如何使用ActionScript 3.0来创建交互性以响应用户活动。用户交互行为涉及键盘、鼠标、摄像头或这些设备的组合。在ActionScript 3.0中，识别和响应用户交互主要涉及事件侦听。其中，键盘和鼠标交互是最典型的两大类交互行为。

10.1 捕获鼠标输入

鼠标单击将创建鼠标事件，这些事件可用来触发交互式功能。可以将事件侦听器添加到舞台上以侦听在SWF文件中任何位置发生的鼠标事件，也可以将事件侦听器添加到舞台上从InteractiveObject进行继承的对象（例如，Sprite或MovieClip）中，单击该对象时将触发这些侦听器。

通过侦听不同的鼠标事件，可以创建不同的交互行为。例如，鼠标绘画、迷宫游戏等，都希望跟踪用户的鼠标移动行为。这些行为都可以通过InteractiveObject类的显示对象来实现，该类提供对用户行为的响应。注意，无法直接创建InteractiveObject类的实例，而是由显示对象（如SimpleButton、Sprite、TextField和各种Flash和Flex组件）从此类中继承其用户交互模型，因而这些显示对象使用同一个通用结构。

最基本的鼠标事件罗列如下：

- Click：用户在可交互显示对象上按下或释放鼠标时产生。
- DoubleClick：用户在可交互显示对象上连续按下两次鼠标时产生。
- MouseDown：用户在可交互显示对象上按下鼠标主键时产生。
- MouseUp：用户在可交互显示对象上释放鼠标按键时产生。
- MouseOver：用户将鼠标指针从可交互显示对象外移动到对象内部时产生。
- MouseMove：用户在可交互显示对象内部移动鼠标指针时产生。
- MouseOut：用户将鼠标指针从可交互显示对象内部移出时产生。
- MouseWheel：鼠标指针在可交互显示对象内部时，用户滑动鼠标滚轮时产生。

以上这些鼠标事件都可以通过调用添加在InteractiveObject类显示对象上的addEventListener( )事件进行侦听。

10.1.1 鼠标拖放动画

鼠标拖放动画实际上创建拖放交互组件。当单击某个对象时，对象会随着鼠标移动而移动。在ActionScript中采用鼠标事件创建拖放交互组件，按下鼠标按键时，通知对象跟随鼠标光标；松开鼠标按键时，通知对象停止跟随鼠标光标。

主要使用startDrag( )方法，按下鼠标按键时，将调用要拖动的显示对象的startDrag( )方法，松开鼠标按键时，将调用stopDrag( )方法。这种方法的优点是使用比较简单，效率比较高。

例如，在舞台上创建一个实例名称为circle的影片剪辑，如图10.1所示，然后在时间轴中添加如下代码：

```
import flash.events.MouseEvent;
var offsetX:Number;
var offsetY:Number;
//鼠标按下时调用此函数
function startDragging(event:MouseEvent):void
{
//记录鼠标按下时光标和circle的x、y坐标值之间的差
offsetX = event.stageX - circle.x;
offsetY = event.stageY - circle.y;
//通知Flash播放器开始侦听鼠标事件
stage.addEventListener(MouseEvent.MOUSE_MOVE, dragCircle);
}
//鼠标释放时调用此函数
function stopDragging(event:MouseEvent):void
{
//通知Flash播放器停止侦听鼠标事件.
stage.removeEventListener(MouseEvent.MOUSE_MOVE, dragCircle);
}
//只要鼠标按住不放，每次鼠标移动均调用此函数
function dragCircle(event:MouseEvent):void
{
//circle向光标位置移动，同时保持光标位置和所拖动位置之间的距离
circle.x = event.stageX - offsetX;
circle.y = event.stageY - offsetY;
//通知Flash播放器每次事件后刷新屏幕
event.updateAfterEvent( );
}

circle.addEventListener(MouseEvent.MOUSE_DOWN, startDragging);
circle.addEventListener(MouseEvent.MOUSE_UP, stopDragging);
```

完成后的动画效果如图10.2所示，源程序可参见配套资料Sample\Chapter10\10_01.fla文件。

图10.1 命名影片剪辑

图10.2 完成后的拖拽动画

实例10.1 拼图游戏

Step1：打开配套资料中的Sample\Chapter10\10_02_before.fla文件，舞台上分布着一些动画元素，如图10.3所示。

Step2：分别查看舞台上的各个影片剪辑实例，可以看到其实例名称分别为：Hat1、Hat2、Eyes1、Eyes2、Mouth1、Mouth2、Nose1、Nose2、Extra1、Extr2，如图10.4所示。

图10.3　舞台元素分布

图10.4　命名影片剪辑实例

Step3：新添一个动作图层"动作"，选择【窗口】|【动作】命令，打开动作面板，在动作脚本中输入如下动作脚本：

```
import flash.display.Sprite;
import flash.events.MouseEvent;
//给Hat1添加侦听器函数
Hat1.addEventListener(MouseEvent.MOUSE_DOWN, Hat1_mouseDown);
Hat1.addEventListener(MouseEvent.MOUSE_UP, Hat1_mouseUp);

function Hat1_mouseDown(event:MouseEvent):void
{
    function_startDrag(Hat1);
}

function Hat1_mouseUp(event:MouseEvent):void
{
        function_stopDrag(Hat1);
}
//拖动对象
function function_startDrag(objParam:MovieClip):void
{
    objParam.startDrag( );
}
//释放对象
function function_stopDrag(objParam:MovieClip):void
{
    objParam.stopDrag( );
}
```

Step4：按快捷键Ctrl+Enter测试影片，可以单击并拖动帽子到合适位置，如图10.5所示。

Step5：继续添加代码，给其余的影片剪辑实例都添加一个侦听器函数，使鼠标事件发生时，均执行相应的函数，在函数内通过参数传递统一调用function_startDrag( )和function_stopDrag( )函数。

Step6：按快捷键Ctrl+Enter测试影片，效果图如图10.6所示。完成后的源程序参见配套资料Sample\Chapter10\10_02_finish.fla文件。

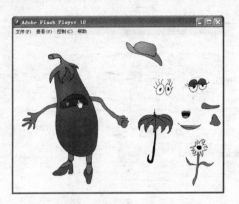

图10.5 移动帽子到指定位置

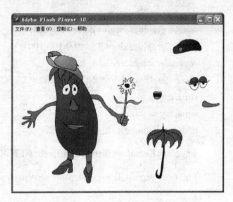

图10.6 拼图游戏效果图

10.1.2 鼠标跟随动画

拖放和鼠标跟随是最常见的两种捕获鼠标事件动画。鼠标跟随主要采用MouseEvent. Mouse_Move事件，这种方法与startDrag( )方法相比，可以同时拖动多个对象，而且可以使用鼠标事件的updateAfterEvent()方法，在每次移动事件发生后，通知Flash Player绘制帧，使画面保持流畅自然。

继续对10_01中的影片剪辑circle进行编程。打开动作面板，输入如下代码：

```
//隐藏鼠标
Mouse.hide( );
//添加侦听函数
stage.addEventListener(MouseEvent.MOUSE_MOVE,moveHandler);

function moveHandler(event:MouseEvent):void{
    circle.x = event.stageX;
    circle.y =event.stageY;
    //重新绘制帧
    event.updateAfterEvent( );
    }
```

按快捷键Ctrl+Enter测试影片，舞台上的cir-cle随鼠标移动。完成后的源程序参见配套资料Sample\ Chapter10\10_03.fla文件。

还可以使用第三方插件创建一些特殊的鼠标跟随效果动画，如图10.7所示，即为水波纹鼠标跟随动画，源程序参见配套资料Sample\Chapter 10\10_04.fla文件。

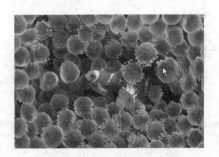

图10.7 水波纹跟随动画

10.1.3 获取指针位置

利用DisplayObject对象的只读属性mouseX和mouseY，或者通过MouseEvent事件传给鼠标事件管理器的localX和localY属性都可以获取与显示对象相关的鼠标位置。

在下面的示例中，由于square是Stage的子级，因此，单击正方形时，将从Sprite square和Stage对象中调用该事件：

```
var square:Sprite = new Sprite( );
square.graphics.beginFill(0xFF0000);
square.graphics.drawRect(0,0,100,100);
square.graphics.endFill( );
square.addEventListener(MouseEvent.CLICK, reportClick);
square.x =
square.y = 50;
addChild(square);

stage.addEventListener(MouseEvent.CLICK, reportClick);

function reportClick(event:MouseEvent):void
{
        trace(event.currentTarget.toString( ) +                    " dispatches MouseEvent.Local coords [" +
event.localX + "," + event.localY + "] Stage coords [" +         event.stageX + "," + event.stageY + "]");
}
```

在上面的示例中，鼠标事件包含有关单击的位置信息。localX和localY属性包含显示链中最低级别的子级上的单击位置。当单击square左上角时将报告本地坐标（0,0），因为它是 square 的注册点。或者，stageX和stageY属性是指单击位置在舞台上的全局坐标。同样单击时，报告这些坐标为（50,50），因为square已移到这些坐标上。根据用户交互方式，采用相应的坐标系进行响应。

图10.8和图10.9分别为单击舞台和单击红色方块内部的示意图，图10.10和图10.11为对应两种坐标得到的鼠标位置。以上代码的源程序可参见配套资料Sample\Chapter10\10_05.fla文件。

MouseEvent对象还包含altKey、ctrlKey和shiftKey布尔属性，可以使用这些属性来检查在鼠标单击时是否还按下了Alt、Ctrl或Shift键。

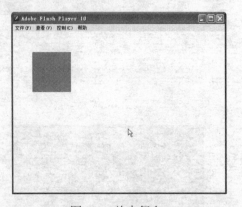

图10.8　单击舞台

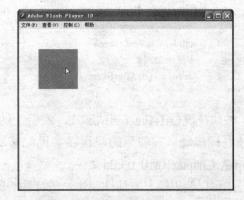

图10.9　单击方块

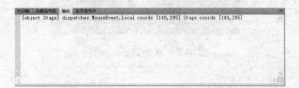

图10.10　单击舞台的输出结果

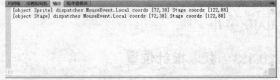

图10.11　单击红色方块内部的输出结果

实例10.2 会动的眼睛

在下面这个实例中，人物的眼睛会随着鼠标的移动而转动。这种类型的动画是先通过

event.stageX和event.stageY属性获取鼠标位置，然后通过给影片剪辑"眼球"实例的x和y属性赋值实现，效果图见图10.12所示。

Step1：首先制作眼球，创建一个影片剪辑"眼球"，利用工具箱中的椭圆工具再配合Shift键在舞台中央画出一个正圆，用由白色到灰色（#CCCCCC）的放射状渐变色填充，如图10.13所示。

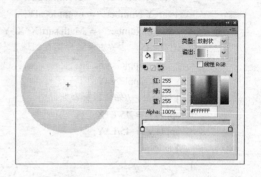

图10.12　会动的眼睛　　　　　　　　　　　图10.13　制作眼球部分

Step2：下面制作瞳孔部分，新建影片剪辑"瞳孔"，分别用渐变色、黑色和白色绘制3个大小不等的圆，如图10.14所示。

Step3：下面组合眼睛。新建影片剪辑"眼睛"，把图层1重命名为"眼睛层"，把刚才制作好的眼球拖入第1帧，按快捷键Ctrl+I打开信息面板，选择中心对齐，并在X和Y栏里都输入0，这样可以精确定位目标。再把做好的瞳孔拖入这一帧，用同样方法把它定位到舞台中心，如图10.15所示。

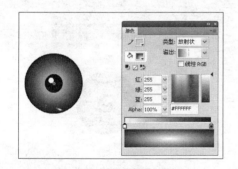

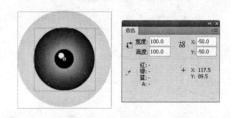

图10.14　制作瞳孔部分　　　　　　　　　　图10.15　组合眼睛的各部分

Step4：在属性检查器中将"瞳孔"实例命名为apple，如图10.16所示。

图10.16　命名实例

Step5：保持影片剪辑元件"眼睛"的编辑状态，选中第1帧，打开动作面板，添加如下动作脚本指令：

```
stage.addEventListener( MouseEvent.MOUSE_MOVE, EyeMove );
function EyeMove(event:MouseEvent):void {
    //返回鼠标的X和Y位置
    var X:Number  = event.localX;            //获取鼠标位置
    var Y:Number  = event.localY;            //注意这里的坐标系统需要以眼睛的中心为原点
    var L:Number  = Math.sqrt(X*X+Y*Y);      //计算从原点到鼠标的直线距离
    if (L<45) {  //如果鼠标指在眼球上
            apple.x=X;
            apple.y=Y;
    } else {  //如果鼠标在眼睛外
    apple.x = 45/L*X;
    apple.y = 45/L*Y;
    }
}
```

Step6：按F6键在眼睛层的第2帧插入一个关键帧形成循环，使眼睛真正动起来。

Step7：注意还必须在眼睛层上面增加一个遮罩层，这样瞳孔就不会跑到眼睛之外去了。方法是先添加一个图层，在第1帧也拖入一个"眼球"，然后把它对齐到中心。选中该图层，从鼠标右键弹出的菜单中选择"遮罩层"。遮罩前后效果如图10.17和图10.18所示。

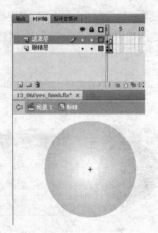

图10.17 遮罩层图形

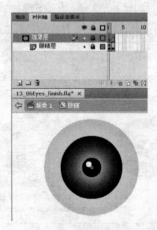

图10.18 遮罩效果

Step8：切换到主场景，先将图层1重命名为"image"，导入配套资料Sample\Chapter10文件夹下的face.gif图片，调整舞台大小与图片符合，如图10.19所示。

Step9：新添图层"眼睛"，从库中拖放两个刚做好的影片剪辑"眼睛"到舞台上，调整眼睛实例的大小和位置，使其刚好能盖过人物的眼睛，如图10.20所示。

Step10：按快捷键Ctrl+Enter可以测试动画效果。发现眼睛不能360度随鼠标转动。这是因为下面两条语句获取的是鼠标相对于舞台原点的位置，而不是需要的以眼球为中心的坐标位置，导致动画没有出现理想的效果。

```
var X:Number  = event.localX;
var Y:Number  = event.localY;
```

图10.19 导入图片　　　　　　　　图10.20 用"眼睛"实例覆盖人物眼睛

Step11：选中舞台上的眼睛实例，从属性检查器中查看实例在舞台上的位置为（147，100），修改获取鼠标位置的这两条语句为：

```
var X:Number  = event.localX - 147;
var Y:Number  = event.localY - 100;
```

Step12：按快捷键**Ctrl+Enter**继续测试影片，随着鼠标在舞台上移动，人物的眼睛随鼠标360度在眼眶内转动。完成后的源程序参见配套资料Sample\Chapter10\10_06.fla文件。

10.1.4 自定义光标

可以将鼠标光标（鼠标指针）隐藏，然后换成自己定义的形状或动画。可通过以下方式来自定义光标：调用Mouse.hide( )方法隐藏鼠标，侦听舞台上是否发生MouseEvent.MOUSE_MOVE事件，然后将自定义光标的坐标设置为事件的stageX和stageY属性。

舞台上任意放置一个影片剪辑，命名实例为cursor，如图10.21所示。

选择【窗口】|【动作】，打开动作面板，输入如下动作脚本指令：

```
stage.addEventListener(MouseEvent.MOUSE_MOVE,redrawCursor);
Mouse.hide( );
function redrawCursor(event:MouseEvent):void
{
cursor.x = event.stageX;
cursor.y = event.stageY;
}
```

按快捷键**Ctrl+Enter**测试影片，会发现默认光标消失，舞台上的正方形随鼠标移动，如图10.22所示。源程序参见配套资料Sample\Chapter10\10_07.fla文件。

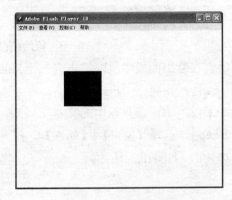

图10.21 命名影片剪辑实例　　　　　　图10.22 自定义光标

10.2 捕获键盘输入

键盘交互事件主要有2大类：按键按下和按键弹起，分别对应flash.events.KeyboardEvent类中的KeyboardEvent.KEY_DOWN和KeyboardEvent.KEY_UP。

在以下代码中，事件侦听器捕获一个按键，并显示键名和键控代码属性：

```
function reportKeyDown(event:KeyboardEvent):void
{
trace("Key Pressed: " + String.fromCharCode(event.charCode) + " (character code: " + event.charCode +
")");
}
stage.addEventListener(KeyboardEvent.KEY_DOWN, reportKeyDown);
```

有些键（如Ctrl键）虽然没有字型表示形式，但也能生成事件。

在上面的代码示例中，键盘事件侦听器捕获了整个舞台的键盘输入，也可以为舞台上的特定显示对象编写事件侦听器，当对象具有焦点时将触发该事件侦听器。

KeyboardEvent对象的keyCode属性记录的值是一个正整数。和键盘按键相对应，键盘事件对象还有一个属性charCode，也为整数，对应输出字符在默认字符集中的值。

KeyboardEvent对象有6个属性。

- 按键信息：keyCode和charCode。
- 辅助键是否按下：altKey、ctrlKey和shiftKey。
- 按键区域：keyLocation。

按键区域值主要用来区分当前按下的键在什么区域，这样可以更加精确地对按键进行判断。比如，左右【Shift】键的键控代码都是16，但有了keyLocation，就可以知道是左边的【Shift】还是右边的【Shift】。

按键区域划分为4大块，由flash.ui.KeyLocation4个静态常量来定义。

- 键盘左部：KeyLocation.LEFT。
- 键盘右部：KeyLocation.RIGHT。
- 键盘标准区域（小键盘除外）：KeyLocation、STANDARD。
- 小键盘区域：KeyLocation.NUM_PAD。

实例10.3 捕获键盘输入

在以下实例中，舞台上有一个名为tf的TextField实例，当用户在TextField实例内键入内容时，就会在输出面板中反映键击。按下Shift键可暂时将TextField的边框颜色更改为红色。

Step1：新建一个Flash文档。

Step2：单击工具箱中的文本工具**T**，在舞台上拉出一个矩形，如图10.23所示。

Step3：选择【窗口】|【属性】，打开属性面板，【文本类型】设置为【输入文本】，实例名称为tf，如图10.24所示。

图10.23 创建文本框　　　　　　　　　　　　图10.24 设置文本类型和命名文本实例

Step4： 选择【窗口】|【动作】，打开动作面板，在动作面板中输入如下动作脚本：

```
tf.border = true;
tf.type = "input";
tf.addEventListener(KeyboardEvent.KEY_DOWN,reportKeyDown);
tf.addEventListener(KeyboardEvent.KEY_UP,reportKeyUp);
function reportKeyDown(event:KeyboardEvent):void
{
trace("Key Pressed: " + String.fromCharCode(event.charCode) + " (key code: " + event.keyCode + "character
code: " + event.charCode + ")");
if (event.keyCode == Keyboard.SHIFT) tf.borderColor = 0xFF0000;
}
function reportKeyUp(event:KeyboardEvent):void
{
trace("Key Released: " + String.fromCharCode(event.charCode) + " (key code: " + event.keyCode +
"character code: " + event.charCode + ")");
if (event.keyCode == Keyboard.SHIFT)
{
tf.borderColor = 0x000000;
}
}
```

Step5： 按快捷键**Ctrl+Enter**测试影片，随意按键，输出面板中显示所按键的**keycode**值和character code值，如图10.25所示。

Step6： 同时影片运行窗口中也显示所输入字符，按下**Shift**键，文本边框颜色更改为红色，如图10.26所示。完成后的源程序参见配套资料Sample\Chapter10\10_08.fla文件。

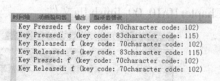

图10.25 输出面板显示　　　　　　　　　　　图10.26 按键捕获

实例10.4 方向键控制对象移动

Step1： 打开配套资料Sample\Chapter10\10_09_before.fla文件。

Step2： 从库中将制作好的影片剪辑元件bee拖放到舞台中央，如图10.27所示。

Step3： 选中舞台上的蜜蜂实例，在属性检查器中输入实例名称bee，如图10.28所示。

Step4：选中"动作"图层第1帧，选择【窗口】|【动作】命令，打开动作面板，在动作脚本窗口中输入如下动作脚本：

```
import flash.display.Stage ;

//每次按键蜜蜂在屏幕移动的距离
var distance:int = 10;
//添加键盘事件侦听器
stage.addEventListener(KeyboardEvent.KEY_DOWN,reportKeyDown);
//检验按键值，根据按键值决定蜜蜂移动距离
function reportKeyDown(event:KeyboardEvent):void
{
   switch(event.keyCode)
{
      case 37:      //向左方向键的键控代码值
       bee.x=Math.max (bee.x-distance,bee.width/2);
          bee.rotation = 180;
          break;
      case 38:        //向上方向键的键控代码值
         bee.y=Math.max (bee.y-distance,bee.height/2);
          bee.rotation = 270;
          break;
      case 39:        //向右方向键的键控代码值
         bee.x=Math.min(bee.x+distance,stage.stageWidth-bee.width/2  );
          bee.rotation = 0;
          break;
      case 40:        //向下方向键的键控代码值
         bee.y=Math.min (bee.y+distance,stage.stageHeight-bee.height/2);
          bee.rotation = 90;
          break;
      default:
      }
      }
```

以上代码的意思是：如果按下向下箭头键，则蜜蜂实例的x属性被设置为当前x值减去移动的distance距离所得的值，与0值，即舞台边缘之间的较大值。因此，_x属性的值绝不会小于0。此外，还应该使蜜蜂实例向左旋转180度运动。其余依次类推。

Step5：选择【控制】|【测试影片】对文件进行测试。然后可以导入图片背景，效果图如图10.29所示。完成后的源程序参见配套资料Sample\Chapter10\10_09_finish.fla文件。

图10.27　创建蜜蜂的影
片剪辑实例

图10.28　命名影片剪辑实例

图10.29　键盘控制蜜蜂运动效果图

第11章　处理多媒体文件

Flash动画最突出的特点之一就是可以向动画添加各种多媒体文件，例如图片、声音和视频，创建融视频、数据、图形、声音和交互式控制为一体的动画，提供引人入胜的丰富效果。

11.1　在Flash中使用图片

虽然Flash主要被设计为处理基于矢量的图像，但是它还是能够很好地对位图进行处理。在Flash中可以导入各种文件格式的矢量图形和位图，如JPEG、GIF、BMP、AI、PSD等，并将这些资源用在Flash文档中。

导入位图时，可以应用压缩和消除锯齿功能，将位图直接放置在Flash文档中，使用位图作为填充，在外部编辑器中编辑位图，将位图分离为像素并在Flash中对其进行编辑，或将位图转换为矢量图。

11.1.1　在Flash中导入插图

Flash可将各种文件格式的插图直接导入到舞台或库中。

1. 将文件导入到Flash中

将位图文件导入Flash中的步骤如下。

Step1：要将文件直接导入到当前 Flash文档中，选择【文件】|【导入】|【导入到舞台】命令即可。也可以选择【文件】|【导入】|【导入到库】命令将文件导入到当前Flash文档的库中。

Step2：从【文件类型】下拉列表中选择文件格式。如图11.1所示。

Step3：定位到所需的文件，然后选择它。如果导入的文件具有多个图层，则Flash可能会创建新图层（取决于导入文件的类型）。任何新图层都显示在时间轴上。

图11.1　选择文件类型

Step4：单击【打开】按钮。

Step5：如果所导入文件名以数字结尾，且在同一文件夹中还有其他按顺序编号的文件，要导入所有的连续文件，单击【是】按钮，只导入指定的文件，单击【否】按钮。下面列出的文件名均可以作为序列文件导入：Frame001.gif、Frame002.gif、Frame003.gif、Bird 1、Bird 2、Bird 3、Walk-001.ai、Walk-002.ai、Walk-003.ai。

2. 直接粘贴位图

首先复制其他应用程序中的图像，然后在Flash中选择【编辑】|【粘贴到中心位置】命令。

11.1.2　处理导入的位图

将位图导入Flash后，可以修改该位图，也可用各种方式在Flash文档中使用它。在舞台上选择位图后，属性检查器会显示该位图的元件名称、像素尺寸以及在舞台上的位置。

1. 设置位图属性

可以对导入的位图应用消除锯齿功能，平滑图像的边缘。也可以选择压缩选项以减小位图文件的大小，以及格式化文件以便在Web上显示。

Step1：在库面板中选择一个位图，然后单击库面板底部的【属性】按钮，如图11.2所示。

Step2：在【位图属性】对话框中，如图11.3所示。选择【允许平滑】复选框，平滑可用于在缩放位图图像时提高图像的品质。

Step3：为【压缩】选择以下其中一个选项。

照片（JPEG）：以JPEG格式压缩图像。若要使用为导入图像指定的默认压缩品质，请选择【使用文档默认品质】。若要指定新的品质压缩设置，取消选择【使用文档默认品质】，并在【品质】文本字段中输入一个介于1和100之间的值。（设置的值越高，保留的图像就越完整，但产生的文件也会越大。）

无损（PNG/GIF）：将使用无损压缩格式压缩图像，这样不会丢失图像中的任何数据。

对于具有复杂颜色或色调变化的图像，例如具有渐变填充的照片或图像，最好使用【照片】压缩格式。对于具有简单形状和相对较少颜色的图像，请使用【无损】压缩格式。

图11.2　查看导入位图属性

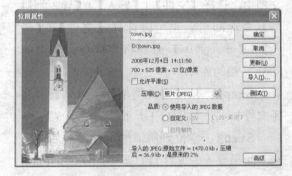

图11.3　【位图属性】对话框

Step4：单击【测试】按钮可以测试文件压缩的结果，如果要确定选择的压缩设置是否可以接受，可以将原始文件大小与压缩后的文件大小进行比较。

Step5：单击【确定】按钮。

2. 转换位图为矢量图

【转换位图为矢量图】命令用于将位图转换成具有颜色区域的Flash矢量文件格式。在大多数情况下，将位图转换成矢量图像还会减少文件的大小。

将位图转换为矢量图形后，矢量图形不再链接到库面板中的位图元件。

注意　如果导入位图包含复杂的形状和许多颜色，则转换后的矢量图形的文件大小会比原来的位图文件大。尝试【跟踪位图】对话框中的各种设置，找出文件大小和图像品质之间的最佳平衡点。

将位图转换为矢量图的步骤如下。

Step1：使用工具箱中的选择工具，选择当前场景中的位图。

Step2：选择【修改】|【位图】|【转换位图为矢量图】命令，打开如图11.4所示的对话框。

Step3：在【颜色阈值】输入一个介于1和500之间的值。

图11.4　【转换位图为矢量图】对话框

当两个像素进行比较后，如果它们在RGB颜色值上的差异低于该颜色阈值，则两个像素被认为是颜色相同。如果增大了该阈值，则意味着降低了颜色的数量，也就是在转换的位图中颜色减少了。如果输入的阈值很小，转换的图像将会拥有更多的颜色。如图11.5所示为不同颜色阈值设置的转换效果。

（a）原始图像，　（b）颜色阈值为25，　（c）颜色阈值为50，　（d）颜色阈值为75

图11.5　不同颜色阈值转换效果对比

Step4：对于【最小区域】，输入一个介于1和1000之间的值，用于设置在指定像素颜色时要考虑的周围像素的数量。如果输入一个非常大的值，最后产生的矢量图像将会拥有较多的实心块，因为Flash将忽略小块的颜色。如果输入一个非常小的值，例如10，Flash将会抽取这些较小的区域转换成矢量图像，所以值越小，产生的图像越精细，但是如果将【最小区域】值设置得较小来转换大型复杂的位图，将会耗费计算机的很多资源，因此可以从1000开始往下试，直到得到理想的效果。

Step5：对于【曲线拟合】，从弹出菜单中选择一个选项，用于确定绘制的轮廓的平滑程度。选项包括：【像素】、【非常紧密】、【紧密】、【一般】、【平滑】和【非常平滑】。如果选择【像素】，Flash将沿着像素的边缘尖锐地绘制线条，最后的图像线条可能会出现方方正正的点，显得失常。如果图像中有很多想要保留的曲线，可以选择【紧密】或【非常紧密】。另一方面，如果不考虑在图像中保留非常精确的形状，则可以从【曲线拟合】下拉列表中选择【光滑】或【非常光滑】。

Step6：对于【转角阈值】，从下拉列表中选择一个选项，以确定是保留锐边还是进行平滑处理。

要创建最接近原始位图的矢量图形，可以输入以下的值：

· 【颜色阈值】：10。

· 【最小区域】：1像素。

· 【曲线拟合】：像素。

・【角阈值】较多转角。

3. 创建位图填充

要将位图作为填充应用到图形对象，可以使用颜色面板。将位图应用为填充时，会平铺该位图，以填充对象。利用渐变变形工具也可以缩放、旋转或倾斜图像及其填充位图。

使用颜色面板将位图应用为填充的步骤如下。

Step1：在舞台上选择一个或多个图形对象。

Step2：选择【窗口】|【颜色】命令打开颜色面板。

Step3：在颜色面板中，从该面板中心的弹出菜单中选择【位图】。

Step4：如果在影片中还没有导入其他的位图，则单击【导入】按钮，定位到要使用的位图，将其导入到库。

Step5：如果已经导入了位图，它们将显示在位图填充窗口中，如图11.6所示。

Step6：从位图填充窗口显示的缩略图中选择要作为填充的位图，如图11.7所示为用位图填充球形得到的效果。

图11.6　显示导入位图

图11.7　位图填充效果

实例11.1　跳动的图片

一个精彩的Flash动画离不开创意，有时一幅合适的位图配合简单的补间动作动画就可以得到意想不到的效果。下面将利用位图制作图片跳跃动画效果，如图11.8所示。

Step1：新建一个Flash文档。按快捷键Ctrl+J打开【文档属性】对话框，将文件大小设置为280像素×400像素，背景色保持白色不变，【帧频】修改为36fps，如图11.9所示。

图11.8　跳动的图片效果

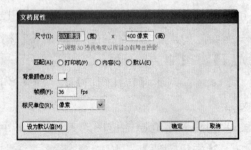

图11.9　设置文档属性

Step2：选择【文件】|【导入】|【导入到舞台】命令，将位于配套资料Sample\ Chapter13中的位图manface1.jpg导入到舞台。

选择【窗口】|【对齐】命令，在【相对于舞台】按钮被选中的情况下，单击【垂直居中】和【水平居中】按钮将图片对齐到舞台中心，如图11.10所示。

Step3：选中图片，按下F8键打开【转换为元件】对话框，在【名称】文本框中输入image，【类型】选择【影片剪辑】，单击【确定】按钮，如图11.11所示。

Step4：双击图层1的名称将其命名为image。

Step5：单击image图层的第15帧，按下F6键插入一个关键帧，然后选择【窗口】|【变形】命令打开变形面板，在【宽度】文本框中输入128，如图11.12所示，表示将原图放大到128%的比例。

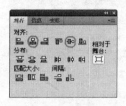

图11.10　对齐面板　　　　　图11.11　转换为元件image　　　　图11.12　变形面板

Step6：使用工具箱中的选择工具单击图片，然后从属性面板的【滤镜】部分设置【亮度】、【对比度】、【饱和度】和【色相】等参数值，给图片添加滤镜效果，如图11.13所示。

Step7：单击image图层的第25帧，按下F6键插入一个关键帧，先选择【窗口】|【变形】命令打开变形面板，输入【宽度】值为152，将图片大小调整为152%，然后再次打开属性面板上的【滤镜】选项卡，调整各项参数，如图11.14所示。

Step8：单击image图层的第35帧，按下F6键插入一个关键帧，使用变形面板调整图片为原来的162%，并且可以使用选择工具将图片位置略向上移动一点，Y值由原来的200变为290，如图11.15所示。

图11.13　添加滤镜效果　　　　图11.14　设置滤镜参数　　　　图11.15　上移图片的设置

Step9：再次用选择工具选中第35帧的图片，在【滤镜】选项卡中调整各项参数如图11.16所示。

Step10：单击第55帧并按下F7键插入一个空白关键帧，返回第1帧按下快捷键Ctrl+C复制该帧图形，在第55帧按下快捷键Ctrl+Shift+V将第1帧的图形粘贴到当前位置。

Step11：选中每2个关键帧之间的任意一个灰色的帧，右击鼠标，从快捷菜单中选择【创建传统补间】命令，如图11.17所示，创建各个关键帧之间的补间动作动画。

Step12：完成后的时间轴如图11.18所示。

Step13：按快捷键Ctrl+Enter测试影片，可以看到图片忽大忽小，忽前忽后。完成后的源程序参见配套资料Sample\Chapter11\11_01.fla文件。

图11.16　设置滤镜参数

图11.17　选择【创建传统补间】命令

图11.18　时间轴及舞台显示

实例11.2　加载外部图片

使用ActionScript 3.0可以将外部图片载入到程序中。本例将使用ActionScript 3.0将外部图片加载到程序中的影片剪辑上并显示。

首先需要将要导入的图片放到与程序相同的文件夹目录下，并且使用其他图像处理程序打开图片了解图片尺寸，本例要导入的图片为dance.png，大小为378像素×264像素。

Step1：新建一个Flash文档，并将其保存到与图片相同的路径下。

Step2：选择【修改】|【文档】命令，打开【文档属性】对话框，根据要导入图片尺寸将文档尺寸也设置为378像素×264像素，其余设置保持默认值不变，如图11.19所示。

Step3：接下来创建一个影片剪辑元件，作为载入图片的容器。选择【插入】|【新建元件】命令，将新创建的影片剪辑命名为ImageClip，单击【确定】按钮，如图11.20所示。

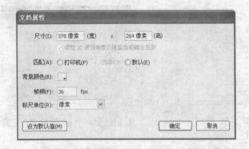

图11.19　修改文档尺寸

图11.20　创建新元件

Step4：所创建的影片剪辑只是作为载入图片的载体，不需要添加任何东西，因此单击时间轴上方的【场景1】图标回到主场景，如图11.21所示。

Step5：从库中将刚创建的空影片剪辑ImageClip拖放到舞台上，这个空的影片剪辑实例在舞台上显示为一个空心圆，如图11.22所示。

Step6：保持该影片剪辑实例被选中状态，选择【窗口】|【属性】命令，打开属性面板，在【实例名称】栏中输入名称imageLoadArea，该实例名称将在ActionScript 3.0中加以引用，如图11.23所示。

图11.21　回到主场景　　　　　图11.22　创建新元件　　　　　图11.23　命名实例

Step7：选择【窗口】|【动作】，打开动作面板，输入如下动作脚本指令：

```
var imageLoader:Loader;
function loadImage(url:String):void {
    //设置Loader对象的属性
    imageLoader = new Loader( );
    imageLoader.load(new URLRequest(url));
    imageLoader.contentLoaderInfo.addEventListener(Event.COMPLETE, imageLoaded);
}
loadImage("dance.png");

function imageLoaded(e:Event):void {
    //加载图像
    imageLoadArea.addChild(imageLoader);
    }
```

下面对这段代码进行分析。

```
var imageLoader:Loader;
```

表示声明了一个对象imageLoader，其类型为Loader，Loader类允许载入.jpg、.png和.gif等格式的外部图像。

然后调用Loader类的load方法，对其初始化，load方法采用URLRequest对象作为参数。

```
imageLoader.load(new URLRequest(url));
```

接下来添加事件Event.COMPLETE的事件侦听器，该事件触发后，调用imageLoaderd事件。下面这行代码表示载入外部图片。

```
loadImage("dance.png");
```

最后一段代码表示向影片剪辑实例添加imageLoader对象。

```
function imageLoaded(e:Event):void {
    //加载图像
    imageLoadArea.addChild(imageLoader);
    }
```

Step8：按快捷键Ctrl+Enter测试影片，外部图片dance.png被载入，如图11.24所示。图片只部分显示，因为图片被直接加入到ImageArea实例上，图片左上角顶点位置取决于实例在舞台上的位置。

Step9：回到源程序，调整ImageArea实例的位置到舞台左上角，然后重新按快捷键Ctrl+Enter测试程序，效果图如图11.25所示。完成后的源程序参见配套资料Sample\Chapter11\11_02.fla文件。

图11.24　载入图片

图11.25　测试效果

实例11.3　电子相册

Step1：打开配套资料Sample\Chapter11\11_03_before.fla文件。图层album上有事先制作的相册影片剪辑实例album_mc，如图11.26所示。

Step2：双击album_mc影片剪辑实例，进入该元件的编辑窗口，可以看到该实例的文字部分为另一个内嵌的影片剪辑实例movie，如图11.27所示。

图11.26　舞台上的影片剪辑实例album_mc

图11.27　album_mc内嵌的影片剪辑实例movie

Step3：选择【文件】|【新建】命令，打开【新建文档】对话框，从【常规】选项卡中选择【ActionScript文件】，建立一个外部ActionScript文件。

Step4：在脚本窗口中输入如下动作脚本：

```
package {
    import flash.display.*;
    import flash.net.URLRequest;
    import flash.events.*;
    public class LoaderArraysExample extends Sprite {
```

```
            //定义一个图像数组
        public var imageArrry:Array = ["flower01.jpg","flower02.jpg","flower03.jpg","flower04.jpg","flower05.jpg"];
        //创建一个Loader类的实例
        public var loader:Loader = new Loader(   );
        public function LoaderArraysExample(   ) {
                //向显示列表添加Loader实例
                addChild( loader );
                //从外部集合中调入load(   )方法
                loader.load( new URLRequest( imageArrry[0] ) );
            this.addEventListener( MouseEvent.CLICK, updateDisplay );
        }

        public function updateDisplay( event:MouseEvent ):void {
            //调用随机函数产生0~4之间的随机整数
         var n:Number = randRange(0, 4);
         loader.load( new URLRequest( imageArrry[n] ) );
         }

         //随机函数
         private function randRange(min:Number, max:Number):Number {
           var randomNum:Number = Math.floor(Math.random(   ) * (max - min + 1)) + min;
           return randomNum;
         }
       }
     }
```

　　将文件保存为与类名一致的**LoaderArraysExample.as**文件。在上面这段代码中，下面这条语句是给载入图像的显示容器添加一个侦听器

```
        this.addEventListener( MouseEvent.CLICK, updateDisplay );
```

　　每单击一次图像，调用一次updateDisplay( )函数。updateDisplay( )函数的作用是重新载入一幅图像，载入图像的序号由随机函数randRange产生。

　　Step5：回到12_05_before.fla文件，选择action图层第1帧，再选择【窗口】|【动作】打开动作面板，在脚本窗口中输入如下动作脚本指令：

```
        import LoaderArraysExample;
        import flash.display.*;
        import flash.events.*;

        var c:LoaderArraysExample= new LoaderArraysExample(   );
        album_mc.movie.addEventListener(MouseEvent.CLICK, ImageReview);

        function ImageReview( event:MouseEvent ):void {
          album_mc.movie.addChild(c);
          c.x = 0;
          c.y = 0;
        }
```

　　上面这段代码中，下面这条语句的作用是给**album_mc**影片剪辑实例内嵌的movie影片剪辑添加一个侦听器，使单击该实例载入一幅图像取代原来的文字。

```
        album_mc.movie.addEventListener(MouseEvent.CLICK, ImageReview);
```

Step6：按快捷键Ctrl+Enter测试影片，初始画面如图11.28所示，单击画面，图片从文件夹中载入，效果如图11.29所示。相关源程序参见配套资料Sample\Chapter11\11_03_finish.fla文件和LoaderArraysExample.as文件。

图11.28 电子相册的封面   图11.29 照片浏览效果

在上面这个例子中，使用Loader类可以在运行时导入外部图像，还可以使用Loader类载入外部影片。Flash.display.Loader类类似于flash.net.URLLoader类。利用Loader类还可以导入位于同一文件夹中的外部.swf文件。

实例11.4 **落英缤纷**

Step1：选择【文件】|【新建】命令，打开【新建文档】对话框，从【常规】选项卡中选择【ActionScript文件】，建立一个外部ActionScript文件。

Step2：在脚本窗口中输入如下动作脚本：

```
package { '
    import flash.display.*;
    import flash.net.URLRequest;
    import flash.events.Event;

    public class LoaderMovieExample extends Sprite {

    private var _loader:Loader;

    public function LoaderMovieExample( ) {
      //创建一个Loader并将其添至显示列表
      _loader = new Loader( );
      addChild( _loader );

      //载入外部影片
      _loader.load( new URLRequest( "ExternalMovie.swf" ) );
        }
    }
}
```

Step3：将文件保存为与类名一致的LoaderMovieExample.as文件。确认同一文件夹中已经有事先制作好的ExternalMovie.swf影片文件。

Step4：选择【文件】|【新建】命令，打开【新建文档】对话框，从【常规】选项卡中选

择【Flash文件（ActionScript3.0）】，建立Flash文档。

　　Step5：选择【窗口】|【动作】，打开动作面板，输入下面的动作脚本指令：

```
import LoaderMovieExample;
var c:LoaderMovieExample = new LoaderMovieExample( );
addChild(c);
```

　　Step6：按快捷键Ctrl+Enter测试影片，效果图如图11.30所示。相关源程序参见配套资料Sample\Chapter11\11_04.fla文件和LoaderMovieExample.as文件。

图11.30　载入外部影片的效果图

11.2　在Flash中使用声音

　　在Flash动画中，音效是不可缺少的重要元素，也是制作动画时的重要环节之一。在动画中恰到好处地加入声音，可以使动画更加精彩生动。

　　Flash CS4中有多种方法在动画中添加声音，从而创建有声动画。这些声音不仅可以和动画同步播放，还可以独立于时间轴连续播放。也可以为按钮添加声音，从而使按钮具有更强的互动性。另外，通过为声音设置淡入淡出效果，可以创建出更加优美的音效。

11.2.1　导入声音

　　在Flash中，有两种类型的声音：事件声音和流式声音。事件声音必须在动画全部下载完后才可以播放，如果没有明确的停止命令，会一直连续播放。该类声音常用于设置单击按钮时的音效或者用来表现动画中某些短暂动画时的音效。音频流在前几帧下载了足够的数据后就开始播放，通过和时间轴同步可以使其更好地在网站上播放，可以边看边下载。此类声音较多应用于动画的背景音乐。

　　Flash主要支持的声音文件格式包括：ASND、WAV、MP3等，如果系统已经安装QuickTime4，还可以支持AIFF等其他声音文件格式。MP3格式是经常使用的一种格式，该格式很容易通过Internet找到。

　　选择【文件】|【导入】|【导入到库】命令可以将声音文件导入到当前文档的库中，从而把声音文件加入到Flash中。在弹出的【导入】对话框中选择路径和文件类型为AIFF、WAV或MP3，如图11.31所示。

　　当导入声音文件后，打开库面板，刚刚导入的那个声音文件就出现在库中了，如图11.32所示。

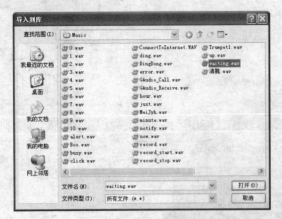

图11.31　导入声音文件

图11.32　库中的声音文件

1. 将声音添加到帧

声音文件导入到库后，可以将声音添加到帧，步骤如下。

Step1：首先创建一个新的图层。

Step2：在声音开始的位置插入一个关键帧。

Step3：打开属性面板，声音文件导入到库后，就可以从属性面板的【名称】下拉列表中选择要添加的声音文件，如图11.33所示。

Step4：可以将多个声音放在一个图层上，或放在包含其他对象的多个图层上，如图11.34所示。但是，建议将每个声音放在一个独立的层上，每个图层作为一个独立的声道，播放SWF文件时，会混合所有图层上的声音。还可以添加普通帧，将声音在时间轴上延长。

图11.33　选择要添加的
　　　　　声音文件

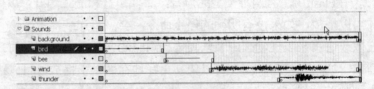

图11.34　不同声音分布到不同图层

Step5：通过属性面板可以设置参数，对声音文件进行编辑。【效果】菜单中有如下选项：左声道、右声道、向右淡出、向左淡出、淡入、淡出和自定义，如图11.35所示。其中【自定义】允许使用【编辑封套】创建自定义的声音淡入和淡出点。

【同步】菜单中有如下选项：事件、开始、停止和数据流，如图11.36所示，各选项功能如下。

· 事件：会将声音和一个事件的发生过程同步起来。

・开始：与【事件】选项功能相近，但如果声音已经在播放，则新声音实例就不会播放。

・停止：使指定的声音静音。

・流：同步声音，以便在网站上播放。Flash强制动画和音频流同步。

还可以从【重复】选项中指定重复次数或循环，如图11.37所示。

图11.35 【效果】菜单　　　　图11.36 【同步】菜单选项　　　图11.37 指定同步事件重复次数

2. 将声音添加到按钮

还可以将声音添加到按钮。

Step1：双击库面板中的按钮元件，进入按钮元件的编辑状态。

Step2：对不同的声音文件创建不同的图层。

Step3：插入关键帧，将声音附加到关键帧。

实例11.5 将声音添加到按钮

Step1：打开配套资料Sample/Chapter11/11_05_before.fla文件。

Step2：舞台上有一个已经制作好的按钮实例，如图11.38所示。

Step3：双击按钮，进入按钮编辑状态。

Step4：添加一个新图层，并将其命名为SoundDown，在"按下"帧插入一个空白关键帧，如图11.39所示。

Step5：从库中将事先导入的声音文件拖放到该空白关键帧上，如图11.40所示。

图11.38 舞台上的　　　　图11.39 添加空白关键帧　　　　图11.40 向【按下】关键
　　　　按钮实例　　　　　　　　　　　　　　　　　　　　　　　帧添加声音

Step6：按快捷键Ctrl+Enter测试影片，查看鼠标按下时的声音效果。完成后的源程序参见配套资料Sample\Chapter11\11_05_finish.fla文件。

11.2.2 对声音进行编辑

为了能制作出更为逼真的动画效果，用户还可以对声音文件进行编辑，包括将声音逐渐增大或减小等简单的操作，以及设置不同帧内的音量的细微编辑。这都可以通过属性面板的【编辑封套】对话框来实现。

在【编辑封套】对话框中，可以定义声音的起始点，或在播放时控制声音的音量。还可以改变声音开始播放和停止播放的位置，这对于通过删除声音文件的无用部分来减小文件大小是很有用的。

将声音添加至帧，或选择某个已经包含声音的帧，再单击属性面板中声音类别上的【编辑】按钮，如图11.41所示，就可以打开【编辑封套】对话框，如图11.42所示。

如果要改变声音的起始点和终止点，可以拖动【编辑封套】中的【开始时间】和【停止时间】控件。

封套线显示声音播放时的音量。单击封套线，可以创建其他封套手柄，拖动封套手柄来改变声音中不同点处的音量级别。

图11.41 单击【编辑】按钮

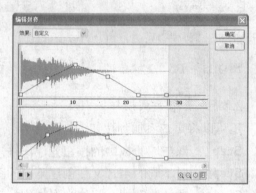

图11.42 【编辑封套】对话框

实例11.6 声音动画

在制作Flash动画时，用户可以配合动画场景改变添加适当的声音效果，使动画和音频播放过程完全相符，从而创造逼真的动画效果。

Step1：打开配套资料Sample\Chapter11\11_06.fla文件，观察舞台和时间轴，已经制作好了相应的动画元素，比如，山林、云彩、雨水等，如图11.43所示。

Step2：选择【窗口】|【库】打开库面板，观察库中除了舞台上已经有的动画元素元件外，还有若干声音文件，如图11.44所示。

图11.43 动画元素

图11.44 库中的声音文件

Step3：一个声音最好单独分配一个图层，注意观察时间轴的若干声音图层，每个声音开始的起始关键帧配合对应动画的起始关键帧，时间轴如图11.45所示。

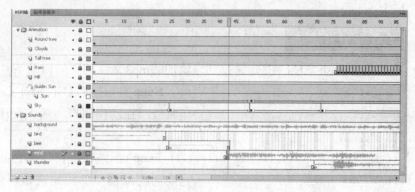

图11.45 时间轴显示

Step4：按快捷键Ctrl+Enter测试添加声音后的动画效果，效果图如图11.46所示。

11.2.3 使用ActionScript处理声音

使用ActionScript可以在运行时控制声音，而且可以在FLA文件中创建交互和其他功能。

ActionScript中的Sound对象将声音添加到文档中并在文档中控制声音对象。对声音对象可以执行以下一些操作：从特定起始位置播放声音、暂停声音并稍后从相同位置恢复回放、准确了解何时播放完声音、跟踪声音的回放进度、在播放声音的同时更改音量或声相。

图11.46 声音动画效果

1. 创建声音对象和加载声音

创建声音对象非常简单，首先需要导入声音类：

```
import flash.media.Sound;
```

然后创建一个Sound类的实例：

```
var _sound = new Sound( );
```

接下来指定要播放的声音文件：

```
var soundFile = new URLRequest("song.mp3");
```

并调用load( )方法载入声音文件：

```
_sound.load(soundFile);
```

2. 开始和停止声音

播放加载的声音非常简便，只需为Sound对象调用Sound.play( )方法：

```
var _sound:Sound = new Sound(new URLRequest("song.mp3"));
_sound.play( );
```

Sound对象的close( )方法不仅可以停止播放声音，还可以停止声音文件的数据流。要重新播放声音，需要调用load( )方法重新加载声音文件。注意只有在声音文件确实播放完毕后才可以调用close( )方法。

实例11.7　加载和播放声音

Step1：新建一个Flash文档，将其保存到与要加载mp3文件相同的目录下。

```
1
2    import flash.media.Sound
3    var _sound = new Sound();
4    var soundFile = new URLRequest('rong.mp3');
5    _sound.load (soundFile);
6    _sound.play();
```

图11.47　加载并播放声音

Step2：选择【窗口】|【动作】打开动作面板，在动作面板中输入如图11.47中的代码：

Step3：按快捷键Ctrl+Enter测试影片。完成后的源程序参见配套资料Sample\Chapter11\11_07.fla文件。

3. 暂停和恢复播放声音

如果应用程序播放很长的声音（如歌曲或播客），可能需要让用户暂停和恢复回放这些声音。实际上，无法在ActionScript中的回放期间暂停声音，只能将其停止。但是，可以从任何位置开始播放声音。可以记录声音停止时的位置，并随后从该位置开始重放声音。

例如，假定代码加载并播放一个声音文件，代码如下：

```
var snd:Sound = new Sound(new URLRequest("bigSound.mp3"));
var channel:SoundChannel = snd.play( );
```

在播放声音的同时，SoundChannel.position属性指示当前播放到的声音文件位置。应用程序可以在停止播放声音之前存储位置值，代码如下：

```
var pausePosition:int = channel.position;
channel.stop( );
```

要恢复播放声音，只要传递以前存储的位置值，以便从声音以前停止的相同位置重新启动声音。

```
channel = snd.play(pausePosition);
```

实例11.8　声音控制

本例将实现对声音的控制，按播放键可以播放声音，按停止键可以终止声音的播放，效果图如图11.48所示。

Step1：打开配套资料Sample\Chapter11\11_08_before.fla文件。主时间轴已经有3个图层，分别为背景、一个动画效果的均衡器以及两个Flash自带的播放和停止公用按钮，各元素在舞台上的分布如图11.49所示。

图11.48　声音控制效果图

Step2：查看舞台上的元件实例，两个按钮分别命名为play_btn和stop_btn，音乐播放器的实例名为equlizer_mc，如图11.50所示。

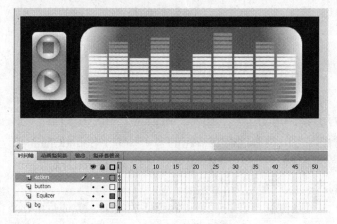

图11.49 舞台元素分布

图11.50 查看元件实例命名

Step3：选择【窗口】|【动作】，打开动作面板，选中action图层的第1帧，输入如下动作脚本：

```
import flash.media.Sound;
import flash.media.SoundChannel;

//先停止播放均衡器动画
equlizer_mc.stop( );
//创建Sound对象(song_sound)
var song_sound:Sound = new Sound( );
//载入同一路径文件夹下的声音文件
soundFile = new URLRequest("live.mp3");
song_sound.load(soundFile);

//分别给2个按钮添加事件侦听器
play_btn.addEventListener(MouseEvent.CLICK,clickHandler_play);
stop_btn.addEventListener(MouseEvent.CLICK,clickHandler_stop);

var channel:SoundChannel= new SoundChannel( );
var pausePosition:int;
var sound_state:Boolean = true;

function clickHandler_play(event:MouseEvent):void
{
    //播放声音和动画
    equlizer_mc.play( );
    //第一次播放声音文件
if(sound_state){
        channel = song_sound.play( );
        sound_state = false;
    }
    else
    //以后从声音以前停止的相同位置重新启动声音
        channel = song_sound.play(pausePosition);

}
function clickHandler_stop(event:MouseEvent):void
{
    //停止声音和动画
```

```
        equlizer_mc.stop( );
        //记录当前播放到的声音文件位置
        pausePosition = channel.position;
        channel.stop( );
        sound_state = false;
    }
```

上述代码中的SoundChannel类控制应用程序中的声音。Adobe Flash应用程序中播放的每一个声音都被分配到一个声道，而且应用程序可以具有混合在一起的多个声道。SoundChannel类包含stop( )方法、用于监控声道幅度（音量）的属性，以及用于对声道设置 SoundTransform对象的属性。本例中使用的position属性就表示该声音中播放头的当前位置。

Step4：按快捷键Ctrl+Enter测试影片，可以测试声音的暂停和继续播放效果，完成后的源程序参见配套资料Sample\Chapter11\11_08_finish.fla文件。

11.3　在Flash中使用视频

Flash使用一种特殊的视频格式（*.flv）对视频进行渲染，因此在将视频文件导入到Flash中时，如果导入视频文件不是FLV或F4V格式，必须先用Adobe Media Encoder对视频进行编码转换。

11.3.1　视频编码转换

在安装Flash CS4时，Adobe Media Encoder CS4已经同时安装，该编码工具支持大部分视频文件格式，包括*.mov、*.avi、*.mpeg、*.dvi、*wmv、*.3pg和*.mp4等。打开该软件，界面如图11.51所示。

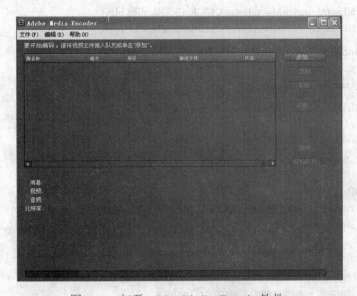

图11.51　打开Adobe Media Encoder软件

单击右上角的【添加】按钮，将准备进行编码的视频文件添加进来，可以单击【格式】和【预设】下拉按钮改变默认参数设置，如图11.52所示。

图11.52 添加编码文件

单击【开始队列】按钮，即开始对导入的avi视频文件进行编码转换，如图11.53所示。转换得到的*.F4V文件将保存在与源文件相同的路径下。

图11.53 开始编码转换

11.3.2 导入视频

有3种方式可以将视频文件嵌入到Flash中。

- 使用Adobe Flash Media Server流式加载视频。
- 从Web服务器渐进式下载视频。
- 在Flash文档中嵌入视频。

Step1：选择【文件】|【导入】|【导入视频】命令，即可打开【导入视频】对话框，如图11.54所示。在该对话框中，提供了3个视频导入选项。

- 使用回放组件加载外部视频

导入视频并创建FLVPlayback组件的实例以控制视频回放。可以将Flash文档作为SWF发布并将其上载到Web服务器时，还必须将视频文件上载到Web服务器或Flash Media Server，并按照已上载视频文件的位置配置FLVPlayback组件。

- 在SWF中嵌入FLV或F4V并在时间轴中播放

将FLV或F4V嵌入到Flash文档中。这样导入视频时，该视频放置于时间轴中可以看到时间轴上帧所表示的各个视频帧的位置。嵌入的FLV或F4V视频文件成为Flash文档的一部分。

将视频内容直接嵌入到Flash SWF文件中会显著增加发布文件的大小，因此仅适合于小的视频文件。此外，在使用Flash文档中嵌入的较长视频剪辑时，音频到视频的同步（也称作音频/视频同步）会变得不同步。

- 作为捆绑在SWF中的移动设备视频导入

与在Flash文档中嵌入视频类似，将视频绑定到Flash Lite文档中以部署到移动设备。

Step2：单击【浏览】按钮，定位到要导入的FLV或F4V文件。可以从【颜色】样本空间选择颜色更改播放控件的外观，如图11.55所示。

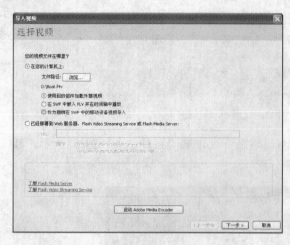

图11.54 【导入视频】对话框　　　　　　　图11.55　设置视频播放控件外观

Step3：单击【下一步】按钮，即可将视频文件导入到Flash中。

11.3.3 控制视频播放

在Flash中，利用FLVPlayback组件可以控制视频播放。

Step1：选择【窗口】|【组件】打开组件面板，然后将FLVPlayback组件拖放到舞台上，如图11.56所示。

Step2：选择【窗口】|【组件检查器】命令，打开【组件检查器】面板，在【source】栏指定要导入的视频文件，如图11.57所示。注意在指定【内容路径】时，勾选【匹配源尺寸】，如图11.58所示。

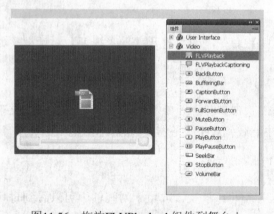

图11.56　拖放FLVPlayback组件到舞台上　　　　图11.57　组件检查器

Step3：可以通过单击【skin】参数旁的放大镜图标打开【选择外观】对话框并设置组件外观，如图11.59所示。

実例11.9 **使用ActionScript动态创建实例**

Step1：新建一个Flash文档。

Step2：选择【窗口】|【组件】，打开组件面板，将FLVPlayback组件从组件面板拖到库面板中。

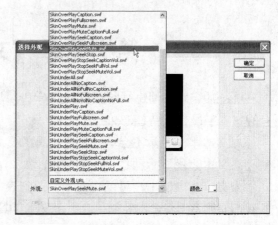

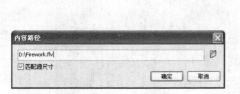

图11.58 选择内容路径　　　　　　　　　图11.59 设置组件外观

Step3：将以下代码添加到时间轴第一帧的动作面板上。将install_drive更改为安装了Flash的驱动器，并修改路径以反映系统中Skins文件夹的位置，或者直接搜索到SkinOverPlaySeek-Mute.swf文件并放置在同一路径下的文件夹中。

```
import fl.video.*;
var my_FLVPlybk = new FLVPlayback( );
my_FLVPlybk.x = 100;
my_FLVPlybk.y = 100;
addChild(my_FLVPlybk);
my_FLVPlybk.skin = "SkinOverPlaySeekMute.swf"
my_FLVPlybk.source = "http://www.helpexamples.com/flash/video/water.flv";
```

Step4：按快捷键Ctrl+Enter测试影片，执行SWF文件并启动FLV文件，得到如图11.60的效果图。完成后的源程序参见配套资料Chapter11\11_09.fla文件。

图11.60 播放视频

第12章 文本处理

在Flash中，可以创建3种类型的文本字段：静态文本字段、动态文本字段和输入文本字段。所有的文本字段都支持Unicode。

静态文本字段显示不会动态更改字符的文本。

动态文本字段显示动态更新的文本，如体育得分、股票报价或天气报告。

输入文本字段使用户可以将文本输入到表单或调查表中。

在前面的章节中，已经简单介绍了文本工具的使用，下面将系统地、详细地对文本工具进行介绍，重点介绍使用ActionScript控制文本。

12.1 创建文本

创建文本的步骤如下。

Step1：选择工具箱中的文本工具 T。

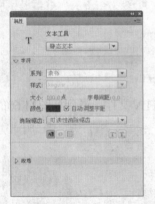

图12.1　设置静态文本方向

Step2：如果属性检查器没有打开，选择【窗口】|【属性】。

Step3：在属性检查器中，从弹出菜单中选择一种文本类型以指定文本字段的类型。

Step4：在属性检查器中，单击【文本方向】按钮，然后选择一个选项以指定该文本的方向，如图12.1所示。

【水平】：使文本从左向右水平排列（默认设置）。

【垂直，从左向右】：使文本从左向右垂直排列。
【垂直，从右向左】：使文本从右向左垂直排列。

 上述选项仅适用于静态文本。如果是动态文本或输入文本，则垂直文本的布局选项会被禁用。只有静态文本才能具有垂直方向。

Step5：要创建在一行中显示文本的文本块，请单击要开始显示文本的位置，该行会随着输入的文本扩展。要创建定宽（适用于水平文本）或定高（适用于垂直文本）的文本块，请将指针放在要开始显示文本的位置，然后拖动到所需的宽度或高度。文本块会自动扩展并自动换行。

Step6：在属性检查器中选择文本属性。

如果创建的文本块在输入文本时扩展到越过舞台边缘，该文本不会丢失。要使手柄再次可见，可添加换行符，移动文本块，或选择【视图】|【工作区】。

Flash在文本块的一角显示一个手柄，用以标识该文本块的类型。

对于扩展的静态水平文本，会在该文本块的右上角出现一个圆形手柄，如图12.2所示。

对于具有定义宽度的静态水平文本，会在该文本块的右上角出现一个方形手柄，如图12.3所示。

对于方向为从右到左并且扩展的静态垂直文本，会在该文本块的左下角出现一个圆形手柄，如图12.4（a）所示。对于方向为从左到右并且扩展的静态垂直文本，会在该文本块的右下角出现一个圆形手柄，如图12.4（b）所示。

对于从右到左方向并且固定高度的静态垂直文本，会在该文本块的左下角出现一个方形手柄，如图12.4（c）所示。对于具有定义高度和宽度的动态或输入文本，会在该文本块的右下角出现一个方形手柄，如图12.4（d）所示。

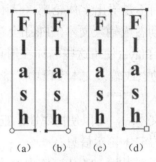

图12.4 文本方向与句柄

Flash

图12.2 扩展的静态水平文本

Flash

图12.3 具有定义宽度的静态水平文本

在使用文本工具创建了文本字段之后，可以使用属性检查器指明要使用哪种类型的文本字段，以及设置某些值来控制文本字段及其内容在SWF文件中出现的方式。

默认情况下，文本以水平方向创建。可以选择首选参数使垂直文本成为默认方向，以及设置垂直文本的其他选项。还可以创建滚动文本字段。设置垂直文本首选参数的步骤如下。

Step1：选择【编辑】|【首选参数】，然后在【首选参数】对话框中单击【文本】选项卡，如图12.5所示。

Step2：在【垂直文本】下，选择【默认文本方向】，使垂直方向自动成为新文本块的方向。

Step3：选择【从右至左的文本流向】，使垂直文本自动从右向左排列。

Step4：选择【不调整字距】以防止对垂直文本应用字距微调。（字距微调依然可在水平文本中使用。）

创建静态文本时，可以将文本放在单独的一行中，该行会随着输入的文本扩展，或将文本放在定宽文本块（适用于水平文本）或定高文本块（适用于垂直文本）中，在创建动态文本或输入文本时，可以将文本放在单独的一行中，或创建定宽和定高的文本块。

在舞台上创建文本后，可以通过拖动文本块的调整大小手柄更改文本块的大小。选中文本后，拖动蓝色边框的一个手柄，手动改变任意文本框的大小。静态文本有4个手柄，允许沿水平方向改变文本框大小。动态文本框有

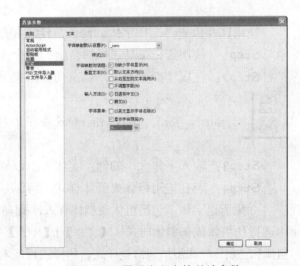

图12.5 设置垂直文本的首选参数

8个手柄，可以沿垂直、水平或对角线方向改变文本框大小。

双击调整大小手柄则可以在定宽或定高和可扩展之间切换文本块。

12.2 设置文本属性

可以设置文本的字体和段落属性。字体属性包括字体系列、磅值、样式、颜色、字母间距、自动字距微调和字符位置。段落属性包括对齐、边距、缩进和行距。可以对较小的文本进行优化，使其更清晰易读。对于静态文本，字体轮廓在所发布的SWF文件中导出。可以选择使用设备字体，而不是导出字体轮廓（仅限水平文本）。

对于动态或输入文本，Flash会存储在创建文本时使用的字体名称。在播放Flash应用程序时，Flash Player使用这些名称在用户的系统上查找相同或类似的字体。也可以选择将字体轮廓嵌入到动态或输入文本字段中。嵌入的字体轮廓可能会增加文件大小，但它可确保用户获得正确的字体信息。

选定文本后，可以使用属性检查器更改字体和段落属性，并可以指示Flash使用设备字体而不是嵌入的字体轮廓信息。

创建新文本时，Flash会使用当前文本属性。要更改现有文本的字体或段落属性，必须先选择文本。

12.2.1 选择字体、磅值、样式和颜色

可以使用属性检查器设置选定文本的字体、磅值、样式和颜色。设置文本颜色时，只能使用纯色，而不能使用渐变。要向文本应用渐变，必须将该文本转换为组成它的线条和填充。要向文本应用渐变，必须将该文本转换为组成它的线条和填充，即分离文本。如图12.6所示的文字效果就是两次执行【修改】|【分离】命令将文字打散，再应用线性渐变色填充出来的效果。

图12.6　文字的渐变色效果

使用属性检查器选择字体、磅值、样式和颜色的步骤如下。

Step1：使用选择工具选择舞台上的一个或多个文本字段。

Step2：在属性检查器中，从系列弹出菜单中选择一种字体，或者输入字体名称。

_sans、_serif、_typewriter和设备字体只能用于静态水平文本。

Step3：输入字体大小的值。字体大小以磅值设置，而与当前标尺单位无关。

Step4：若要应用粗体或斜体样式，可以从【样式】菜单中选择样式。

如果所选字体不包括粗体或斜体样式，则在菜单中将不显示该样式。可以从【文本】菜单中选择仿粗体或仿斜体样式（【文本】|【样式】|【仿粗体】或【仿斜体】）。操作系统已将仿粗体和仿斜体样式添加到常规样式。仿样式可能看起来不如包含真正粗体或斜体样式的字体好。

Step5：从【消除锯齿】下拉列表（位于颜色控件正下方）中选择一种字体呈现方法以优化文本。

Step6：若要选择文本的填充颜色，单击颜色控件，然后执行下列操作之一：

· 从"颜色"菜单中选择颜色。

· 在左上角的框中输入颜色的十六进制值。

· 单击【颜色选择器】，然后从系统颜色选择器中选择一种颜色。（设置文本颜色时，只能使用纯色，而不能使用渐变。要对文本应用渐变，应分离文本，将文本转换为组成它的线条和填充。）

12.2.2 设置字母间距、字距微调和字符位置

字母间距会在字符之间插入统一数量的空格。可以使用字母间距调整选定字符或整个文本块的间距。

字距微调控制着字符对之间的距离。许多字符都有内置的字距微调信息。例如，A和V之间的间距通常小于A和D之间的间距。要使用字体的内置字距微调信息来调整字符间距，可以使用字距调整选项。

对于水平文本，间距和字距微调设置了字符间的水平距离。对于垂直文本，间距和字距微调设置了字符间的垂直距离。

对于垂直文本，可以在Flash首选参数中将字距微调设置为默认关闭。当在首选参数中关闭垂直文本的字距微调设置时，可以让该选项在"属性"检查器中处于选中状态，这样字距微调就只适用于水平文本。

使用属性检查器还可以将上标或下标类型应用到文本。

设置字母间距、字距微调和字符位置的步骤如下。

Step1：使用文本工具选择舞台上一个或多个句子、短语或文本字段。

Step2：在属性检查器中设置以下选项。

· 若要指定字母间距（间距和字距调整），可以在【字母间距】字段中输入值。

· 若要使用字体的内置字距调整信息，可以选择【自动调整字距】。

· 若要指定上标或下标字符位置，可以单击【切换上标】或【切换下标】按钮。默认位置是【正常】。【正常】将文本放置在基线上，【上标】将文本放置在基线之上（水平文本）或基线的右侧（垂直文本），【下标】将文本放置在基线之下（水平文本）或基线的左侧（垂直文本）。

如图12.7所示为3种不同的字符间距效果对比。

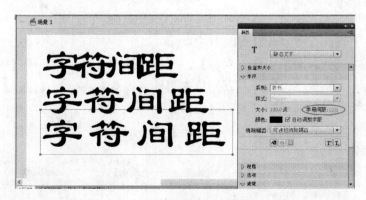

图12.7　不同的字符间距效果对比

单击【切换上标】和【切换下标】按钮得到的文字效果如图12.8所示。

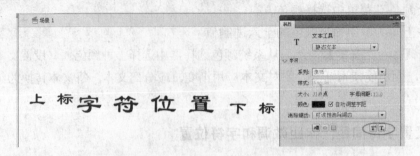

图12.8 不同的字符位置效果对比

12.2.3 设置对齐、边距、缩进和行距

对齐方式确定了段落中每行文本相对于文本块边缘的位置。水平文本相对于文本块的左侧和右侧边缘对齐，垂直文本相对于文本块的顶部和底部边缘对齐。文本可以与文本块的一侧边缘对齐，或者在文本块中居中对齐，或者与文本块的两侧边缘对齐（两端对齐）。

页边距确定了文本块的边框和文本段落之间的间隔量。缩进确定了段落边界和首行开头之间的距离。对于水平文本，缩进将首行文本向右移动指定距离。对于垂直文本，缩进将首行文本向下移动指定距离。

行距确定了段落中相邻行之间的距离。对于垂直文本，行距调整各个垂直列之间的距离。

1. 使用水平文本

使用水平文本的步骤如下。

Step1：使用文本工具选择舞台上的一个或多个文本字段。

Step2：在属性检查器中，设置以下选项。

• 要设置对齐方式，可单击【左对齐】、【居中】、【右对齐】或【两端对齐】。

• 若要设置左边距或右边距，可以在属性检查器的【段落】部分的【边距】文本字段中输入值。

• 若要指定缩进，可以在属性检查器的【段落】部分的【缩进】文本字段中输入值。

• 若要指定行距，可以在属性检查器的【段落】部分的【行距】文本字段中输入值。

2. 使用垂直文本

使用垂直文本的步骤如下。

Step1：使用文本工具选择舞台上的一个或多个文本字段。

Step2：在属性检查器中，设置以下选项。

• 要设置对齐方式，可单击【上对齐】、【居中】、【下对齐】或【两端对齐】。

• 若要设置上边距或下边距，在属性检查器的【段落】部分的【边距】字段中输入值。

• 若要指定缩进，在属性检查器的【段落】部分的【缩进】文本字段中输入值。

• 若要指定行距，在属性检查器的【段落】部分的【行距】文本字段中输入值。

属性检查器界面如图12.9所示。

12.2.4 设置文本的消除锯齿选项

Flash提供了增强的字体光栅化处理功能，可以指定字体的消除锯齿属性。可以对每个文本字段应用锯齿消除，而不是每个字符。此外，在Flash中打开现有FLA文件时，文本不会自动更新为使用【高级消除锯齿】选项。要使用【高级消除锯齿】选项，必须选择各个文本字段，然后手动更改消除锯齿设置。

对文本使用消除锯齿选项的步骤如下。

在属性检查器中，从【消除锯齿】下拉列表中选择以下选项之一。

· 【使用设备字体】选项指定SWF文件使用本地计算机上安装的字体来显示字体。尽管此选项对SWF文件大小的影响极小，但还是会强制用户根据安装在用户计算机上的字体来显示字体。例如，如果将字体Times Roman指定为设备字体，则回放内容的计算机上必须安装有Times Roman字体才能正常显示文本。因此，使用设备字体时，应只选择通常都安装的字体系列。

· 【位图文本[未消除锯齿]】选项会关闭消除锯齿功能，不对文本进行平滑处理，将用尖锐边缘显示文本，而且由于字体轮廓嵌入了SWF文件，从而增加了SWF文件的大小。位图文本的大小与导出大小相同时，文本比较清晰，但对位图文本缩放后，文本显示效果比较差。

· 【动画消除锯齿】选项将创建较平滑的动画。由于Flash忽略对齐方式和字距微调信息，因此该选项只适用于部分情况。由于字体轮廓是嵌入的，因此指定【动画消除锯齿】会创建较大的SWF文件。使用【动画消除锯齿】呈现的字体在字体较小时会不太清晰。因此，建议在指定【动画消除锯齿】时使用10磅或更大的字型。

· 【可读性消除锯齿】选项使用新的消除锯齿引擎，改进了字体（尤其是较小字体）的可读性。由于字体轮廓是嵌入的，因此指定【可读性消除锯齿】会创建较大的SWF文件。

· 【自定义消除锯齿】选项允许用户按照需要修改字体属性。自定义消除锯齿属性如下。

清晰度：确定文本边缘与背景过渡的平滑度。

粗细：确定字体消除锯齿转变显示的粗细。较大的值可以使字符看上去较粗。

【消除锯齿】下拉列表如图12.10所示。

图12.9 属性检查器界面

图12.10 【消除锯齿】下拉列表

实例12.1 遮罩文字

还可以利用遮罩层制作各种遮罩文字效果，如图12.11所示。

Step1：新建一个Flash文档。

Step2：选择【窗口】|【导入】|【导入到库】命令，将配套资料中的leaf.jpg、desert.jpg和steel.jpg图片导入到库。

Step3：新建一个图层，命名为text。

Step4：单击选择工具箱中的文本工具 **T**，设置字体为隶书，大小为100，如图12.12所示。

Step5：单击舞台，输入文字"遮罩文字"，如图12.13所示。

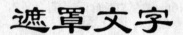

图12.11　文字遮罩效果　　　　图12.12　设置文本工具参数　　　　图12.13　输入文字

Step6：选中舞台上的文字，执行【修改】|【分离】命令两次，第一次是将每个字符分离，第二次是将文字打散，以应用遮罩效果。两次应用分离命令的效果如图12.14和图12.15所示。

图12.14　字符分离　　　　　　　　　　　　　　图12.15　文字打散

Step7：新建一个图层，重新命名为leaf，并拖动图层使其位于text图层的下方。

Step8：从库中将导入的图片leaf.jpg拖动到文字下方，如图12.16所示。

Step9：右击text图层名称，从快捷菜单中选择【遮罩层】，将text图层设置为leaf图层的遮罩层，如图12.17所示。

图12.16　将图片置于文字下方　　　　　　　　　图12.17　设置遮罩层

Step10：文字遮罩效果如图12.18所示。还可以继续添加不同的背景图片，得到不同的遮罩效果。完成后的源程序参见配套资料Sample\Chapter12\12_01.fla文件。

图12.18　遮罩文字

12.3 用ActionScript控制文本

　　动态或输入文本字段是ActionScript TextField对象的一个实例。当创建文本字段时，可以在属性检查器中给它指定一个实例名称，然后可以在ActionScript语句中使用该实例名称，通过TextField和TextFormat对象来设置、更改该文本字段及其内容并设定其格式。

　　TextField对象的属性和MovieClip对象的属性相同，并且还有一些方法可以设置、选择和操作文本。利用TextFormat对象可以设置文本的字符和段落值。还可以使用这些ActionScript对象代替文本属性检查器来控制文本字段的设置。

12.3.1 设置动态和输入文本选项

　　利用属性检查器上的一些选项，可以控制动态文本和输入文本在Flash应用程序中出现的方式。

　　具体步骤如下。

　　Step1：在一个现有的动态文本字段中单击。

　　Step2：在属性检查器中，确保弹出菜单中显示了动态或输入。

　　Step3：输入文本字段的实例名。

　　Step4：在如图12.19所示的属性检查器中指定文本和文本字段应具有的属性。

图12.19　在属性检查器中设置动态
文本或输入文本的选项

　　• 选择文本的高度、宽度和位置。

　　• 选择要使用的字体类型和样式。

　　• 选择【多行】则在多行中显示该文本，选择【单行】则在一行中显示该文本，而选择【多行不换行】则在多行中显示文本，只有当最后一个字符是换行字符，如Enter时才会换行。

　　• 单击【可选】按钮以使用户可以选择动态文本。取消选择此选项，可以禁止用户选择动态文本。

　　• 单击【将文本呈现为HTML】按钮可以保留丰富的文本格式，如字体和超级链接，并带有相应的HTML标记。

　　• 单击【在文本周围显示边框】按钮可以显示文本字段的黑色边框和白色背景。

　　• （可选）对于【变量】，可输入该文本字段的变量名称。注意只有在为Flash Player 6或更低版本创作内容时，才应使用【变量】文本框。

　　• 为嵌入的字体轮廓选项选择【嵌入】。

　　在【字符嵌入】对话框中，单击【无字符】以指定不嵌入字体，或单击【指定范围】以嵌入字体轮廓。如果选中了【指定范围】，则可以从列表中选择一个或多个选项，只输入要嵌入到文档的字符，或者单击【自动填充】以将选定文本字段的所有字符都嵌入文档。

12.3.2 动态创建文本字段

　　TextField类用于创建显示对象以显示和输入文本。SWF文件中的所有动态文本字段和输入文本字段都是TextField类的实例。可以在属性检查器中为文本字段指定实例名称，并且可以在ActionScript中使用TextField类的方法和属性对文本字段进行操作。

可以通过将一个字符串赋予flash.text.TextField.text属性来定义动态文本。

下面的代码先使用import语句导入TextField类，然后利用TextField构造函数创建一个文本对象，直接将字符串赋予该对象。

```
import flash.text.TextField;
    var myTextField:TextField = new TextField( );
myTextField.text = "Hello World";
```

上面的代码只是创建了一个文本字段对象，并将字符串"Hello World"赋于该对象。下面的代码是在动作脚本中创建文本字段对象，对其赋值，然后用addChild( )方法将文本字段对象添加到显示列表。

```
package
{
    import flash.display.Sprite;
    import flash.text.*;
    public class TextWithImage extends Sprite
    {
        private var myTextBox:TextField = new TextField( );
        private var myText:String = "Hello World";
        public function TextWithImage( )
        {
            addChild(myTextBox);
            myTextBox.text = myText;
        }
    }
}
```

12.3.3 动态设置文本字段属性

创建文本字段对象后，还可以设置该TextField对象的属性。下面只重点列出其中几种。

1. border属性

默认值为false，表示该文本字段没有边框。如果更改其值为true，表示文本字段具有边框，可以使用borderColor属性来设置边框颜色。

2. borderColor属性

文本字段边框的颜色。默认值为0x000000（黑色）。即使当前没有边框，也可检索或设置此属性，但只有当文本字段已将border属性设置为true时，才可以看到颜色。

3. Background属性

指定文本字段是否具有背景填充。默认值为false，表示文本字段没有背景填充。如果为true，则文本字段具有背景填充，使用backgroundColor属性来设置文本字段的背景颜色。

4. backgroundColor属性

本字段背景的颜色。默认值为0xFFFFFF（白色）。即使当前没有背景，也可检索或设置此属性，但只有当文本字段已将background属性设置为true时，才可以看到颜色。

5. alwaysShowSelection属性

如果设置为true 且文本字段没有焦点，Flash Player将以灰色突出显示文本字段中的所选内容。如果设置为false且文本字段没有焦点，则Flash Player不会突出显示文本字段中的所选内容。

编译并运行下面的文件。在运行此文件时，拖动以分别选择两个文本字段中的文本，注意当选择第二行文本字段中的文本时，文本中第一行文本字段中的文本仍然以灰色显示被选中状态，如图12.20所示。如果在代码中将alwaysShowSelection属性更改为false，则同样选中文本，效果如图12.21所示。

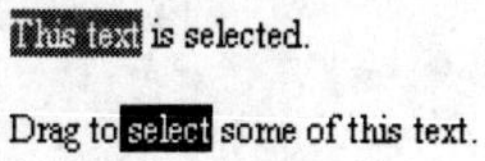

This text is selected.

Drag to select some of this text.

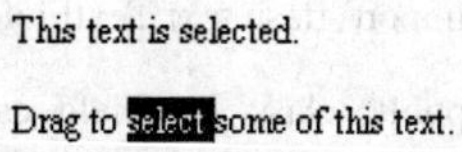

This text is selected.

Drag to select some of this text.

图12.20 alwaysShowSelection属性为   图12.21 alwaysShowSelection属性为false
               true

```
package {
    import flash.display.Sprite;
    import flash.text.TextField;
    import flash.text.TextFieldType;

    public class TextField_alwaysShowSelection extends Sprite {
        public function TextField_alwaysShowSelection( ) {
            var label1:TextField = createTextField(0, 20, 200, 20);
            label1.text = "This text is selected.";
            label1.setSelection(0, 9);
            label1.alwaysShowSelection = true;

            var label2:TextField = createTextField(0, 50, 200, 20);
            label2.text = "Drag to select some of this text.";
        }

        private function createTextField(x:Number, y:Number, width:Number, height:Number):TextField {
            var result:TextField = new TextField( );
            result.x = x; result.y = y;
            result.width = width; result.height = height;
            addChild(result);
            return result;
        }
    }
}
```

完成后的源程序可参见配套资料Sample\Chapter12\12_02.fla文件和TextField_alwaysShow-Selection.as文件。

6. caretIndex

插入点（尖号）位置的索引。如果没有显示任何插入点，则在将焦点恢复到字段时，值将为插入点所在的位置（通常为插入点上次所在的位置，如果字段不曾具有焦点，则为0）。选择范围索引是从零开始的（例如，第一个位置为0、第二个位置为1，依此类推）。

在此示例中，创建了一个TextField实例，并用文本填充该实例。分配了一个事件侦听器，以便在用户单击TextField时，调用printCursorPosition方法。在这种情况下，将输出caretIndex、 selectionBeginIndex和selectionEndIndex属性的值。

运行此示例并尝试在TextField中单击以选择文本，然后在字段中单击，但不选择文本。如果在文本中单击但不进行选择，caretIndex属性将指示在何处出现插入点，而selectionBeginIndex和selectionEndIndex属性则等于caretIndex属性值，如图12.22所示。选择文本后，值发生改变，如图12.23所示。

```
package {
    import flash.display.Sprite;
    import flash.events.MouseEvent;
    import flash.text.TextField;
    import flash.text.TextFieldType;

    public class TextField_caretIndex extends Sprite {
        public function TextField_caretIndex( ) {
            var tf:TextField = createTextField(10, 10, 100, 100);
            tf.wordWrap = true;
            tf.type = TextFieldType.INPUT;
            tf.text = "Click in this text field. Compare the difference between clicking without selecting
versus clicking and selecting text.";
            tf.addEventListener(MouseEvent.CLICK, printCursorPosition);
        }

        private function printCursorPosition(event:MouseEvent):void {
            var tf:TextField = TextField(event.target);
            trace("caretIndex:", tf.caretIndex);
            trace("selectionBeginIndex:", tf.selectionBeginIndex);
            trace("selectionEndIndex:", tf.selectionEndIndex);
        }

        private function createTextField(x:Number, y:Number, width:Number, height:Number):TextField {
            var result:TextField = new TextField( );
            result.x = x;
            result.y = y;
            result.width = width;
            result.height = height;
            addChild(result);
            return result;
        }
    }
}
```

图12.22　单击但不选择文本　　　　　　　　　　　　　　　图12.23　选择文本

完成后的源程序可参见配套资料Sample\Chapter12\12_03.fla文件和TextField_caretIndex.as文件。

7. htmlText属性

htmlText属性将文本字段的内容以HTML的形式显示。在文本字段中使用HTML可以很方便地添加超链接并对文本格式化，改变文本的颜色和字体等。如：

```
field.htmlText = "<u>This displays as underlined text.</u>";
```

文本字段的text属性将以纯文本显示，也就是如果text属性值设置为<u>test</u>，对象直接显示为<u>test</u>而不是text，利用这一点可以先将HTML代码赋给文本变量的Text属性值，如：

```
htmlCode = "<i>test text</i>";
sourceHTML.text = htmlCode;
renderedHTML.htmlText = htmlCode;
```

text字段支持的HTML标签包括：<b>、<i>、<u>、<font>（字体的face，size和color属性），<p>、
、<a >、<li>、<img>和<textformat>。

下面的代码创建一个名为tf1的TextField，并将HTML格式的字符串赋给其text属性。当跟踪其htmlText属性时，输出为HTML格式的字符串，带有由Flash Player自动添加的其他标签（如<P>和<FONT>）。当跟踪text属性的值时，将显示不带HTML标签的无格式字符串。

为了进行比较，对另一个名为tf2的TextField对象执行了同样的步骤，并在设置tf2的htmlText属性之前将StyleSheet对象赋给它的styleSheet属性。在这种情况下，当跟踪htmlText属性时，它只包括最初赋给htmlText属性的HTML文本，说明Flash Player没有添加其他标签。

两段代码在Flash Player中得到同样的语句效果，如图12.24所示。输出面板如图12.25所示。

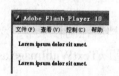

图12.24 输出语句

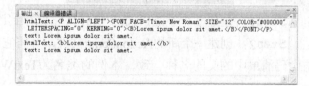

图12.25 输出面板

代码如下：

```
package {
    import flash.display.Sprite;
    import flash.text.StyleSheet;
    import flash.text.TextField;

    public class TextField_text extends Sprite {
        public function TextField_text( ) {
            var tf1:TextField = createTextField(10, 10, 400, 22);
            tf1.htmlText = "<b>Lorem ipsum dolor sit amet.</b>";

            //htmlText: <P ALIGN="LEFT"><FONT FACE="Times New Roman" SIZE="12"
COLOR="#000000" LETTERSPACING="0" KERNING="0"><b>Lorem ipsum dolor sit amet.</b></FONT></P>
            trace("htmlText: " + tf1.htmlText);
            //text: Lorem ipsum dolor sit amet.
            trace("text: " + tf1.text);

            var tf2:TextField = createTextField(10, 50, 400, 22);
```

```
                              tf2.styleSheet = new StyleSheet( );
                              tf2.htmlText = "<b>Lorem ipsum dolor sit amet.</b>";
                              //htmlText: <b>Lorem ipsum dolor sit amet.</b>
                              trace("htmlText: " + tf2.htmlText);
                              //text: Lorem ipsum dolor sit amet.
                              trace("text: " + tf2.text);
            }
            private function createTextField(x:Number, y:Number, width:Number, height:Number):TextField {
                        var result:TextField = new TextField( );
                        result.x = x;
                        result.y = y;
                        result.width = width;
                        result.height = height;
                        addChild(result);
                        return result;
            }
      }
}
```

完成后的源程序可参见配套资料Sample\Chapter12\12_04.fla文件和TextField_text .as文件。

将内容显示为**HTML**文本的另一个好处是可以在文本字段中包括图像。可以使用**img**标签引用一个本地或远程图像，并使其显示在关联的文本字段内。

以下实例将创建一个名为**myTextBox**的文本字段，并在显示的文本中包括一个内容为眼睛的**JPG**图像，该图像与**SWF**文件存储在同一目录下。

实例12.2　在文本字段中包含图像

Step1：创建一个空的**Flash**文档并将它保存到计算机上。

Step2：创建一个新的**ActionScript**文件，并将它保存到**Flash**文档所在的目录中。文件名应与代码清单中的类的名称一致。本例的类名为**TextWithImage**，因此以**TextWithImage.as**文件名保存文件。

Step3：在脚本窗口中输入如下代码：

```
package
{
      import flash.display.Sprite;
      import flash.text.*;
      public class TextWithImage extends Sprite
      {
            private var myTextBox:TextField = new TextField( );
            private var myText:String = "<p>This is <b>some</b> content to <i>test</i> and <i>see</i></
p><p><img src='girl.jpg' width='288' height='200'></p><p>what can be rendered.</p><p>You should see an eye image
and some <u>HTML</u> text.</p>";
                        public function TextWithImage( )
            {
                  myTextBox.width = 400;
                  myTextBox.height = 300;
                  myTextBox.multiline = true;
```

```
            myTextBox.wordWrap = true;
            myTextBox.border = true;

            addChild(myTextBox);
            myTextBox.htmlText = myText;
        }
    }
}
```

Step4：回到Flash文档，选择【窗口】|【动作】，打开动作面板，在动作脚本中输入如下代码：

```
import TextWithImage;
var c:TextWithImage = new TextWithImage( );
addChild(c);
```

Step5：按快捷键**Ctrl+Enter**测试影片，得到如图12.26所示的效果。完成后的源程序可参见配套资料Sample\Chapter12\12_05.fla文件和TextWithImage.as文件。

12.3.4　选择和操作文本

可以选择动态文本或输入文本。由于**TextField**类的文本选择属性和方法使用索引位置来设置要操作的文本的范围，因此可以在不知道内容的情况下，以编程方式选择动态文本或输入文本。

1. 选择文本

默认情况下，flash.text.TextField.selectable属性为**true**，可以使用**setSelection( )**方法以编程方式选择文本。

例如，以下这段代码可以将某个文本字段中的特定文本设置成用户单击该文本字段时处于选定状态，如图12.27所示。单击文本中任意一处，都会将文本字符串中第49到第65个字符处于选中状态。完成后的源程序可参见配套资料Sample\Chapter12\12_06.fla文件和TextWithImage.as文件。

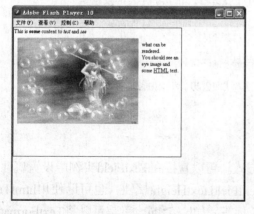

图12.26　效果图

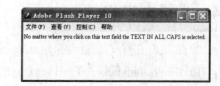

图12.27　单击文字选中指定文本

```
var myTextField:TextField = new TextField( );
myTextField.text = "No matter where you click on this text field the TEXT IN ALL CAPS is selected.";
myTextField.autoSize = TextFieldAutoSize.LEFT;
addChild(myTextField);
```

```
addEventListener(MouseEvent.CLICK, selectText);
function selectText(event:MouseEvent):void
{
    myTextField.setSelection(49, 65);
}
```

如果想让文本字段中的文本一开始显示时就处于选定状态，可以创建一个在向显示列表中添加该文本字段时调用的事件处理函数。

2. 捕获用户选择的文本

TextField类的selectionBeginIndex和selectionEndIndex属性可用于捕获用户当前选择的内容，这两个属性为只读属性，因此不能设置为以编程方式选择文本。此外，输入文本字段也可以使用caretIndex属性。

例如，以下代码将跟踪用户所选文本的索引值：

```
var myTextField:TextField = new TextField( );
myTextField.text = "Please select the TEXT IN ALL CAPS to see the index values for the first and last
letters.";
myTextField.autoSize = TextFieldAutoSize.LEFT;
addChild(myTextField);
addEventListener(MouseEvent.MOUSE_UP, selectText);
function selectText(event:MouseEvent):void
{
    trace("First letter index position: " + myTextField.selectionBeginIndex);
    trace("Last letter index position: " + myTextField.selectionEndIndex);
}
```

单击文本字段的任意一处，如图12.28所示，在输出面板中将显示光标所指的字符索引值，如图12.29所示。完成后的源程序可参见配套资料Sample\Chapter12\12_07.fla文件和TextWith-Image.as文件。

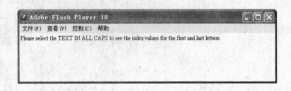

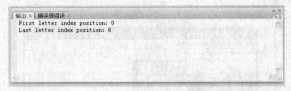

图12.28　选中文本　　　　　　　　　　图12.29　显示所选字母的首尾索引位置

12.4　设置文本格式

以编程方式设置文本显示的格式设置有多种方式。可以直接在TextField实例中设置属性，例如，TextFIeld.thickness、TextField.textColor和TextField.textHeight属性。也可以使用htmlText属性指定文本字段的内容，并使用受支持的HTML标签，如b、i和u。还是可以将TextFormat对象应用于包含纯文本的文本字段，或将StyleSheet对象应用于包含htmlText属性的文本字段。使用TextFormat和StyleSheet对象可以对整个应用程序的文本外观提供最有力的控制和最佳的一致性。可以定义TextFormat或StyleSheet对象并将其应用于应用程序中的部分或所有文本字段。

12.4.1 指定文本格式

以下代码对整个TextField对象应用一个TextFormat对象，将文字颜色设置为红色，字号大小为30，然后将TextFormat对象字体设置为Courier，对指定位置即第6个字符应用另一个TextFormat对象。

```
var tf:TextField = new TextField( );
tf.text = "Hello Hello";
tf.autoSize = TextFieldAutoSize.LEFT;

var format1:TextFormat = new TextFormat( );
format1.color = 0xFF0000;
format1.size =30;

var format2:TextFormat = new TextFormat( );
format2.font = "Courier";

tf.setTextFormat(format1);
var startRange:uint = 6;
tf.setTextFormat(format2, startRange);

addChild(tf);
```

得到的效果图如图12.30所示，完成的源程序可参见配套资料Sample\Chapter12\12_08.fla文件。

12.4.2 应用层叠样式表

文本字段可以包含纯文本或HTML格式的文本。纯文本存储在实例的text属性中，而HTML文本存储在htmlText属性中。

还可以使用CSS样式声明来定义可应用于多种不同文本字段的文本样式。CSS样式声明可以在应用程序代码中进行创建，也可以在运行时从外部CSS文件中加载。

flash.text.StyleSheet类用于处理CSS样式。StyleSheet类可识别有限的CSS属性集合。下面的代码可以创建CSS，并使用StyleSheet对象对HTML文本应用这些样式。

```
var style:StyleSheet = new StyleSheet( );

var styleObj:Object = new Object( );
styleObj.fontSize = "bold";
styleObj.color = "#FF0000";
style.setStyle(".darkRed", styleObj);

var tf:TextField = new TextField( );
tf.styleSheet = style;
tf.htmlText = "<span class = 'darkRed'>Red</span> apple";

addChild(tf);
```

上面这段代码得到的效果图如图12.31所示。完成后的源程序可参见配套资料Sample\Chapter12\12_09.fla文件。

图12.30 对文字应用指定格式

图12.31 文字效果图

实例12.3 **打字机效果**

本例将制作打字机动画效果，学习使用ActionScript 3.0创建动态文本，设置文本属性等，效果图如图12.32所示。

Step1：新建一个Flash文档，选择【修改】|【文档】命令打开【文档属性】对话框，将文档大小修改为550像素×250像素，【背景颜色】为黑色，【帧频】为20fps，如图12.33所示。

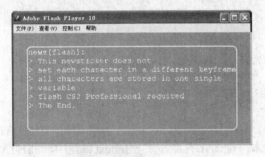

图12.32 打字机效果图

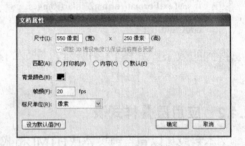

图12.33 设置文档属性

Step2：选中工具箱中的矩形工具，笔触颜色选为深绿色（#009900），类型为实线，粗细为2，无填充颜色，接合处为圆角，参数设置如图12.34所示。在屏幕上绘制一个圆角无填充矩形框，如图12.35所示。

图12.34 设置矩形参数

图12.35 绘制一个圆角无填充矩形框

Step3：选中刚绘制的矩形框，右击鼠标，从弹出的快捷菜单中选择【转换为元件】命令，将其转换为影片剪辑，名称为border，如图12.36所示。

Step4：回到场景1的编辑界面，在属性检查器中输入实例名称border，如图12.37所示。

图12.36　将矩形框转换为影片剪辑border

图12.37　命名影片剪辑实例

Step5：选择【窗口】|【动作】打开动作面板，选中时间轴第1帧，在脚本窗口中输入如下动作脚本：

```
import flash.display.Sprite;
 import flash.text.*;

 var message1:String = "news[flash]:%This newsticker does not %set each character in a different
keyframe%all characters are stored in one single %variable%flash CS4 Professional required%The End.$";

 var myTextBox:TextField = new TextField( );
 myTextBox.autoSize = TextFieldAutoSize.LEFT;
 //设置文本格式
 var format:TextFormat = new TextFormat( );
 format.color = 0XA5DD82;
 format.font = "_typewriter";
 format.size =18;
 myTextBox.defaultTextFormat = format;
 //文本的初始值为空字符串
  var myText:String = "";

 var counted1:int = -1;
  var done:Boolean = false;
  //向影片剪辑border添加显示文字
  myTextBox.text = myText;
  border.addChild(myTextBox);
```

Step6：在第4帧处按F6键插入一个关键帧，在该帧输入如下动作脚本：

```
counted1 = counted1+1;
var temp_stuff:String = message1.substr(counted1, 1);
```

Step7：在第8帧处按F6键插入一个关键帧，在该帧键入如下动作脚本：

```
if ((temp_stuff != "$"&&done ==false)) {
   if (temp_stuff == "%") {
         temp_stuff = "\n" + "> ";
   }
   //使用appendText追加字符
   myTextBox.appendText ( temp_stuff);
    gotoAndPlay(4);
}
else{
   trace("$ detected!!");
   done = true;
   stop( );
}
```

Step8：按快捷键Ctrl+Enter测试影片，可得到如图12.32的打字效果。完成后的源程序参见配套资料Sample\Chapter12\12_10.fla文件。

12.4.3 加载外部CSS文件

用于设置格式的CSS方法的功能更加强大，可以在运行时从外部文件加载CSS信息。当CSS数据位于应用程序本身以外时，可以更改应用程序中的文本的可视样式，而不必更改ActionScript 3.0源代码。部署完应用程序后，可以通过更改外部CSS文件来更改应用程序的外观，而不必重新部署应用程序的SWF文件。

StyleSheet.parseCSS()方法可将包含CSS数据的字符串转换为StyleSheet对象中的样式声明。以下示例显示如何读取外部CSS文件并对TextField对象应用其样式声明。

首先要加载的CSS文件（名为example.css）。

```
p {
    font-family: Times New Roman, Times, _serif;
    font-size: 14;
}

h1 {
    font-family: Arial, Helvetica, _sans;
    font-size: 20;
    font-weight: bold;
}

.bluetext {
    color: #0000CC;
}
```

接下来是加载该example.css文件并对TextField内容应用样式的类的ActionScript代码。

```
package
{
    import flash.display.Sprite;
    import flash.events.Event;
    import flash.net.URLLoader;
    import flash.net.URLRequest;
    import flash.text.StyleSheet;
    import flash.text.TextField;
    import flash.text.TextFieldAutoSize;

    public class CSSFormattingExample extends Sprite
    {
        var loader:URLLoader;
        var field:TextField;
        var exampleText:String = "<h1>This is a headline</h1>" +
            "<p>This is a line of text. <span class='bluetext'>" +
            "This line of text is colored blue.</span></p>";
            public function CSSFormattingExample( ):void
        {
            field = new TextField( );
            field.width = 300;
            field.autoSize = TextFieldAutoSize.LEFT;
```

```
                field.wordWrap = true;
                addChild(field);

                var req:URLRequest = new URLRequest("example.css");

                loader = new URLLoader( );
                loader.addEventListener(Event.COMPLETE, onCSSFileLoaded);
                loader.load(req);
            }
            public function onCSSFileLoaded(event:Event):void
            {
                var sheet:StyleSheet = new StyleSheet( );
                sheet.parseCSS(loader.data);
                field.styleSheet = sheet;
                field.htmlText = exampleText;
            }
        }
    }
```

图12.38　效果图

　　加载CSS数据后，会执行onCSSFileLoaded( )方法并调用StyleSheet.parseCSS( )方法，将样式声明传送到StyleSheet对象，得到的效果图如图12.38所示。完成后的源程序可参见配套资料Sample\Chapter12\12_11.fla文件、example.css文件以及CSSFormattingExample.as文件。

12.4.4　设置文本字段内文本范围的格式

　　flash.text.TextField类中一个非常有用的方法是setTextFormat( )方法。该方法使用setText-Format( )可以将特定属性分配给文本字段的部分内容以响应用户输入，例如，需要提醒用户必须输入特定条目的表单，或在用户选择部分文本时提醒用户更改文本字段内文本段落小节的重点的表单。

　　以下示例对某一范围的字符使用TextField.setTextFormat( )，以便在用户单击文本字段时更改myTextField的部分内容的外观，效果图如图12.39所示。完成后的源程序参见配套资料Sample\Chapter12\12_12.fla文件。

```
        var myTextField:TextField = new TextField( );
        myTextField.text = "No matter where you click on this text field the TEXT IN ALL CAPS changes
format.";
        myTextField.autoSize = TextFieldAutoSize.LEFT;
        addChild(myTextField);
        addEventListener(MouseEvent.CLICK, changeText);

        var myformat:TextFormat = new TextFormat( );
        myformat.color = 0xFF0000;
        myformat.size = 18;
        myformat.underline = true;

        function changeText(event:MouseEvent):void
        {
            myTextField.setTextFormat(myformat, 49, 65);
        }
```

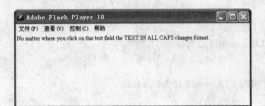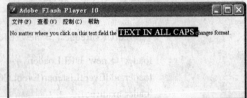

图12.39 效果图

第13章 滤镜和混合

Flash特殊效果包括滤镜和混合模式。使用滤镜可以为文本、按钮和影片剪辑添加视觉效果，使用混合模式可以创建复合图像。

13.1 创建和应用滤镜

Flash中的滤镜是可以应用到文本、按钮和影片剪辑的图形效果。ActionScript 3.0包括7个可用于显示对象和BitmapData对象的滤镜类。

- 斜角滤镜（BevelFilter类）。
- 模糊滤镜（BlurFilter类）。
- 投影滤镜（DropShadowFilter类）。
- 发光滤镜（GlowFilter类）。
- 渐变斜角滤镜（GradientBevelFilter类）。
- 渐变发光滤镜（GradientGlowFilter类）。
- 调整颜色（类）。

对象每添加一个新的滤镜，在属性检查器中，就会将其添加到该对象所应用的滤镜的列表中。可以对一个对象应用多个滤镜，也可以删除以前应用的滤镜。只能对文本、按钮和影片剪辑对象应用滤镜。如图13.1所示。

图13.1　滤镜部分

1. 应用或删除滤镜

应用或删除滤镜的步骤如下。

Step1：选择文本、按钮或影片剪辑对象，以应用或删除滤镜。

Step2：在属性检查器的"滤镜"部分执行下列操作之一。

- 若要添加滤镜，请单击下方的【添加滤镜】按钮，然后选择一个滤镜。试验不同的设置，直到获得所需效果。

- 若要删除滤镜，请从已应用滤镜的列表中选择要删除的滤镜，然后单击【删除滤镜】按钮。可以删除或重命名任何预设。

2. 复制和粘贴滤镜

Step1：选择要从中复制滤镜的对象，然后选择【滤镜】面板。

Step2：选择要复制的滤镜，并单击【剪贴板】按钮，然后从弹出菜单中选择【复制所选】命令。若要复制所有滤镜，请选择【复制全部】命令。

Step3：选择要应用滤镜的对象，并单击"剪贴板"按钮，然后从弹出菜单中选择【粘贴】

命令。

3. 为对象应用滤镜预设

Step1：选择要应用滤镜预设的对象，然后选择【滤镜】选项卡。

Step2：单击【添加滤镜】按钮，然后选择【预设】。

Step3：从预设菜单底部的可用预设列表中，选择要应用的滤镜预设。

> **注意**　将滤镜预设应用于对象时，Flash会将当前应用于所选对象的所有滤镜替换为该预设中使用的滤镜。

4. 启用或禁用应用于对象的滤镜

在【滤镜】列表中，单击相应滤镜名称旁的启用或禁用图标。

13.1.1 应用投影

投影滤镜可模拟对象向一个表面投影的效果，或者在背景中剪出一个形似对象的洞来模拟对象的外观。

应用投影的步骤如下。

Step1：选择要应用投影的影片剪辑或文本对象。

Step2：在属性检查器的【滤镜】部分单击【添加滤镜】按钮，然后选择【投影】。

Step3：编辑滤镜的设置。

- 若要设置投影的宽度和高度，可以设置【模糊 X】和【模糊 Y】值。
- 若要设置阴影暗度，可以设置【强度】值。数值越大，阴影就越暗。
- 选择投影的质量级别。设置为【高】则近似于高斯模糊。设置为【低】可以实现最佳的回放性能。
- 若要设置阴影的角度，直接输入一个值。
- 若要设置阴影与对象之间的距离，可以设置【距离】值。
- 选择【挖空】可挖空（即从视觉上隐藏）源对象，并在挖空图像上只显示投影。
- 若要在对象边界内应用阴影，可以选择【内侧阴影】。
- 若要隐藏对象并只显示其阴影，可以选择【隐藏对象】。使用【隐藏对象】可以更轻松地创建逼真的阴影。
- 若要打开颜色选择器并设置阴影颜色，单击【颜色】控件进行设置。

如图13.2所示为应用投影滤镜的文本。

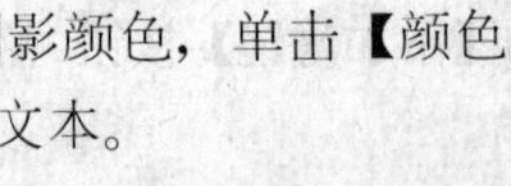

Text...

图13.2　应用投影滤镜的文本

13.1.2 设置倾斜投影

使用【投影】滤镜的【隐藏对象】选项，可以通过倾斜对象的阴影来创建更逼真的外观。要达到此效果，需要创建影片剪辑、按钮或文本对象的副本，然后对副本应用投影，再使用任意变形工具倾斜对象副本的阴影。

设置倾斜投影的步骤如下。

Step1：选择要倾斜阴影的影片剪辑或文本对象，如图13.3所示。

Step2：直接复制（选择【编辑】|【直接复制】命令）源影片剪辑或文本对象。

Step3：选择对象副本，然后使用任意变形工具或（【修改】|【变形】|【旋转与倾斜】命令）使其倾斜，如图13.4所示。也可以通过变形面板查看变形参数，如图13.5所示。

图13.3 创建影片剪辑　　　图13.4 倾斜对象副本　　　图13.5 变形面板参数

Step4：对影片剪辑或文本对象的副本应用【投影】滤镜，然后选中【隐藏对象】复选框，如图13.6所示。对象副本随即在视图中隐藏，只剩下倾斜的阴影。

Step5：调整【投影】滤镜设置和倾斜投影的角度，直到获得想要的外观为止，如图13.7所示。完成后的源程序参见配套资料Sample\Chapter13\13_01.fla文件。

13.1.3　应用模糊滤镜

模糊滤镜可以柔化对象的边缘和细节。将模糊应用于对象，可以让它看起来好像位于其他对象的后面，或者使对象看起来好像是运动的。

为对象设置模糊效果的步骤如下。

Step1：选择要应用模糊的影片剪辑或文本对象。

Step2：在属性检查器中，选择【滤镜】类别。

Step3：单击【添加滤镜】按钮，然后选择【模糊】。

Step4：在【滤镜】选项卡上设置模糊参数，如图13.8所示。

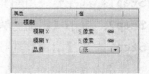

图13.6 选中【隐藏对象】　　　图13.7 设置倾斜投影　　　图13.8 设置【模糊】参数

· 拖动【模糊 X】和【模糊 Y】滑块，设置模糊的宽度和高度。

· 选择模糊的质量级别。把质量级别设置为【高】就近似于高斯模糊。建议把质量级别设置为【低】，以实现最佳的回放性能。

如图13.9和图13.10所示分别为设置了模糊滤镜的文字效果和图片效果。

13.1.4 应用发光

使用发光滤镜，可以为对象的整个边缘应用颜色。

为对象应用发光的步骤如下：

Step1：选择要应用发光的影片剪辑或文本对象。

Step2：在属性检查器中，选择【滤镜】选项卡。

Step3：在【滤镜】选项卡上设置发光参数，如图13.11所示。

- 若要设置发光的宽度和高度，设置【模糊 X】和【模糊 Y】值。
- 若要打开颜色选择器并设置发光颜色，单击【颜色】控件。
- 若要设置发光的清晰度，设置【强度】值。
- 若要挖空（即从视觉上隐藏）源对象并在挖空图像上只显示发光，选择【挖空】。

图13.9　文字的模糊效果　　　　图13.10　图片的模糊效果　　　　图13.11　设置【发光】参数

如图13.12所示为设置了发光滤镜的文字效果。

Text...　　　　Text...　　　　Text...

　(a) 发光效果　　　　　　(b) 挖空效果　　　　　　(c) 内侧发光效果

图13.12　文字的发光效果

13.1.5 应用斜角

应用斜角就是向对象应用加亮效果，使其看起来凸出于背景表面。可以创建内斜角、外斜角或者完全斜角。

为对象应用斜角滤镜的步骤如下。

Step1：选择要应用斜角的对象，然后选择【滤镜】。

Step2：单击【添加滤镜】按钮，然后选择【斜角】。

Step3：在【滤镜】选项卡上设置斜角参数，如图13.13所示。

- 若要设置斜角的类型，从【类型】菜单中选择一个斜角。
- 若要设置斜角的宽度和高度，设置【模糊 X】和【模糊 Y】值。
- 从弹出的调色板中，选择斜角的阴影和加亮颜色。
- 若要设置斜角的不透明度值而不影响其宽度，设置【强度】值。
- 若要更改斜边投下的阴影角度，设置【角度】值。
- 若要定义斜角的宽度，在【距离】中输入一个值。

· 若要挖空（即从视觉上隐藏）源对象并在挖空图像上只显示斜角，选择"挖空"。

如图13.14所示为设置了斜角的文字效果。

图13.13 设置【斜角】参数

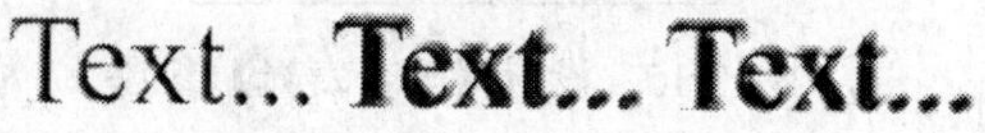

Text... **Text... Text...**

（a）内侧 （b）外侧 （c）整个

图13.14 文字的斜角效果

13.1.6 应用渐变发光

应用渐变发光，可以在发光表面产生带渐变颜色的发光效果。渐变发光要求选择一种颜色作为渐变开始的颜色，该颜色的**Alpha**值为0。不能移动此颜色的位置，但可以改变该颜色。

为对象应用渐变发光滤镜的步骤如下。

Step1：选择要应用渐变发光的对象。

Step2：在属性检查器的【滤镜】部分中，单击【添加滤镜】按钮，然后选择【渐变发光】。

Step3：在【滤镜】选项卡上设置渐变发光参数，如图13.15所示。

· 从【类型】下拉列表中，选择要为对象应用的发光类型。

· 若要设置发光的宽度和高度，设置【模糊 X】和【模糊 Y】值。

· 若要设置发光的不透明度值而不影响其宽度，设置【强度】值。

· 若要更改发光投下的阴影角度，设置【角度】值。

· 若要设置阴影与对象之间的距离，设置【距离】值。

· 若要挖空（即从视觉上隐藏）源对象并在挖空图像上只显示渐变发光，选择【挖空】。

· 指定发光的渐变颜色。渐变包含两种或多种可相互淡入或混合的颜色。选择的渐变开始颜色称为**Alpha**颜色。

若要更改渐变中的颜色，请从渐变定义栏下面选择一个颜色指针，然后单击渐变栏下方紧邻着它显示的颜色空间以显示【颜色选择器】。滑动这些指针，可以调整该颜色在渐变中的级别和位置。

要向渐变中添加指针，单击渐变定义栏或渐变定义栏的下方。若要创建多达15种颜色转变的渐变，添加全部15个颜色指针。若要重新设置渐变上的指针，则沿着渐变定义栏拖动指针。若要删除指针，则将指针向下拖离渐变定义栏。

选择渐变发光的质量级别。设置为【高】则近似于高斯模糊。设置为【低】可以实现最佳的回放性能。

图13.16所示为设置了渐变发光的文字效果。

Text... Text... Text...

　　(a) 内侧　　　　(b) 外侧　　　　(c) 整个

图13.15　设置【渐变发光】参数　　　　　　图13.16　文字的渐变发光效果

13.1.7　应用渐变斜角

　　应用渐变斜角可以产生一种凸起效果，使得对象看起来好像从背景上凸起，且斜角表面有渐变颜色。渐变斜角要求渐变的中间有一个颜色，颜色的Alpha值为0。不能移动此颜色的位置，但可以改变该颜色。

　　为对象应用渐变斜角的步骤如下。

　　Step1：选择要应用渐变斜角的对象。

　　Step2：在属性检查器的【滤镜】部分中，单击【添加滤镜】按钮，然后选择【渐变斜角】。

　　Step3：在【滤镜】选项卡上设置渐变斜角参数，如图13.17所示。

　　·从【类型】下拉列表中，选择要为对象应用的斜角类型。

　　·若要设置斜角的宽度和高度，设置【模糊 X】和【模糊 Y】值。

　　·若要影响斜角的平滑度而不影响其宽度，为【强度】输入一个值。

　　·若要设置光源的角度，为【角度】输入一个值。

　　·若要挖空（即从视觉上隐藏）源对象并在挖空图像上只显示渐变斜角，选择【挖空】。

　　·指定斜角的渐变颜色。渐变包含两种或多种可相互淡入或混合的颜色。中间的指针控制渐变的Alpha颜色。可以更改Alpha指针的颜色，但是无法更改该颜色在渐变中的位置。

　　·若要更改渐变中的颜色，从渐变定义栏下面选择一个颜色指针，然后单击渐变栏下方紧邻着它显示的颜色空间以显示【颜色选择器】。若要调整该颜色在渐变中的级别和位置，请滑动这些指针。

　　·要向渐变中添加指针，单击渐变定义栏或渐变定义栏的下方。若要创建有多达15种颜色转变的渐变，添加全部15个颜色指针。若要重新设置渐变上的指针，则沿着渐变定义栏拖动指针。若要删除指针，则将指针向下拖离渐变定义栏。

　　图13.18所示为设置了渐变斜角的文字效果。

13.1.8　应用调整颜色滤镜

　　使用【调整颜色】滤镜，可以调整所选影片剪辑、按钮或者文本对象的亮度、对比度、色相和饱和度。

　　应用调整颜色滤镜的操作如下。

　　Step1：选择要调整其颜色的对象。

图13.17 设置【渐变斜角】参数　　　　　　图13.18 文字的渐变斜角效果

Step2：在属性检查器的【滤镜】部分中，单击【添加滤镜】按钮，然后选择【调整颜色】。

Step3：为颜色属性输入值，如图13.19所示。

- 对比度：调整图像的加亮、阴影及中调。
- 亮度：调整图像的亮度。
- 饱和度：调整颜色的强度。
- 色相：调整颜色的深浅。

Step4：若要将所有的颜色调整重置为0并使对象恢复原来的状态，请单击【重置滤镜】。

图13.19 设置【调整颜色】参数

如图13.20所示为不同参数设置的对象颜色变化效果。

（a）原始图片　　　　　　　　　　　　　　（b）改变【亮度】参数

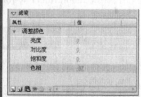

（c）改变【饱和度】参数　　　　　　　　　（d）改变【色相】参数

图13.20 不同参数设置的图片颜色调整效果

13.2 通过ActionScript使用滤镜

第13.1节已经介绍过，滤镜是可以对Flash播放器在运行时呈现的对象应用的视觉效果，包括投影、模糊、发光、斜角、渐变发光、渐变斜角以及颜色调整等。可以使用界面上属性检查器中的【滤镜】选项卡设置滤镜，还可以通过ActionScript应用滤镜。本节将介绍通过

ActionScript应用滤镜的方法。

由于每个滤镜定义为一个类，因此应用滤镜涉及创建滤镜对象的实例与构造任何其他对象并没有区别。创建了滤镜对象的实例后，通过使用该对象的**filters**属性可以很容易地将此实例应用于显示对象。如果是**BitmapData**对象，可以使用**applyFilter( )**方法。

要创建滤镜对象，只需要调用所选的滤镜类的构造函数方法即可。例如，若要创建新的**DropShadowFilter**对象，直接使用以下代码：

```
import  flash.filters.DropShadowFilter;
    var myFilter:DropShadowFilter = new DropShadowFilter( );
```

虽然此处没有显示参数，但**DropShadowFilter( )**构造函数（与所有滤镜类的构造函数一样）接受多个可用于自定义滤镜效果外观的可选参数。

13.2.1 使用模糊滤镜

BlurFilter类可使显示对象及其内容具有涂抹或模糊的效果。模糊效果可以用于产生对象不在焦点之内的视觉效果，也可以用于模拟快速运动，比如运动模糊。通过将模糊滤镜的**quality**属性设置为低，可以模拟轻轻离开焦点的镜头效果。将**quality**属性设置为高会产生类似高斯模糊的平滑模糊效果。

下面一段代码就可以对兔子影片剪辑**rabbit**应用模糊宽度和高度为10的模糊效果，应用模糊滤镜的前后效果对比如图13.21所示。完成后的源程序可参见配套资料Sample\Chapter13\13_02.fla文件。

```
import  flash.display.Sprite;
import  flash.filters.BitmapFilterQuality;
import  flash.filters.BlurFilter;
//对兔子应用模糊滤镜。
var blur:BlurFilter = new BlurFilter( );
blur.blurX = 10;
blur.blurY = 10;
blur.quality = BitmapFilterQuality.MEDIUM;
rabbit.filters = [blur];
```

图13.21　模糊效果对比

实例13.1　**创建随鼠标位置变化的模糊效果**

本例将根据鼠标在舞台上的当前位置来使图像变得模糊。指针离舞台中央越远，图像就越模糊，效果图如图13.22所示。

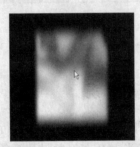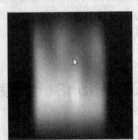

图13.22　随鼠标位置变化的模糊效果

Step1：新建一个Flash文档，将文件的【背景颜色】设置为黑色。

Step2：选择【插入】|【新建元件】命令，创建一个影片剪辑元件pic，然后在该元件的编辑窗口下选择【文件】|【导入】|【导入到舞台】命名，将位于配套资料Sample\\Chapter13下的图片redlip.jpg导入到舞台，如图13.23所示。

Step3：单击时间轴上方的场景1图标，回到主场景。将影片剪辑pic从库中拖放到舞台中央，选择【修改】|【文档】命名，在打开的【文档属性】对话框中调整文档尺寸为300像素×300像素，如图13.24所示。

图13.23 导入图片到舞台

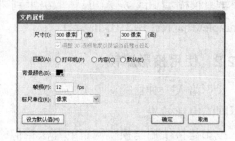

图13.24 调整文档大小

Step4：选择【窗口】|【对齐】命令打开对齐面板，将图像调整到舞台中心，如图13.25所示。

Step5：选中该影片剪辑实例，在属性检查器中将其命名为pic_mc，如图13.26所示。

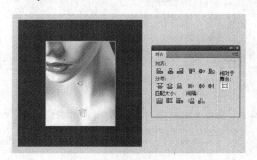

图13.25 对齐对象到舞台中心

图13.26 命名影片剪辑实例

Step6：选择【窗口】|【动作】命令打开动作面板，在动作脚本窗口中输入如下动作脚本指令：

```
import flash.display.Stage;
import flash.filters.BlurFilter;

var filter:BlurFilter = new BlurFilter(0,0,3);

filter.blurX = 10;
filter.blurY = 10;
filter.quality = BitmapFilterQuality.MEDIUM;
pic_mc.filters = [filter];
//添加侦听器事件
stage.addEventListener( MouseEvent.MOUSE_OVER,mouseover );
//鼠标滑过，改变水平和垂直模糊量
function mouseover(event:MouseEvent):void {
    filter.blurX =Math.abs(event.stageX - (stage.stageWidth / 2)) / stage.stageWidth * 2 * 255;
```

```
filter.blurY =Math.abs(event.localY- (stage.stageHeight / 2)) / stage.stageHeight * 2 * 255;
pic_mc.filters = [filter];
```

上面这段代码定义一个在鼠标移动时就会调用的侦听器。根据鼠标在舞台上的当前位置，可以计算水平和垂直的模糊量。将指针移动得距离舞台中央越远，应用于实例的模糊效果就越强。

Step7：选择【控制】|【测试影片】对该Flash文档进行测试。沿*X*轴移动鼠标指针，以修改水平的模糊量。当指针移动得距离舞台中央越远，该实例就变得越模糊。沿*Y*轴移动指针，将使垂直模糊增加或减少，具体取决于到舞台的垂直中心的距离。完成后的源程序参见配套资料Sample\Chapter13\13_03.fla文件。

13.2.2 使用投影滤镜

投影给人一种目标对象上方有独立光源的印象。可以修改此光源的位置和强度，以产生各种不同的投影效果。

投影滤镜使用与模糊滤镜的算法相似的算法。主要区别是投影滤镜有更多的属性，可以修改这些属性来模拟不同的光源属性（如Alpha、颜色、偏移和亮度）。投影滤镜还允许对投影的样式应用自定义变形选项，包括内侧或外侧阴影和挖空（也称为剪切块）模式。

下面一段代码就可以对兔子影片剪辑rabbit应用投影效果，应用投影滤镜的前后效果对比如图13.27所示。完成后的源程序可参见配套资料Sample\Chapter13\13_04.fla文件。

```
import flash.filters.DropShadowFilter;

//对兔子应用投影滤镜
var shadow:DropShadowFilter = new DropShadowFilter( );
shadow.distance = 10;
shadow.angle = 25;

//也可以设置其他属性，如投影颜色、Alpha、模糊量、强度
//侧阴影和挖空效果选项
rabbit.filters = [shadow];
```

图13.27　投影效果对比

上面代码中还可以对其他投影属性进行设置，并将其应用到rabbit影片剪辑实例。投影参数如下。

· distance：表示阴影的偏移距离，以像素为单位。默认值为4（浮点）。

· angle：表示阴影的角度，0到360°（浮点）。默认值是45°。

· color：表示阴影颜色，采用十六进制数格式0xRRGGBB。默认值为0x000000。

· alpha：表示阴影颜色的Alpha不透明度值，有效值为0到1。例如，.25设置透明度值为25%。默认值是1。

· blurX：表示水平模糊量，有效值为0到255（浮点）。默认值为4。作为2的乘方的值（如2、4、8、16和32）经过了优化，呈现速度比其他值更快。

· blurY：表示垂直模糊量，有效值为0到255（浮点）。默认值为4。作为2的乘方的值（如2、4、8、16和32）经过了优化，呈现速度比其他值更快。

· strength：表示印记或散布的强度。该值越高，印记的颜色越深，而且阴影与背景之间的对比度也越强。有效值为0到255。默认值为1。

· quality：表示应用滤镜的次数。有效值为0到15。默认值为1，表示低品质。值为2表示中等品质，值为3表示高品质。

· inner：表示阴影是否为内侧阴影。值true指定内侧阴影。默认为false，即外侧阴影，表示对象外缘周围的阴影。

· knockout：表示应用挖空效果（true），有效地使对象的填色变为透明，并显示文档的背景颜色。默认值为false（不应用挖空效果）。

· hideObject：表示是否隐藏对象。如果值为true，表示没有绘制对象本身，只有阴影是可见的。默认值为false（显示对象）。

实例13.2 创建随鼠标位置变化的投影效果

本例将对图像实例应用随鼠标位置变化而改变的投影效果。指针距离图像越远，则投影范围越大，效果图如图13.28所示。

图13.28 随鼠标位置变化的投影

Step1：打开配套资料Sample\Chapter13\13_03.fla文件，将该文件另存为13_05.fla文件。

Step2：修改文档的【背景颜色】为白色。

Step3：选择【窗口】|【动作】命令，打开动作面板，删除原来的选中图层1的第1帧，打开动作面板，输入如下代码：

```
import flash.display.Stage;
import flash.filters.DropShadowFilter;

var dropShadow:DropShadowFilter = new DropShadowFilter(4, 45, 0x000000, 0.8, 10, 10, 2, 2);

function mouseover(event:MouseEvent):void {
    var p1:Number = pic_mc.y - event.stageY;
    var p2:Number = pic_mc.x - event.stageX;
    var degrees:Number = Math.atan2(p1, p2) / (Math.PI / 180);
    dropShadow.distance = Math.sqrt(Math.pow(p1, 2) + Math.pow(p2, 2)) * 0.5;
    dropShadow.blurX = dropShadow.distance;
    dropShadow.blurY = dropShadow.blurX;
    dropShadow.angle = degrees - 180;
    pic_mc.filters = [dropShadow];
};
stage.addEventListener( MouseEvent.MOUSE_OVER,mouseover );
```

此段代码定义了一个鼠标侦听器，当用户沿舞台移动鼠标指针时，将随即调用该侦听器。

无论何时移动鼠标，事件处理函数都将重新计算鼠标指针与图像左上角之间的距离和角度。根据此计算，投影滤镜将重新应用于影片剪辑。

Step4：选择【控制】|【测试影片】对该Flash文档进行测试。运行SWF文件时，投影将跟随鼠标指针。鼠标指针距离舞台中图像的左上角越近，应用于图像的模糊效果越少。鼠标指针距离图像的左上角越远，投影效果便越明显。完成后的源程序参见配套资料Sample\Chapter13\13_05.fla文件。

13.2.3　使用发光滤镜

使用GlowFilter类，可以在Flash中给各种对象添加发光效果。发光算法基于模糊滤镜使用的同一个框型滤镜，有多种方式可用于设置发光样式，包括内缘发光或外缘发光以及挖空模式。在投影的distance属性和angle属性设置为0时，发光滤镜与投影滤镜极为相似。

下面的代码将演示使用Sprite类创建一个交叉对象并对它应用发光滤镜，效果图如图13.29所示。

图13.29　应用发光滤镜

```
import flash.display.Sprite;
import flash.filters.BitmapFilterQuality;
import flash.filters.GlowFilter;

//创建一个交叉图形。
var crossGraphic:Sprite = new Sprite( );
crossGraphic.graphics.lineStyle( );
crossGraphic.graphics.beginFill(0xCCCC00);
crossGraphic.graphics.drawRect(60, 90, 100, 20);
crossGraphic.graphics.drawRect(100, 50, 20, 100);
crossGraphic.graphics.endFill( );
addChild(crossGraphic);
//对该交叉形状应用发光滤镜。
var glow:GlowFilter = new GlowFilter( );
glow.color  = 0x009922;
glow.alpha  = 1;
glow.blurX  = 25;
glow.blurY  = 25;
glow.quality  = BitmapFilterQuality.MEDIUM;

crossGraphic.filters  = [glow];
```

完成后的源程序参见配套资料Sample\Chapter13\13_06.fla文件。

实例13.3　月光光

月亮是Flash动画中的常见元素。本例将演示如何使用ActionScript 3.0为影片剪辑添加发光滤镜，从而制作出月亮的光晕效果。

Step1：新建一个Flash文档。

Step2：选择【文件】|【导入】|【导入到舞台】，将配套资料Sample\Chapter13文件夹下的图片moon.jpg导入到舞台，如图13.30所示。查看属性检查器中的图片尺寸，选择【修改】|【文档】，将文档尺寸修改为500像素×500像素，与图片保持一致，然后将图片的坐标位置调整到（0,0），如图13.31所示。

Step3：新添图层TimeNewRoman，选择工具箱中的铅笔工具 ✏，将笔触颜色设置为黄色（#FFFFF00），沿着图片中的月亮形状画出月亮的轮廓，如图13.32所示。

图13.30　导入图片到舞台　　　图13.31　调整图片位置　　　图13.32　绘制月亮轮廓

Step4：然后使用工具箱中的颜料桶工具 🪣，将月亮轮廓内部也填充为黄色，如图13.33所示。

Step5：选中新绘制的月亮图形，按F8键将其转换为影片剪辑moon，接着在属性检查器的【实例名称】栏中输入实例名moon_mc。降低实例moon_mc的Alpha值，调整为60%，如图13.34所示。

Step6：降低实例moon_mc透明度的目的是为了显露出底层的月亮形状，如图13.35所示。

图13.33　填充月亮内部　　　图13.34　降低实例moon_mc的Alpha值　　　图13.35　调整实例的不透明度值

Step7：新添图层action，打开动作面板，输入如下动作脚本指令：

```
import flash.display.Sprite;
import flash.filters.BitmapFilterQuality;
import flash.filters.GlowFilter;

//对月亮应用发光滤镜
var glow:GlowFilter = new GlowFilter( );
glow.color = 0xFFFF00;
glow.alpha = 1;
glow.blurX = 25;
glow.blurY = 25;
glow.quality = BitmapFilterQuality.MEDIUM;

moon_mc.filters = [glow];
```

Step8：保存文件，然后选择【控制】|【测试影片】对SWF文件进行测试，效果图如图13.36所示。完成后的源程序参见配套资料Sample\Chapter13\13_07.fla文件。

13.2.4 创建渐变发光

使用GradientGlowFilter类，可以在Flash中给各种对象应用渐变发光效果。渐变发光是一种非常逼真的发光效果，可以控制颜色渐变，可以在对象的内缘或外缘的周围或者对象的顶部应用渐变发光。

下面一段代码就可以对兔子影片剪辑rabbit应用渐变发光效果，应用渐变发光滤镜的前后效果对比如图13.37所示。完成后的源程序可参见配套资料Sample\Chapter13\13_08.fla文件。

图13.36　效果图

图13.37　渐变发光效果对比

```
import  flash.filters.GradientGlowFilter;

var distance:Number = 0;
var angleInDegrees:Number = 45;
var colors:Array = [0xFFFFFF, 0xFF0000, 0xFFFF00, 0x00CCFF];
var alphas:Array = [0, 1, 1, 1];
var ratios:Array = [0, 63, 126, 255];
var blurX:Number = 50;
var blurY:Number = 50;
var strength:Number = 2.5;
var quality:Number = 3;
var type:String = "outer";
var knockout:Boolean = false;

var filter:GradientGlowFilter = new GradientGlowFilter(distance,
                                              angleInDegrees,
                                              colors,
                                              alphas,
                                              ratios,
                                              blurX,
                                              blurY,
                                              strength,
                                              quality,
                                              type,
                                              knockout);
var filterArray:Array = new Array( );
filterArray.push(filter);
rabbit.filters = filterArray;
```

上面这段代码先创建一个渐变发光滤镜，给它分配值并将其应用于影片剪辑实例rabbit，各参数如下。

· distance：表示光晕的偏移距离。默认值为4。

· angle：角度，以度为单位。有效值为0到360°。默认值为45°。

· colors：定义渐变的颜色的数组。例如，红色为0xFF0000，蓝色为0x0000FF，依此类推。

· alphas： colors数组中对应颜色的Alpha不透明度值的数组。数组中每个元素的有效值为0到1。例如，值为.25表示Alpha透明度值为25%。

· ratios：颜色分布比例的数组。有效值为0到255。该值定义宽度的百分比，颜色采样率为100%。

· blurX：水平模糊量。有效值为0到255。如果模糊量小于或等于1，则表明原始图像是按原样复制的。默认值为4。作为2的乘方的值（如2、4、8、16和32）经过了优化，呈现速度比其他值更快。

· blurY：垂直模糊量。有效值为0到255。如果模糊量小于或等于1，则表明原始图像是按原样复制的。默认值为4。作为2的乘方的值（如2、4、8、16和32）经过了优化，呈现速度比其他值更快。

· strength：印记或散布的强度。该值越高，印记的颜色越深，而且发光与背景之间的对比度也越强。有效值为0到255。值越大，印记越强。值为0意味着未应用滤镜。默认值是1。

· quality：应用滤镜的次数。有效值为0到15。默认值为1，表示低品质。值为2表示中等品质，值为3表示高品质。

· type：滤镜效果的放置。可能的值包括：

outer：对象外缘上的发光；

inner：对象内缘上的发光；

full：对象顶部的发光；

默认值为inner。

· knockout：指定对象是否具有挖空效果。应用挖空效果将使对象的填充变为透明，并显示文档的背景颜色。值为true将指定应用挖空效果。默认值为false，即不应用挖空效果

实例13.4 **使用渐变发光滤镜**

本实例在舞台上绘制一个正方形，然后对该形状应用渐变发光滤镜。单击舞台上的方形可以增加滤镜的强度，而水平或垂直移动鼠标指针则将修改沿*X*轴或*Y*轴的模糊量，效果图如图13.38所示。

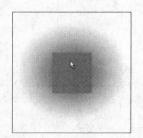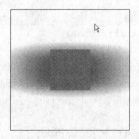

图13.38 鼠标改变渐变发光强度和模糊量

Step1：创建一个新的Flash文档。

Step2：选中图层1的第1帧，打开动作面板，输入如下代码：

```
import flash.events.MouseEvent;
import flash.filters.BitmapFilterQuality;
import flash.filters.BitmapFilterType;
import flash.filters.GradientGlowFilter;

//创建一个新的Shape实例
var shape:Shape = new Shape( );

//绘制形状
shape.graphics.beginFill(0xFF0000, 100);
shape.graphics.moveTo(0, 0);
shape.graphics.lineTo(100, 0);
shape.graphics.lineTo(100, 100);
shape.graphics.lineTo(0, 100);
shape.graphics.lineTo(0, 0);
shape.graphics.endFill( );

//在舞台上定位该形状
addChild(shape);
shape.x = 100;
shape.y = 100;

//定义渐变发光
var gradientGlow:GradientGlowFilter = new GradientGlowFilter( );
gradientGlow.distance = 0;
gradientGlow.angle = 45;
gradientGlow.colors = [0x000000, 0xFF0000];
gradientGlow.alphas = [0, 1];
gradientGlow.ratios = [0, 255];
gradientGlow.blurX = 10;
gradientGlow.blurY = 10;
gradientGlow.strength = 2;
gradientGlow.quality = BitmapFilterQuality.HIGH;
gradientGlow.type = BitmapFilterType.OUTER;

//定义侦听两个事件的函数
function onClick(event:MouseEvent):void
{
    gradientGlow.strength++;
    shape.filters = [gradientGlow];
}

function onmouseMove(event:MouseEvent):void
{
    gradientGlow.blurX = (stage.mouseX / stage.stageWidth) * 255;
    gradientGlow.blurY = (stage.mouseY / stage.stageHeight) * 255;
    shape.filters = [gradientGlow];
}
stage.addEventListener(MouseEvent.CLICK, onClick);
stage.addEventListener(MouseEvent.MOUSE_MOVE, onmouseMove);
```

上面这段代码分为3个部分。第1部分代码使用形状的**graphics**类创建一个方形，并在舞台上定位该形状。第2部分代码定义一个新的渐变发光滤镜实例，该实例将创建从红色到黑色的发光。第3部分代码定义一个鼠标侦听器，它侦听两个鼠标事件处理函数。第一个函数是onClick，鼠标单击事件发生时将增强发光强度，第二个函数是onmouseMove，当鼠标指针在SWF文件中移动时，将调用该函数。鼠标指针距离Flash文档的左上角越远，应用的发光效果就越强。

Step3：选择【控制】|【测试影片】来测试该文档。当沿着舞台移动鼠标指针时，渐变发光滤镜的模糊效果将会增加或降低。单击鼠标左键将增加发光强度。完成后的源程序参见配套资料Sample\Chapter13\13_09.fla文件。

13.2.5 使用斜角滤镜

BevelFilter类可以在Flash中给各种不同对象添加斜角效果。斜角效果使对象具有三维外观。可以利用不同的加亮颜色和阴影颜色、斜角上的模糊量、斜角的角度、斜角的位置和挖空效果来自定义斜角的外观。

下面一段代码就可以对兔子影片剪辑rabbit应用斜角效果，应用斜角滤镜的前后效果对比如图13.39所示。完成后的源程序可参见配套资料Sample\Chapter13\13_10.fla文件。

```
import flash.filters.GradientBevelFilter;
import flash.filters.BitmapFilter;

var distance:Number = 5;
var angleInDegrees:Number = 225; //opposite 45 degrees
var colors:Array = [0xFFFFFF, 0xCCCCCC, 0xFF0000];
var alphas:Array = [1, 0, 1];
var ratios:Array = [0, 128, 255];
var blurX:Number = 8;
var blurY:Number = 4;
var strength:Number = 5;
var quality:Number = 3;
var type:String = "inner";
var knockout:Boolean = false;

var filter:GradientBevelFilter = new GradientBevelFilter(distance,
                                    angleInDegrees,
                                    colors,
                                    alphas,
                                    ratios,
                                    blurX,
                                    blurY,
                                    strength,
                                    quality,
                                    type,
                                    knockout);
var filterArray:Array = new Array( );
filterArray.push(filter);
rabbit.filters = filterArray;
```

图13.39 斜角滤镜效果对比

上面一段代码先创建一个新GradientBevelFilter实例，给它分配值并将其应用于rabbit影片剪辑。各参数如下。

- distance:Number：偏移距离。有效值为0到8。默认值为4。
- angle：角度，以度为单位。有效值为0到360。默认值为45。
- colors：渐变中使用的RGB十六进制颜色值的数组。例如，红色为0xFF0000，蓝色为0x0000FF，依此类推。
- alphas：colors数组中对应颜色的Alpha不透明度值的数组。数组中每个元素的有效值为0到1。例如，.25表示不透明度值为25%。
- ratios：颜色分布比例的数组；有效值为0到255。
- blurX：水平模糊量。有效值为0到255。如果模糊量小于或等于1，则表明原始图像是按原样复制的。默认值为4。作为2的乘方的值（如2、4、8、16和32）经过了优化，呈现速度比其他值更快。
- blurY：垂直模糊量。有效值为0到255。如果模糊量小于或等于1，则表明原始图像是按原样复制的。默认值为4。作为2的乘方的值（如2、4、8、16和32）经过了优化，呈现速度比其他值更快。
- strength：印记或散布的强度。该值越高，印记的颜色越深，而且斜角与背景之间的对比度也越强。有效值为0到255。值为0表明没有应用滤镜。默认值是1。
- quality：滤镜的质量。有效值为0到15。默认值为1。几乎在所有情况下，有用值都是1（低品质）、2（中等品质）和3（高品质）。滤镜的值越小，呈现速度越快。
- type：斜角效果的放置。可能的值包括：

outer：对象外缘上的斜角；

inner：对象内缘上的斜角；

full：对象顶部的斜角。

默认值为inner。

- knockout：指定是否应用挖空效果。值为true将使对象的填充变为透明，并显示文档的背景颜色。默认值为false，即不应用挖空效果。

实例13.5 **使用斜角滤镜**

本例将演示使用Drawing API创建一个方形，并向该形状添加一个斜角。移动鼠标将改变正方形斜角的倾斜程度，效果图如图13.40所示。

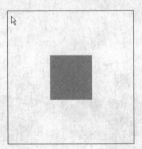  

图13.40　鼠标改变斜角倾斜程度

Step1：创建一个新的Flash文档。

Step2：选中图层1的第1帧，打开动作面板，输入如下代码：

```
import flash.filters.BevelFilter;
//定义一个斜角滤镜
var bevel:BevelFilter = new BevelFilter(4, 45, 0xFFFFFF, 1, 0xCC0000, 1, 10, 10, 2, 3);
//创建一个新的Shape实例
var shape:Shape = new Shape( );

//绘制形状
shape.graphics.beginFill(0xFF0000, 100);
shape.graphics.moveTo(0, 0);
shape.graphics.lineTo(100, 0);
shape.graphics.lineTo(100, 100);
shape.graphics.lineTo(0, 100);
shape.graphics.lineTo(0, 0);
shape.graphics.endFill( );

//在舞台上定位该形状
addChild(shape);
shape.x = 100;
shape.y = 100;

//定义侦听两个事件的函数
function onClick(event:MouseEvent):void
{
    bevel.strength += 2;
    shape.filters = [bevel];
}

function onmouseMove(event:MouseEvent):void
{
    bevel.distance = (event.localX / stage.stageWidth) * 10;
    bevel.blurX = (event.localY / stage.stageHeight) * 10;
    bevel.blurY = bevel.blurX;
    shape.filters = [bevel];
}
stage.addEventListener(MouseEvent.CLICK, onClick);
stage.addEventListener(MouseEvent.MOUSE_MOVE, onmouseMove);
```

第1部分代码定义一个**BevelFilter**实例，并且使用**graphics**类在舞台上绘制一个方形。在舞台上单击方形时，斜角的当前强度值将递增，并使斜角具有更高、更清晰的外观。第2部分代码定义一个鼠标侦听器，它将根据鼠标指针的当前位置修改斜角的距离和模糊。

Step3：选择【控制】|【测试影片】来测试该文档。当沿*X*轴移动鼠标指针时，斜角的偏移距离将增加或减小。当沿*Y*轴移动鼠标指针时，鼠标指针的当前坐标将修改水平和垂直模糊量。完成后的源程序参见配套资料Sample\Chapter13\13_11.fla文件。

13.2.6　应用渐变斜角滤镜

使用GradientBevelFilter类，可以在Flash中对对象应用渐变斜角效果。渐变斜角是位于对象外部、内部或顶部的使用渐变色增强的有斜面的边缘。有斜面的边缘可使对象具有三维外观，并且还可以得到如图13.41所示的彩色效果。

图13.41　应用渐变斜角滤镜得到彩色效果

应用渐变滤镜得到彩色效果的代码如下所示。完成后的源程序可参见配套资料Sample\
Chapter13\13_12.fla文件。

```
import flash.filters.GradientBevelFilter;

var colors:Array = new Array(0x33FFFF, 0xCCCCCC, 0x669900);
var alphas:Array = new Array(1, 0, 1);
var ratios:Array = new Array(0, 128, 255);
var gradientBevel:GradientBevelFilter = new GradientBevelFilter(10, 45, colors, alphas, ratios, 4, 4, 5, 3);
var mouseListener:Object = new Object( );
mouseListener.onMouseDown = function( ) {
    gradientBevel.strength++;
    rabbit.filters = [gradientBevel];
};
function onmouseMove(event:MouseEvent):void{
    gradientBevel.blurX = (event.localX / stage.stageWidth) * 255;
    gradientBevel.blurY = (event.localY/ stage.stageHeight) * 255;
    rabbit.filters = [gradientBevel];
};
stage.addEventListener(MouseEvent.MOUSE_MOVE, onmouseMove);
```

沿舞台移动鼠标指针时，沿X轴和Y轴的模糊量将增加或减少。当向舞台的左侧移动指针
时，水平模糊量将减少。当向舞台的右侧移动指针时，模糊量将增加。同样，指针在舞台上的
位置越高，则沿Y轴的模糊量越小。可以根据需要改变渐变斜角的颜色，将彩色渐变效果应用
到其他影片剪辑上，创建出特殊的动画效果。完成后的源程序参见配套资料Sample\Chapter13\
13_12.fla文件。

13.2.7　使用颜色矩阵滤镜

利用ColorMatrixFilter类可以将4×5矩阵转换应用于输入图像上的每个像素的RGB颜色和
Alpha值，以产生具有一组新的RGB颜色和Alpha值的结果。此滤镜允许色相（明显的颜色或阴
影）旋转、饱和度（特定色相的浓度）更改、Alpha的亮度（亮度或颜色浓度），以及其他各
种效果。而且，可以为这些滤镜实现动画效果，以便得到特殊的动画效果。注意只能将颜色矩
阵滤镜应用于位图和影片剪辑实例。

可以使用颜色矩阵滤镜来修改实例的亮度，如图13.42所示为亮度分别为-100、0和100的效
果图。

改变图片亮度，实现图13.42所示效果的代码如下：

```
import flash.filters.ColorMatrixFilter;
var myElements_array:Array = [1, 0, 0, 0,100,
            0, 1, 0, 0, 100,
```

```
                 0, 0, 1, 0, 100,
                 0, 0, 0, 1, 0];
    var myColorMatrix_filter:ColorMatrixFilter = new ColorMatrixFilter(myElements_array);
    pic_mc.filters = [myColorMatrix_filter];
```

上面这段代码对加载图像的影片剪辑实例pic_mc应用颜色矩阵滤镜，将实例的亮度设置为100%，得到图13.42（c）中亮度增强效果。如果将矩阵myElements_array中的参数100改为-100，即可得到图13.42（a）中亮度减弱效果。源程序可参见配套资料Sample\Chapter13\13_11.fla文件。

(a) 亮度值-100%   (b) 亮度值为0   (c) 亮度值为100%

图13.42 使用颜色矩阵改变图片亮度

13.2.8 使用卷积滤镜

ConvolutionFilter类应用矩阵盘绕滤镜效果。盘绕将指定的源图像的像素与相邻像素合并以生成图像。使用盘绕滤镜可以实现各种图像操作，其中包括模糊、边缘检测、锐化、浮雕以及斜角效果。矩阵盘绕基于一个$n \times m$矩阵，该矩阵说明输入图像中的给定像素值如何与其相邻的像素值合并以生成最终的像素值。每个结果像素通过将矩阵应用到相应的源像素及其相邻像素来确定。

实例13.6 **使用卷积滤镜**

下面的过程将卷积滤镜应用于影片剪辑实例。移动鼠标，将得到如图13.43所示的变换效果。具体制作步骤如下。

图13.43 鼠标滑过获得不同的效果

Step1：新建一个Flash文档。

Step2：选择【插入】|【新建元件】命令，创建一个影片剪辑元件picture，然后在该元件的编辑窗口下选择【文件】|【导入】|【导入到舞台】命名，将位于配套资料Sample\\Chapter13下的图片Illusion.jpg导入到舞台，如图13.44所示。

Step3：单击时间轴上方的场景1图标，回到主场景。将影片剪辑pictrue从库中拖放到舞台中央，选择【修改】|【文档】命名，在打开的【文档属性】对话框中调整文档尺寸为206像素

×288像素，如图13.45所示。

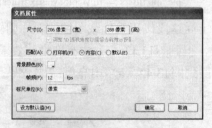

图13.44　导入图片到舞台　　　　　　　　　　图13.45　调整文档大小

Step4：选择【窗口】|【对齐】命令打开对齐面板，将图像调整到舞台中心，如图13.46所示。

Step5：选中该影片剪辑实例，在属性检查器中将其命名为pic_mc，如图13.47所示。

图13.46　对齐对象到舞台中心　　　　　　　　图13.47　命名影片剪辑实例

Step6：选择【窗口】|【动作】打开动作面板，在动作脚本窗口中输入如下动作脚本指令：

```
import flash.filters.ConvolutionFilter;
import flash.display.BitmapData;
import flash.display.Stage;

var matrixArr:Array = [1, 4, 6, 4, 1, 4, 16, 24, 16, 4, 16, 6, 24, 36, 24, 6, 4, 16, 24, 16, 4, 1, 4, 6, 4, 1];
var convolution:ConvolutionFilter = new ConvolutionFilter(5, 5, matrixArr);
pic_mc.filters = [convolution];

function applyFilter(event:MouseEvent):void{
    convolution.divisor = (event.localX / stage.stageWidth) * 271;
    convolution.bias = (event.localY / stage.stageHeight) * 100;
    pic_mc.filters = [convolution];
};

stage.addEventListener(MouseEvent.MOUSE_MOVE, applyFilter);
```

Step7：选择【控制】|【测试影片】对该Flash文档进行测试。沿舞台的X轴移动鼠标指针将修改滤镜的除数，而沿舞台的Y轴移动鼠标指针则将修改滤镜的偏差。源程序可参见配套资料Sample\Chapter13\13_14.fla文件。

13.2.9　置换图滤镜

DisplacementMapFilter类使用来自指定BitmapData对象的像素值（称为置换图图像）来对舞台上的实例（例如影片剪辑实例或位图数据实例）执行置换。可以使用此滤镜在指定的实例上获得扭曲或斑点效果。只有通过ActionScript才能使用此滤镜效果。

应用于给定像素的置换位置和置换量由置换图图像的颜色值确定。使用滤镜时,除了指定置换图图像外,还要指定以下值,以便控制置换图图像中计算置换的方式。

• 映射点:过滤图像上的位置,在该点将应用置换滤镜的左上角。如果只想对图像的一部分应用滤镜,可以使用此值。

• X组件:影响像素的X位置的置换图图像的颜色通道。

• Y组件:影响像素的Y位置的置换图图像的颜色通道。

• X缩放比例:指定X轴置换强度的乘数值。

• Y缩放比例:指定Y轴置换强度的乘数值。

• 滤镜模式:确定在移开像素后形成的空白区域中,Flash Player应执行什么操作。在DisplacementMapFilterMode类中定义为常量的选项可以显示原始像素(滤镜模式IGNORE)、从图像的另一侧环绕像素(滤镜模式WRAP,这是默认设置)、使用最近的移位像素(滤镜模式CLAMP)或用颜色填充空间(滤镜模式COLOR)。

实例13.7 使用置换图滤镜

本例将加载一个JPEG图像,并对其应用置换图滤镜,从而使图像扭曲。在图片上移动鼠标,将重新生成各种扭曲效果的置换图,如图13.48所示。

图13.48 使用置换图滤镜的图像扭曲效果

Step1:创建一个新的Flash文档,并保存该文档。

Step2:确认要动态载入的图片waterman.jpg位于源文件同一目录下。

Step3:选中图层1的第1帧,打开动作面板,输入如下代码:

```
import flash.display.BitmapData;
import flash.display.Loader;
import flash.events.MouseEvent;
import flash.filters.DisplacementMapFilter;
import flash.geom.Point;
import flash.net.URLRequest;

//将图像加载到舞台上。
var loader:Loader = new Loader( );
var url:URLRequest = new URLRequest("waterman.jpg");
loader.load(url);
addChild(loader);

var mapImage:BitmapData;
var displacementMap:DisplacementMapFilter;
```

```
//鼠标移动时调用此函数
function setupStage(event:MouseEvent):void
{
        //在舞台上将加载的图像居中
        loader.x = (stage.stageWidth - loader.width) / 2;
        loader.y = (stage.stageHeight - loader.height) / 2;

        //创建置换图图像。
        var perlinBmp:BitmapData  = new BitmapData(loader.width,loader.height );
        //创建置换滤镜
        perlinBmp.perlinNoise(loader.width, loader.height, 10, Math.round(Math.random( ) * 100000), false, true,
1, false);

        displacementMap = new DisplacementMapFilter(perlinBmp, new Point(0, 0), 1, 1, 100, 100, "color");
        loader.filters = [displacementMap];

}

        stage.addEventListener(MouseEvent.MOUSE_OVER, setupStage);
```

上面这段代码加载一个JPEG图像，并将其置于舞台上。图像加载完成后，此代码将创建一个BitmapData实例，并使用perlinNoise( )方法以随机放置的像素对其进行填充。BitmapData实例传递给置换图滤镜，后者应用于图像并使图像外观扭曲。

Step4：选择【控制】|【测试影片】测试该文档。在舞台周围移动鼠标指针，以通过调用perlinNoise( )方法重新创建置换图，从而更改JPEG图像的外观。完成后的源程序可参见配套资料Sample\Chapter13\13_13.fla文件。

实例13.8 **使用置换图滤镜**

下面利用多个基本滤镜创建多个实例轮流发光的效果。

Step1：打开配套资料Sample\Chapter13\13_16_before.fla文件。舞台上有背景图片，有制作好的3只彩色蝴蝶影片剪辑实例，如图13.49所示。

Step2：分别选中3只蝴蝶影片剪辑实例，查看它们在属性检查器中的实例命名，分别为red、yellow和green，如图13.50所示。

图13.49　舞台元素分布

图13.50　影片剪辑实例命名

Step3：选择【窗口】|【动作】打开动作面板，在动作脚本窗口中输入如下动作脚本指令：

```
mport flash.display.Shape;
import flash.events.TimerEvent;
import flash.filters.BitmapFilterQuality;
import flash.filters.BitmapFilterType;
import flash.filters.DropShadowFilter;
import flash.filters.GlowFilter;
import flash.filters.GradientBevelFilter;
import flash.utils.Timer;

var count:Number = 1;
var distance:Number = 8;
var angleInDegrees:Number = 225;          //反向45度
var colors:Array = [0xFFFFCC, 0xFEFE78, 0x8F8E01];
var alphas:Array = [1, 0, 1];
var ratios:Array = [0, 128, 255];
var blurX:Number = 8;
var blurY:Number = 8;
var strength:Number = 1;
var quality:Number = BitmapFilterQuality.HIGH;
var type:String = BitmapFilterType.INNER;
var knockout:Boolean = false;

//创建内侧阴影和发光
var innerShadow:DropShadowFilter = new DropShadowFilter(5, 45, 0, 0.5, 3, 3, 1, 1, true, false);
var redGlow:GlowFilter = new GlowFilter(0xFF0000, 1, 30, 30, 1, 1, false, false);
var yellowGlow:GlowFilter = new GlowFilter(0xFF9900, 1, 30, 30, 1, 1, false, false);
var greenGlow:GlowFilter = new GlowFilter(0x00CC00, 1, 30, 30, 1, 1, false, false);

//设置蝴蝶的起始状态
red.filters = [innerShadow];
yellow.filters = [innerShadow];
green.filters = [greenGlow];

//根据计数值交换滤镜
function trafficControl(event:TimerEvent):void
{
    if (count == 4)
    {
        count = 1;
    }

    switch (count)
    {
        case 1:
            red.filters = [innerShadow];
            yellow.filters = [yellowGlow];
            green.filters = [innerShadow];
            break;
        case 2:
            red.filters = [redGlow];
```

```
                yellow.filters = [innerShadow];
                green.filters = [innerShadow];
                break;
         case 3:
                red.filters = [innerShadow];
                yellow.filters = [innerShadow];
                green.filters = [greenGlow];
                break;
         }
         count++;
    }
    //创建一个计时器，每隔3秒钟交换一次滤镜
    var timer:Timer = new Timer(3000, 9);
    timer.addEventListener(TimerEvent.TIMER, trafficControl);
    timer.start( );
```

Step4：按快捷键**Ctrl+Enter**测试影片，3只蝴蝶逐个发光，效果如图13.51所示。源程序参见配套资料Sample\Chapter13\13_16_finish.fla文件。

图13.51　效果图

13.3　动画滤镜

可以在时间轴中让滤镜活动起来。由一个补间接合的不同关键帧上的各个对象，都有在中间帧上补间的相应滤镜的参数。如果某个滤镜在补间的另一端没有相匹配的滤镜（相同类型的滤镜），则会自动添加匹配的滤镜，以确保在动画序列的末端出现该效果。

注意，为了防止在补间一端缺少某个滤镜或者滤镜在每一端以不同的顺序应用时，补间动画不能正常运行，Flash会执行以下操作。

• 如果将补间动画应用于已应用了滤镜的影片剪辑，则在补间的另一端插入关键帧时，该影片剪辑在补间的最后一帧上自动具有它在补间开头所具有的滤镜，并且层叠顺序相同。

• 如果将影片剪辑放在两个不同帧上，并且对于每个影片剪辑应用不同滤镜，两帧之间又应用了补间动画，则Flash首先处理带滤镜最多的影片剪辑。然后，Flash会比较应用于第一个影片剪辑和第二个影片剪辑的滤镜。如果在第二个影片剪辑中找不到匹配的滤镜，Flash会生成一个不带参数并具有现有滤镜的颜色的虚拟滤镜。

• 如果两个关键帧之间存在补间动画并且向其中一个关键帧的对象添加了滤镜，则Flash会在到达补间另一端的关键帧时自动将一个虚拟滤镜添加到影片剪辑。

　　•如果两个关键帧之间存在补间动画并且从其中一个关键帧中的对象上删除了滤镜，则Flash会在到达补间另一端的关键帧时自动从影片剪辑中删除匹配的滤镜。

　　•如果补间动画起始处和结束处的滤镜参数设置不一致，Flash会将起始帧的滤镜设置应用于插补帧。以下参数在补间起始和结束处设置不同时会出现不一致的设置：挖空、内侧阴影、内侧发光以及渐变发光的类型和渐变斜角的类型。

　　例如，如果使用投影滤镜创建补间动画，在补间的第一帧上应用挖孔投影，而在补间的最后一帧上应用内侧阴影，则Flash会更正补间动画中滤镜使用的不一致现象。在这种情况下，Flash会应用补间的第1帧上所用的滤镜设置，即挖空投影。

13.4　使用混合模式

　　使用混合模式，可以创建复合图像，还可以混合重叠影片剪辑中的颜色，从而创造独特的效果。

　　混合模式包含以下元素。

　　•混合颜色是应用于混合模式的颜色。

　　•不透明度是应用于混合模式的透明度。

　　•基准颜色是混合颜色下的像素的颜色。

　　•结果颜色是基准颜色的混合效果。

　　由于混合模式取决于将混合应用于的对象的颜色和基础颜色，因此必须试验不同的颜色以及不同的混合模式，以获得想要的效果。

　　Flash提供以下混合模式。

　　•正常：正常应用颜色，不与基准颜色有相互关系。

　　•图层：可以层叠各个影片剪辑，而不影响其颜色。

　　•变暗：只替换比混合颜色亮的区域。比混合颜色暗的区域不变。

　　•色彩增殖：将基准颜色复合以混合颜色，从而产生较暗的颜色。

　　•变亮：只替换比混合颜色暗的像素。比混合颜色亮的区域不变。

　　•滤色：将混合颜色的反色复合以基准颜色，从而产生漂白效果。

　　•叠加：进行色彩增值或滤色，具体情况取决于基准颜色。

　　•强光：进行色彩增值或滤色，具体情况取决于混合模式颜色。该效果类似于用点光源照射对象。

　　•差异：从基准颜色减去混合颜色，或者从混合颜色减去基准颜色，具体情况取决于哪个的亮度值较大。该效果类似于彩色底片。

　　•反色：取基准颜色的反色。

　　•Alpha：应用Alpha遮罩层。

　　•擦除：删除所有基准颜色像素，包括背景图像中的基准颜色像素。

　　对于影片剪辑，可以使用属性检查器将混合应用于所选影片剪辑。

　　将混合模式应用于影片剪辑的步骤如下。

　　Step1：（在舞台上）选择要应用混合模式的影片剪辑实例。

　　Step2：在属性检查器中，使用【颜色】下拉列表来调整影片剪辑实例的颜色和透明度。

Step3：从属性检查器的【混合】下拉列表中，选择影片剪辑的混合模式。

Step4：将带有该混合模式的影片剪辑定位到要修改外观的图形元件上。

Step5：按快捷键Ctrl+Enter测试影片。

如图13.52所示说明了不同的混合模式如何影响图像的外观。注意一种混合模式可产生的效果会不相同，具体情况取决于基础图像的颜色和应用的混合模式的类型。练习程序参见配套资料Sample\Chapter13\13_17.fla文件。

（a）原始图像　　　　（b）图层　　　　（c）变暗

（d）色彩增殖　　　　（e）变亮　　　　（f）荧幕

（g）叠加　　　　（h）强光　　　　（i）增加

（j）减去　　　　（k）差异　　　　（l）反转

图13.52　不同混合模式下的图片效果

第14章　组　件

组件（Component）的概念是从Flash MX开始出现的，但其实在Flash 5的时候已经有了组件的雏形。在Flash 5中，有一种特殊的影片剪辑，能通过参数面板设置它的功能，称为Smart Clip（SMC）。可以将具备完整功能的程序包装在影片剪辑中，并且提供一种能够调整此影片剪辑属性的接口，以后当某个影片需要用到这些功能时，只要把SMC拖放到舞台，并调整它的属性，让它符合用户的需要，而不需要了解程序的实际内容。

组件是SMC的改良品，可以理解为影片剪辑，其中的参数由用户在Adobe Flash中创作时进行设置，其中的ActionScript方法、属性和事件可帮助用户在运行时自定义组件。设计这些组件的目的是为了让开发人员重复使用和共享代码，封装复杂功能，使设计人员无需编写ActionScript就能够使用和自定义这些功能，从而方便而快速地构建功能强大且具有一致外观和行为的应用程序。

14.1　关于组件

Adobe Flash组件是带参数的影片剪辑，用户可以修改它们的外观和行为。组件既可以是简单的用户界面控件（例如，单选按钮或复选框），也可以包含内容（例如，滚动窗格），还可以是不可视的（例如，FocusManager，它允许用户控制应用程序中接收焦点的对象）。

利用组件，用户不必自己创建按钮、组合框和列表等，也可以不用深入了解ActionScript脚本语言，而是直接从组件面板将组件拖到舞台上设计出功能强大且具有一致外观和行为的应用程序。

ActionScript 3.0组件体系结构包括所有组件基于的类、允许自定义外观的外观和样式、事件处理模型、焦点管理、辅助功能接口等。每个组件都有预定义参数，还有一组独特的ActionScript方法、属性和事件，它们也称为API（应用程序编程接口），用户通过该接口在运行时设置组件的参数和其他选项。

在安装Flash CS3时系统中就已安装了一组Flash组件。ActionScript 3.0组件包括如表14-1所示的用户界面（UI）组件。

表14-1　用户界面组件

Button	List	TextArea
CheckBox	NumericStepper	TextInput
ColorPicker	RadioButton	TileList
ComboBox	ProgressBar	UILoader
DataGrid	ScrollPane	UIScrollBar
Label	Slider	

除了用户界面组件，Flash ActionScript 3.0组件还包括下列组件和支持类。

· FLVPlayback组件（fl.video.FLVPlayback），它是基于SWC的组件。FLVPlayback组件使用户可以轻松将视频播放器包括在Flash应用程序中，以便通过HTTP从Adobe Flash Video Streaming Service（FVSS）或从Flash Media Server（FMS）播放渐进式视频流。

· FLVPlayback自定义UI组件，基于FLA，同时使用于FLVPlayback组件的ActionScript 2.0和ActionScript 3.0版本。

· FLVPlayback Captioning组件，为FLVPlayback提供关闭的字幕。

可以按如下步骤在组件面板中查看Flash ActionScript 3.0组件。

Step1：启动Flash。

Step2：创建新的Flash文件（ActionScript 3.0）或打开现有的Flash文档（注意在其【发布设置】中指定ActionScript 3.0）。

Step3：如果组件面板没有打开，可以选择【窗口】|【组件】打开它。

如图14.1和图14.2所示分别为User Interface组件和Video组件。

图14.1　User Interface组件界面　　　　　　　图14.2　Video组件界面

14.2　使用组件

在Flash CS4的默认工作布局下，选择【窗口】|【组件】就可以打开组件面板。

另外，Flash还提供了一个组件检查器面板，执行【窗口】|【组件检查器】命令就可以打开它。将一个组件实例拖放到场景中以后，在组件检查器面板中可以设置和查看该实例的信息。例如，在舞台上创建一个TextInput的实例，并将该实例命名为myTextInput，在组件检查器中将显示如图14.3所示的信息。左边一列是该组件的参数项，右边一列是对应的参数值。

14.2.1　向Flash文档添加组件

向Flash文档添加组件非常简单，就像引用库面板中的元件一样，用鼠标将组件面板中的组件拖放到场景上即可，这时舞台上的对象就是拖放的组件的实例。另外一种比较简单的方法就是双击组件面板中要添加的组件。

将组件从组件面板拖到舞台上时，会同时将一个编译剪辑（SWC）元件添加到库面板中，如图14.4所示。将SWC元件添加到库中后，就可以在舞台上创建该SWC元件的多个实例。

通过从组件面板中拖动组件，可以将组件添加到文档中。在属性检查器的【参数】选项卡或【组件检查器】的【参数】选项卡中可以设置组件每个实例的属性。

使用组件面板向Flash文档添加组件的具体步骤如下：

Step1：选择【窗口】|【组件】。

Step2：双击组件面板中的组件，或将组件拖到舞台。

Step3：在舞台上选择该组件。

Step4：如果看不到属性检查器，选择【窗口】|【属性】命名。

Step5：在属性检查器中，输入组件实例的实例名称。

如图14.5所示为Button组件的属性检查器。

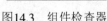

图14.3　组件检查器　　　　图14.4　库面板显示SWC元件　　　图14.5　Button组件的属性检查器

Step6：编辑宽度（W:）和高度（H:）的值，根据需要更改组件的大小。

Step7：选择【控制】|【测试影片】或按快捷键Ctrl+Enter编译文档并查看设置的结果。

还可以更改组件的颜色和文本格式，方法是设置组件的样式属性，或通过编辑组件的外观自定义其外观。通过这种方式创建的组件实例，使用实例名称（例如，myButton）即可引用该组件。

使用ActionScript在运行时添加组件的步骤如下：

若要使用ActionScript在运行时将组件添加到文档，当编译SWF文件时，组件必须先位于应用程序的库面板中。将组件添加到库中的方法是直接将组件从组件面板拖到库面板中。

接下来必须导入组件的类文件，以使应用程序可以使用组件的API。组件类文件安装在包含一个或多个类的包中。若要导入组件类，可使用import语句并指定包名称和类名称。例如，可以使用下列import语句导入Button类：

```
import fl.controls.Button;
```

要创建组件的一个实例，必须调用组件的ActionScript构造函数方法。例如，下面的语句创建一个名为myButton的Button实例：

```
var myButton:Button = new Button( );
```

最后一个步骤是调用静态的addChild( )方法将组件实例添加到舞台或应用程序容器。例如，下面的语句添加 myButton实例：

```
addChild(aButton);
```

此时，可以使用组件的API动态指定组件的大小和在舞台上的位置、侦听事件，并设置属性以修改组件的行为。

14.2.2 设置组件参数

添加组件后，可以在属性检查器中命名该组件实例，然后从组件检查器的【参数】选项卡中设置实例的属性。

为组件命名时，最好在实例名称中添加用于指示组件类型的后缀，增加ActionScript代码的可读性。如图14.6所示的组件名称表示该文本框用来输入用户名称。

每个组件都带有参数，通过设置这些参数可以更改组件的外观和行为。最常用的参数都在组件检查器中显示。

用组件检查器设置参数的步骤如下：

Step1：首先选择【窗口】|【组件检查器】打开组件检查器。

Step2：在舞台上选择要设置参数的组件实例。

Step3：在组件检查器的【参数】选项卡中输入参数，如图14.7所示。

一些组件（如组合框和列表框）中的一个参数常常对应多个值，这时可以单击参数对应的参数值栏，使其右边出现一个放大镜图标 🔍，单击该图标打开【值】对话框，然后使用【＋】按钮添加多个值，【－】按钮清除值，上下箭头按钮调整参数值的排列顺序，如图14.8所示。

图14.6 组件命名　　　　　图14.7 组件检查器中对应的　　　图14.8 利用【值】对话框
　　　　　　　　　　　　　　　　　组件参数设置　　　　　　　　　　添加多个参数值

其他参数必须使用ActionScript来设置。也可以使用ActionScript来设置所有的参数，使用ActionScript设置参数将覆盖属性检查器和组件检查器中设置的任何值。

14.2.3 调整组件大小

在Flash中，改变组件实例外形有两种方法：

1. 任意变形工具

如图14.9所示，使用任意变形工具将一个按钮组件实例的宽度和高度进行了拉长。

2. setSize( )方法

从任何组件实例中都可以调用setSize( )方法来调整组件大小。

下面的代码将TextArea组件的大小调整为200像素宽和300像素高：

```
myTextArea.setSize(200,300);
```

Flash中的组件不会自动调整大小以适合其标签，因此上面两种方法尤其适用于当添加到文档中的组件实例不够大，而无法完整显示其标签的情况。如图14.10所示，上面的组件实例是标签被剪切掉的情况，而下面的组件是调整大小后完整显示标签的组件实例。

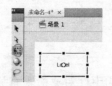

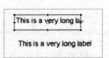

图14.9　使用任意变形工具　　　　　图14.10　调整组件大小使标签完整显示
　　　　　调整组件大小

14.2.4　删除组件

以前在Flash MX中，将一个组件引用到场景中后，还可以通过对库面板中的对应元件进行编辑，从而达到修改组件实例外形的目的。但是从Flash MX 2004之后，这种办法行不通了，Flash中包含的组件不再是FLA文件（Flash MX中包含的组件是FLA文件），而是一种新的文件类型——SWC文件，SWC是导出的已经编译的剪辑，它是用于组件的Macromedia文件格式。所以从组件面板将组件添加到舞台中时，就会将编译剪辑元件添加到库面板中。

在删除组件实例时，除了将场景上的组件实例删除外，还要打开库面板，将其中的元件也删除掉。方法是单击库面板底部的【删除】按钮，或者从库选项菜单中选择【删除】命令。

14.3　处理组件事件

使用调度程序/侦听器事件模型可以实现ActionScript对组件的进一步编程控制。该方法也是Flash提倡使用的编程思路，更符合面向对象的编程特性，程序更安全，功能更强大。

每一个组件在用户与它交互时都会广播事件。例如，当用户单击一个Button时，它会调度MouseEvent.CLICK事件；当用户选择List中的一个项目时，List会调度Event.CHANGE事件。当组件发生重要事情时也会引发事件，例如，当UILoader实例完成内容加载时，会生成一个Event.COMPLETE事件。若要处理事件，需要编写在该事件被触发时需要执行的ActionScript代码。

组件的事件包括该组件继承的所有类的事件。这意味着，所有ActionScript 3.0用户界面组件都从UIComponent类继承事件，因为它是ActionScript 3.0用户界面组件的基类。

14.3.1　使用侦听器处理事件

以下是关于ActionScript 3.0组件的事件处理的一些要点：

· 所有事件均由组件类的实例广播。（组件实例是"广播器"。）

· 通过调用组件实例的addEventListener( )方法，可以注册事件的"侦听器"。例如，下面这行代码向Button实例myButton添加了一个MouseEvent.CLICK事件的侦听器：

　　　　myButton.addEventListener(MouseEvent.CLICK, clickHandler);

addEventListener( )方法的第二个参数注册在该事件发生时要调用的函数的名，即click-Handler，此函数也称做"回调函数"。

- 可以向一个组件实例注册多个侦听器。

```
myButton.addEventListener("click", listener1);
myButton.addEventListener("click", listener2);
```

- 也可以向多个组件实例注册一个侦听器。

```
myButton.addEventListener("click", listener1);
myButton2.addEventListener("click", listener1);
```

- 将一个事件对象传递给处理函数。可以使用函数体内的事件对象检索有关事件类型及广播该事件的实例的信息。

- 在使用EventDispatcher.removeEventListener( )将一个侦听器对象显式删除之前，该侦听器对象一直处于活动状态。例如，下面这行代码删除myButton上MouseEvent.CLICK事件的侦听器：

```
myButton.removeEventListener(MouseEvent.CLICK, clickHandler);
```

14.3.2　事件对象

事件对象继承自Event对象类，它的一些属性包含有关所发生事件的信息，其中包括提供事件基本信息的target和type属性：

type：表示事件类型的字符串。

target：对广播事件的组件实例的引用。

事件对象是自动生成的，当事件发生时会将它传递给事件处理函数。

可以在该函数内使用事件对象来访问所广播的事件的名称，或者访问广播该事件的组件的实例名称。通过该实例名称，可以访问其他组件属性。例如，下面的代码使用evtObj事件对象的target属性来访问myButton的label属性并将它显示在输出面板中：

```
import fl.controls.Button;
import flash.events.MouseEvent;
var myButton :Button = new Button( );
myButton.label = "Submit";
addChild(myButton);
myButton.addEventListener(MouseEvent.CLICK, clickHandler);

function clickHandler(evtObj:MouseEvent){
    trace("The " + evtObj.target.label + " button was clicked");
}
```

14.4　使用显示列表

所有ActionScript 3.0组件均继承自DisplayObject类，因此，它们均有权访问该类的方法和属性以与显示列表交互。显示列表是应用程序中所显示对象和可视元素的层次结构。此层次结构包含以下元素：

- 舞台，它是顶层容器；
- 显示对象，包括形状、影片剪辑、文本字段以及其他；
- 显示对象容器，即可以包含子显示对象的特殊类型的显示对象。

显示列表中对象的顺序决定了这些对象在父容器中的深度。对象的深度是指它在舞台上或在其显示容器中从上到下或从前到后来看的位置。对象重叠时，深度的顺序很明显；但即使对象不重叠，深度顺序也存在。显示列表中的每个对象在舞台上都有对应的深度。如果要通过将对象放置在其他对象的前面或移动到其他对象的后面来更改该对象的深度，则需要更改该对象在显示列表中的位置。对象在显示列表中的默认顺序是将它们放置在舞台上的顺序。位于显示列表中位置0处的对象是在深度顺序中处于最底部的对象。

14.4.1 向显示列表添加组件

通过调用DisplayObjectContainer容器的addChild( )或addChildAt( )方法，可以向该容器添加对象。对于舞台，在创作过程中还可以通过创建对象来向其显示列表添加对象；对于组件，则可以通过将组件从组件面板中拖到舞台上来向其显示列表添加对象。若要使用ActionScript向容器添加对象，首先要通过使用new运算符调用对象的构造函数来创建该对象的一个实例，然后再调用addChild( )或addChildAt( )方法将它放置到舞台上或显示列表中。addChild( )方法将该对象放置到显示列表中的下一位置，而addChildAt( )则指定该对象将要添加到的位置。如果指定的位置已经被占用，则位于该位置以及该位置之上的对象均会向上移动1个位置。DisplayObjectContainer对象的numChildren属性指定了它包含的显示对象的数目。可以通过调用getChildAt( )方法并指定位置来检索显示列表中的对象，如果知道对象的名称，也可以通过调用getChildByName( )方法来检索对象。

下面的示例列出了显示列表中3个组件的名称和位置。首先，将一个NumericStepper、一个Button和一个ComboBox 拖到舞台上，使它们相互重叠，并为它们分别指定实例名称aNs、aButton和aCb，然后将以下代码添加到时间轴第1帧的动作面板上：

```
var i:int = 0;
while(i < numChildren) {
    trace(getChildAt(i).name + " is at position: " + i++);
}
```

输出面板的结果如下：

```
aNs is at position: 0
aButton is at position: 1
aCb is at position: 2
```

14.4.2 移动显示列表中的组件

通过调用addChildAt( )方法并提供对象名称和要将该对象放置到的位置作为方法的参数，可以更改该对象在显示列表中的位置和显示深度。例如，将下面的代码添加到上一示例中可将NumericStepper放在顶部，重复执行此循环可显示这些组件在显示列表中的新位置：

```
this.addChildAt(aNs, numChildren - 1);
i = 0;
while(i < numChildren) {
        trace(getChildAt(i).name + " is at position: " + i++);
}
```

在输出面板中可以看到以下内容：

```
aNs is at position: 0
aButton is at position: 1
aCb is at position: 2
aButton is at position: 0
aCb is at position: 1
aNs is at position: 2
```

NumericStepper还应显示在屏幕中其他组件的前面。注意，numChildren是显示列表中对象的数目（从1到n），而该列表中的第一个位置为0。因此，如果该列表中有3个对象，则第3个对象的索引位置为2。这意味着可以用numChildren - 1引用显示列表中的最后一个位置（对于显示深度而言，则是引用顶层对象）。

14.4.3 从显示列表中删除组件

可以使用removeChild( )和removeChildAt( )方法将组件从显示对象容器及其显示列表中删除。

下面的示例将3个Button组件在舞台上依次放到另一个的前面，并为每个组件都添加一个事件侦听器。单击每个Button时，事件处理函数会将其从显示列表和舞台上删除。

Step1：创建一个新的Flash文件（ActionScript 3.0）文档。

Step2：将一个Button从组件面板拖到库面板上。

Step3：打开动作面板，在主时间轴中选择第1帧，然后添加以下代码：

```
import fl.controls.Button;

var i:int = 0;
while(i++ < 3) {
    makeButton(i);
}
function removeButton(event:MouseEvent):void {
    removeChildAt(numChildren -1);
}
function makeButton(num) {
    var aButton:Button = new Button( );
    aButton.name = "Button" + num;
    aButton.label = aButton.name;
    aButton.move(200, 200);
    addChild(aButton);
    aButton.addEventListener(MouseEvent.CLICK, removeButton);
}
```

实例14.1 **创建Greetings应用程序**

在下面这个例子中将学习如何向舞台添加组件、向时间轴添加ActionScript代码，从而创建Greetings应用程序。应用程序使用组件面板中的组件，而且还通过ActionScript代码创建应用程序元素。该程序具有的功能如下：

- 使用TextArea组件显示一个"Hello World"的问候语，如图14.11所示。
- 使用ColorPicker组件更改文本的颜色，如图14.12所示。
- 使用3个RadioButton组件将文本的大小设置为小、较大或最大。如图14.13所示。

· 使用ComboBox组件从下拉列表中选择其他问候，如图14.14所示，更改后的界面如图14.15所示。

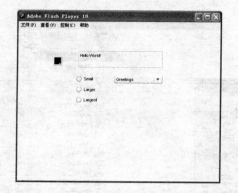

图14.11 使用TextArea组件显示Hello World!

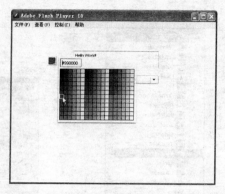

图14.12 使用ColorPicker组件更改文本的颜色

图14.13 使用RadioButton组件更改文本大小

图14.14 从ComboBox组件下拉列
表中选择其他问候

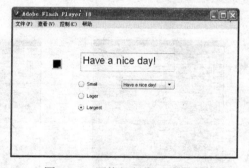

图14.15 更换问候语后的界面

Step1：选择【文件】|【新建】命令，在【新建文档】对话框中，选择【Flash文件（Action-Script 3.0）】，然后单击【确定】按钮，打开一个新的Flash窗口。

Step2：选择【窗口】|【组件】，打开组件面板，如图14.16所示，在Flash组件面板中，选择一个TextArea组件，并将其拖到舞台上。

Step3：在属性检查器中，选择舞台上的TextArea后，输入aTa作为实例名，然后将实例的位置和尺寸信息更改如下：输入230作为实例宽、44作为实例高、165作为X值（水平位置）、57作为Y值（垂直位置），并在【参数】选项卡上输入"Hello World!"作为文本参数，如图14.17所示。

Step4：组件面板中选中ColorPicker组件，如图14.18所示，将其拖到舞台上，放在TextArea的左侧，并为其指定实例名称txtCp。在属性检查器中输入下列信息：96作为X值、72作为Y值，如图14.19所示。

图14.16　组件面板　　　　　图14.17　设置TextArea组件　　　　图14.18　从组件面板中选
　　　　　　　　　　　　　　　　　　　实例属性　　　　　　　　　　　　择ColorPicker

Step5：将3个RadioButton组件拖到舞台上，分别为组件指定实例名称smallRb、largerRb和largestRb。在属性检查器中为它们输入下列信息：每个组件的宽度值为100，高度值为22。输入155作为X值，输入120作为smallRb的Y值，输入148作为largerRb的Y值，输入175作为largestRb的Y值，如图14.20所示。

Step6：选择【窗口】|【组件检查器】，打开组件检查器面板，输入fontRbGrp作为每个组件的groupName参数，如图14.21所示。

图14.19　设置ColorPicker组　　　图14.20　设置RadioButton组　　　图14.21　输入fontRbGrp
　　　　　件实例属性　　　　　　　　　　　件实例属性

Step7：在组件检查器的【参数】选项卡中输入Small、Larger和Largest作为标签，如图14.22所示。这时得到的界面如图14.23所示。

Step8：将一个ComboBox组件拖到舞台上，并为其指定实例名称msgCb。在属性检查器中为其输入下列信息：130作为宽度值；265作为X值；120作为Y值，如图14.24所示。在组件检查器的【参数】选项卡上，输入Greetings作为提示参数，如图14.25所示。

图14.22 设置label标签

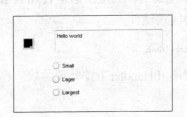

图14.23 界面显示

图14.24 设置ComboBox组
件实例属性

Step9：在【组件检查器】面板上双击dataProvider参数对应的放大镜图标，如图14.26所示，打开【值】对话框。

Step10：单击加号，然后用"Hello World!"替换label值。接着再单击加号，添加"Have a nice day!"和"Top of the Morning!"标签值，如图14.27所示。单击【确定】按钮关闭【值】对话框。

图14.25 设置label值

图14.26 设置dataProvider值

图14.27 添加label值

Step11：保存文件。选择【窗口】|【动作】打开动作面板，单击主时间轴的第1帧，在脚本窗口中输入下面的代码：

```
import flash.events.Event;
import fl.events.ComponentEvent;
import fl.events.ColorPickerEvent;
import fl.controls.RadioButtonGroup;

var rbGrp:RadioButtonGroup = RadioButtonGroup.getGroup("fontRbGrp");
rbGrp.addEventListener(MouseEvent.CLICK, rbHandler);
txtCp.addEventListener(ColorPickerEvent.CHANGE,cpHandler);
msgCb.addEventListener(Event.CHANGE, cbHandler);
```

前3行导入应用程序使用的事件类。用户与组件之一进行交互时，会发生事件。接下来为应用程序希望侦听的事件注册事件处理函数。用户单击RadioButton时发生click事件。用户在ColorPicker中选择其他颜色时发生change事件。用户从ComboBox的下拉列表选择其他问候时发生change事件。

第4行导入RadioButtonGroup类以便应用程序可以为一组RadioButton分配事件侦听器，而不是分别为每个按钮分配侦听器。

Step12：将下面一行代码添加到动作面板以创建TextFormat对象tf，应用程序使用此对象更改TextArea中文本的size和color样式属性。

```
var tf:TextFormat = new TextFormat( );
```

Step13：添加下列代码以创建rbHandler事件处理函数。在用户单击其中一个RadioButton组件时，此函数处理click事件。

```
function rbHandler(event:MouseEvent):void {
    switch(event.target.selection.name) {
        case "smallRb":
            tf.size = 14;
            break;
        case "largerRb":
            tf.size = 18;
            break;
        case "largestRb":
            tf.size = 24;
            break;
    }
    aTa.setStyle("textFormat", tf);
}
```

此函数使用switch语句检查event对象的target属性，以确定哪个RadioButton触发了事件。currentTarget属性包含触发事件的对象名称。根据用户单击的RadioButton，应用程序将TextArea中文本的大小更改为14、18或24磅。

Step14：添加下列代码以实现cpHandler( )函数，此函数处理ColorPicker中的值的更改：

```
function cpHandler(event:ColorPickerEvent):void {
    tf.color = event.target.selectedColor;
    aTa.setStyle("textFormat", tf);
}
```

此函数只是将TextArea中的文本替换为ComboBox中选择的文本（event.target.selected-Item.label）。

Step15：选择【控制】|【测试影片】或按快捷键Ctrl+Enter编译代码，对程序进行测试，得到如图14.12～图14.16的效果图，完成后的源程序可参见配套资料Sample\Chapter14\14_01.fla文件。

实例14.2 使用外部类文件创建Greetings应用程序

Step1：选择【文件】|【新建】。在【新建文档】对话框中，选择【Flash文件（Action-Script 3.0）】，然后单击【确定】按钮。打开一个新的Flash窗口。

Step2：将下列各个组件从组件面板拖到库中：ColorPicker、ComboBox、RadioButton和TextArea。因为编译的SWF文件会使用所有资源，所以需要将资源都添加到库中。将组件拖到库面板的底部。将这些组件添加到库中时，会自动添加其他资源（List、TextInput和UIScroll-Box），如图14.28所示。或者直接拖到舞台上，Flash也会自动在库中添加对应的SWC元件，接着在舞台上删除组件实例即可。

Step3：在属性窗口中，在【文档类】输入Greetings，如图14.29所示。这时Flash可能会显示一个"无法找到该文档类的定义"的警告，如图14.30所示。单击【确定】按钮忽略。

图14.28 在舞台创建组件
元件的实例

图14.29 在属性检查器的【文档
类】中输入Greetings

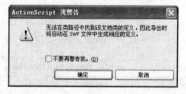

图14.30 警告信息

Step4：下面定义 Greetings类。此类定义应用程序的主要功能。保存Greetings2.fla文件后，选择【文件】|【新建】命名，在【新建文档】对话框中，选择【ActionScript文件】，然后单击【确定】按钮，打开一个新的脚本窗口，在脚本窗口中添加下列代码：

```
package {
    import flash.display.Sprite;
    import flash.events.Event;
    import flash.events.MouseEvent;
    import flash.text.TextFormat;
    import fl.events.ComponentEvent;
    import fl.events.ColorPickerEvent;
    import fl.controls.ColorPicker;
    import fl.controls.ComboBox;
    import fl.controls.RadioButtonGroup;
    import fl.controls.RadioButton;
    import fl.controls.TextArea;
    public class Greetings extends Sprite {
        private var aTa:TextArea;
        private var msgCb:ComboBox;
        private var smallRb:RadioButton;
        private var largerRb:RadioButton;
        private var largestRb:RadioButton;
        private var rbGrp:RadioButtonGroup;
        private var txtCp:ColorPicker;
        private var tf:TextFormat = new TextFormat( );
        public function Greetings( ) {
```

上面的脚本代码定义一个名为Greetings的ActionScript 3.0类，完成以下功能：导入将要在文件中使用的类。一般可以在代码中引用其他类时添加这些导入语句，为简便起见，本例将所有这些语句在一个步骤中导入。

声明变量以表示将要添加到代码中的组件对象的不同类型。另一个变量创建 **tf TextFormat** 对象。

为类定义构造函数 Greetings( )。将这些行添加到此函数中，并按下列步骤向类添加其他方法。

Step5：选择【文件】|【保存】命令，将文件命名为 **Greetings.as** 文件，然后单击【保存】按钮。

Step6：向 Greeting( ) 函数添加下列代码：

```
createUI( );
setUpHandlers( );
}
```

完整的 Greetings( ) 函数现在应该如下所示：

```
public function Greetings( ) {
    createUI( );
    setUpHandlers( );
}
```

Step7：在 Greeting( ) 函数的右括号后添加下列代码：

```
private function createUI( ) {
    bldTxtArea( );
    bldColorPicker( );
    bldComboBox( );
    bldRadioButtons( );
}
private function bldTxtArea( ) {
    aTa = new TextArea( );
    aTa.setSize(230, 44);
    aTa.text = "Hello World!";
    aTa.move(165, 57);
    addChild(aTa);
}
private function bldColorPicker( ) {
    txtCp = new ColorPicker( );
    txtCp.move(96, 72);
    addChild(txtCp);
}
private function bldComboBox( ) {
    msgCb = new ComboBox( );
    msgCb.width = 130;
    msgCb.move(265, 120);
    msgCb.prompt = "Greetings";
    msgCb.addItem({data:"Hello.", label:"English"});
    msgCb.addItem({data:"Bonjour.", label:"Fran?ais"});
    msgCb.addItem({data:"?Hola!", label:"Espa?ol"});
    addChild(msgCb);
}
private function bldRadioButtons( ) {
```

```
        rbGrp = new RadioButtonGroup("fontRbGrp");
        smallRb = new RadioButton( );
        smallRb.setSize(100, 22);
        smallRb.move(155, 120);
        smallRb.group = rbGrp; //"fontRbGrp";
        smallRb.label = "Small";
        smallRb.name = "smallRb";
        addChild(smallRb);
        largerRb = new RadioButton( );
        largerRb.setSize(100, 22);
        largerRb.move(155, 148);
        largerRb.group = rbGrp;
        largerRb.label = "Larger";
        largerRb.name = "largerRb";
        addChild(largerRb);
        largestRb = new RadioButton( );
        largestRb.setSize(100, 22);
        largestRb.move(155, 175);
        largestRb.group = rbGrp;
        largestRb.label = "Largest";
        largestRb.name = "largestRb";
        addChild(largestRb);
    }
```

上面的脚本代码执行下列操作：实例化应用程序中使用的组件；设置每个组件的大小、位置和属性；使用addChild( )方法将各个组件添加到舞台上。

Step8：在bldRadioButtons( )方法的右括号后，添加setUpHandlers( )方法的下列代码：

```
    private function setUpHandlers( ):void {
        rbGrp.addEventListener(MouseEvent.CLICK, rbHandler);
        txtCp.addEventListener(ColorPickerEvent.CHANGE,cpHandler);
        msgCb.addEventListener(Event.CHANGE, cbHandler);
    }
    private function rbHandler(event:MouseEvent):void {
        switch(event.target.selection.name) {
            case "smallRb":
                tf.size = 14;
                break;
            case "largerRb":
                tf.size = 18;
                break;
            case "largestRb":
                tf.size = 24;
                break;
        }
        aTa.setStyle("textFormat", tf);
    }
    private function cpHandler(event:ColorPickerEvent):void {
        tf.color = event.target.selectedColor;
        aTa.setStyle("textFormat", tf);
    }
```

```
        private function cbHandler(event:Event):void {
            aTa.text = event.target.selectedItem.data;
        }
    }
}
```

这些函数定义组件的事件侦听器。

Step9：选择【文件】|【保存】以保存文件。

Step10：选择【控制】|【测试影片】或按快捷键**Ctrl+Enter**编译代码，然后测试14_02.fla应用程序。通过这种定义外部类的方法可以得到与实例14.1完全相同的结果。最后的源程序可参见Sample\Chapter14\14_02.fla和Greetings.as文件。

14.5　Action Script 3.0组件详解

下面详细介绍Action Script 3.0组件中的几个常用组件。

14.5.1　Button组件

按钮是任何表单或Web应用程序的一个基础部分。每当需要让用户启动一个事件时，都可以使用按钮。

按钮组件与自定义创建的按钮的不同之处在于，它们具有统一的外观，能够在外观上与Flash的其他一些组件相匹配，并且提供切换功能。例如可以给演示文稿添加【前一页】和【后一页】的切换按钮。

Button组件是一个可调整大小的矩形用户界面按钮。可以给按钮添加一个自定义图标，也可以将按钮的行为从按下改为切换。在单击切换按钮后，它将保持按下状态，直到再次单击时才会返回到弹起状态（由参数toggle确定）。

可以在应用程序中启用或者禁用按钮。在禁用状态下，按钮不接收鼠标或键盘输入。如果单击或者切换到某个按钮，处于启用状态的就会接收焦点。当Button实例具有焦点时，可以使用如表14-2所示的按键来控制它。

表14-2　按键和说明

键	说明
Shift+Tab	将焦点移到上一个对象
空格键	按下或释放按钮并触发click事件
Tab	将焦点移到下一个对象
Enter/Return	如果按钮设置为FocusManager的默认Button，则将焦点移到下一个对象

可以选择属性检查器中的【参数】选项卡来设置按钮组件的参数：emphasized、label、labelPlacement、selected和toggle，如图14.31所示。其中每个参数都有对应的同名ActionScript属性。为这些参数赋值时，将设置应用程序中属性的初始状态。在ActionScript中设置的属性会覆盖在对应参数中设置的值。

• emphasized：获取或设置一个布尔值，指示当按钮处于弹起状态时，Button组件周围是否绘有边框。

• Label：设置按钮上文本的值。

• labelPlacement：确定按钮上的标签文本相对于图标的方向，该参数可以是以下4个值之一：left、right、top或bottom。

• selected：如果切换参数的值是true，则该参数指定是按下（true）按钮还是释放按钮。

• toggle：将按钮转变为切换开关，如果值为true，则按钮在按下后保持按下状态，直到再次按下时才返回到弹起状态。如果值为false，则按钮的行为相对于一个普通按钮。

14.5.2 CheckBox组件

复选框是任何表单或Web应用程序中的一个基础部分。当需要收集一组非相互排斥的true或false值时，都可以使用复选框。例如，一个收集客户个人信息的表单可能有一个爱好列表供客户选择，每个爱好的旁边都有一个复选框。

复选框组件是一个可以选中或取消选中的方框。当它被选中后，框中会出现一个复选标记。用户可以为复选框添加文本标签，并可以将它放在左侧、右侧、顶部或底部，如图14.32所示。

可以在应用程序中启用或者禁用复选框。如果复选框已启用，用户单击它或者它的标签，复选框会接收输入焦点并显示为按下状态。如果用户在按下鼠标按钮时将指针移到复选框或其标签的边界区域之外，则组件的外观会返回到其最初状态，并保持输入焦点。在组件上释放鼠标之前，复选框的状态不会发生变化。另外，复选框有两种禁用状态：选中和取消选中，这两种状态不允许鼠标或键盘的交互操作。

如果复选框被禁用，会显示其禁用状态，而不管用户的交互操作。在禁用状态下，按钮不接收鼠标或键盘输入。

可以选择组件检查器的【参数】选项卡来设置复选框组件的参数，如图14.33所示。

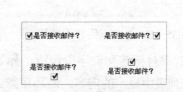

图14.31 Button组件的参数　　图14.32 标签位于组件的不同位置　　图14.33 CheckBox组件的参数

• label：设置复选框上文本的值，默认值为CheckBox。

• labelPlacement：确定复选框上标签文本的方向，该参数可以是下列4个值之一：left、right、top或bottom，默认值是right。

• Selected：将复选框的初始值设为选中（true）或取消选中（false）。

14.5.3　ComboBox组件

在任何需要从列表中选择一项的表单或应用程序中，都可以使用ComboBox组件。例如，可以在客户地址表单中提供一个省/市的下拉列表，如图14.34所示。

组合框组件由3个子组件组成，它们是：Button组件、TextInput组件和List组件。组合框组件可以是静态的，也可以是可编辑的。使用静态组合框，用户可以从下拉列表中做出一项选择。使用可编辑的组合框，用户可以在列表顶部的文本字段中直接输入文本，也可以从下拉列表中选择一项。如果下拉列表超出文档底部，该列表将会向上打开，而不是向下。

在列表中进行选择后，所选内容的标签被复制到组合框顶部的文本字段中。进行选择时既可以使用鼠标也可以使用键盘。

可以选择组件检查器中的【参数】选项卡来设置组合框组件的参数，如图14.35所示。

- dataProvider：获取或设置要查看的项目列表的数据模型。
- editable：获取或设置一个布尔值，该值指示 ComboBox组件为可编辑的还是只读的。
- prompt：获取或设置对ComboBox组件的提示。
- rowCount：获取或设置没有滚动条的下拉列表中可显示的最大行数。

该面板上的dataProvider参数可以为ComboBox、List和TileList组件创建简单的数据提供者。双击dataProvider参数对应的放大镜图标，可打开【值】对话框，如图14.36所示。在此对话框中输入多个标签和数据值来创建数据提供者。单击加号可向dataProvider添加项目。单击减号可删除项目。单击向上箭头可在列表中将所选项目上移，单击向下箭头可在列表中将所选项目下移。利用【值】对话框创建一个由孩子的姓名及生日组成的列表，如图14.37所示。

图14.34　下拉列表　　　　　图14.35　ComboBox组件的参数　　　　图14.36　【值】对话框

向dataProvider添加的项目由若干对标签和值字段组成。标签字段为label和data，值字段为孩子的姓名及生日。标签字段标识列表中显示的内容，最后在舞台上得到的ComboBox如图14.38所示。

添加完数据后，单击【确定】按钮以关闭该对话框。向【值】对话框添加的项目已经填充了dataProvider参数中的Array，如图14.39所示。

14.5.4　Label组件

一个标签组件就是一行文本。可以指定一个标签采用html格式，也可以控制标签的对齐和大小。Label组件没有边框、不能具有焦点，并且不广播任何事件。

图14.37 向【值】对话框　图14.38 ComboBox列表　图14.39 dataProvider参数中的Array数组
添加项目

在应用程序中经常使用一个Label组件为另一个组件创建文本标签，例如，TextInput字段左侧的"姓名："标签用来接收用户的姓名。如果打算构建一个具有一致外观的应用程序，最好使用Label组件来替代普通文本字段

可以选择组件检查器中的【参数】选项卡来设置标签组件的参数，如图14.40所示。

图14.40 Label组件的参数

- autoSize：获取或设置一个字符串，指示如何调整标签大小和对齐标签以适合其text属性的值：

none：标签不会调整大小或对齐方式来适应文本。

left：标签的右边和底部可以调整大小以适应文本。左边和上边不会进行调整。

center：标签的底部会调整大小以适应文本。标签的水平中心和它原始的水平中心位置对齐。

right：标签的左边和底部会调整大小以适应文本。上边和右边不会进行调整。

- condenseWhite：指明标签是（true）否（false）采用html格式。如果将html参数设置为true，就不能用样式来设定Label的格式。默认值为false。

- htmlText：获取或设置由Label组件显示的文本，包括表示该文本样式的html标签。

- selectable：获取或设置一个值，指示文本是否可选。

- text：获取或设置由 Label组件显示的纯文本。

- wordWrap：获取或设置一个值，指示文本字段是否支持自动换行。

14.5.5 List组件

List组件是一个可滚动的单选或多选列表框。在整个UI组件集中，List组件是最有用的组件之一。它提供可滚动的列表，显示选项或信息，用户可以从中选择一项或多项，选择的结果会影响应用程序中的其他元素。

例如，用户访问一个电子商务网站需要选择想要购买的项目。网站程序提供了一个项目列表框，包括多个项目，用户在列表中上下滚动，并通过单击选择一项，如图14.41所示。

可以选择组件检查器中的【参数】选项卡来设置List组件的参数，如图14.42所示。

14.5.6 UILoader组件

UILoader组件是可以显示SWF、JPEG、渐进式JPEG、PNG和GIF文件的容器。需要从远程位置检索内容并将其拖到Flash应用程序中时，都可以使用UILoader。例如，可以使用UILoader在表单中添加公司徽标（JPEG文件），也可以在显示照片的应用程序中使用UILoader组件。使用load( )方法加载内容，使用percentLoaded属性确定已加载内容的多少，使用complete事件确定何时完成加载。

可以缩放UILoader的内容，或者调整UILoader自身的大小来匹配内容的大小。

可以在组件检查器中为每个UILoader组件实例设置以下创作参数：autoLoad、maintain-AspectRatio、source和scaleContent。其中每个参数都有对应的同名ActionScript属性。如图14.43所示为UILoader组件在组件检查器中的【参数】选项卡：

图14.41　项目列表　　　　图14.42　List组件的参数　　　　图14.43　UILoader组件的参数

• scaleContent：指明是内容缩放以适应加载器（true），还是加载器进行缩放以适应内容（false）。默认值为true。

• source：获取或设置以下内容：绝对或相对URL（该URL标识要加载的SWF或图像文件的位置）、库中影片剪辑的类名称、对显示对象的引用或者与组件位于同一层上的影片剪辑的实例名称。

实例14.3　使用ActionScript创建UILoader组件实例

Step1：创建一个新的Flash文件（ActionScript 3.0）文档。

Step2：从组件面板中将UILoader组件拖到库面板中，如图14.44和图14.45所示。

Step3：打开动作面板，在主时间轴中选择第1帧，然后输入以下ActionScript代码：

```
import fl.containers.UILoader;

var aLoader:UILoader = new UILoader( );
aLoader.source = "art.jpg";
aLoader.scaleContent = false;
addChild(aLoader);

aLoader.addEventListener(Event.COMPLETE, completeHandler);
function completeHandler(event:Event) {
    trace("Number of bytes loaded: " + aLoader.bytesLoaded);
}
```

Step4：按快捷键**Ctrl+Enter**测试影片，可以看到本实例使用**ActionScript**在舞台上创建了一个**UILoader**实例，并加载位于同一文件夹下的**JPEG**图像，如图**14.46**所示。当图片加载完毕，complete事件发生时，它将在输出面板中显示已加载的字节数，如图**14.47**所示。完成后的源程序可参见配套资料**Sample\Chapter14\14_03.fla**文件。

图14.44 从组件面板中选
择UILoader

图14.45 将UILoader组件拖到库中

图14.46 载入图片

14.5.7 ProgressBar组件

以前要制作动画预载画面，通常需要创建一个进度条影片剪辑元件，然后通过编程来实现。

从Flash MX 2004开始，专门有一个进程栏（ProgressBar）组件，用来制作动画预载画面，显示动画加载进度。该组件可以作为整个应用程序的预加载器，当通过UILoader组件加载SWF和JPEG文件时，也可以帮助监视加载进度。

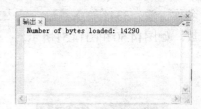

图14.47 输出已加载字节数

ProgressBar组件在用户等待加载内容时，会显示加载进程。加载进程可以是确定的也可以是不确定的。确定的进程栏是一段时间内任务进程的线性表示，当要载入的内容量已知时使用。不确定的进程栏在不知道要加载的内容量时使用。用户可以添加标签来显示加载内容的进程。

默认情况下，组件被设置为在第1帧导出，这意味着这些组件在第1帧呈现前被加载到应用程序中。如果要为应用程序创建动画预载画面，则需要在每个组件的"链接属性"对话框（在库面板中，用右键单击组件，选择"链接"）中取消对"在第一帧导出"的选择。对于ProgressBar组件应设置为"在第一帧导出"，因为ProgressBar组件必须在其他内容流进入Flash Player之前首先显示。

进程栏允许用户在内容加载过程中显示内容的进程。当用户与应用程序交互操作时，这是必需的反馈信息。

可以选择组件检查器中的【参数】选项卡来设置ProgressBar组件的参数，如图14.48所示。

图14.48 ProgressBar组
件的参数

· direction：进度栏填充的方向。该值可以在右侧或左侧，默认值为右侧。

· mode：进度栏运行的模式。此值可以是下列之一：event（事件）、polled（轮询）或manual（手动）。默认值为event。最常用的模式是"event"和"Polled"。这些模式使用source参数来指定一个加载进程，该进程发出progress和complete事件（事件模式）或公开getBytes-Loaded和getsBytesTotal方法（轮询模式）。

· source：一个要转换为对象的字符串，它表示要绑定源的实例名。

实例14.4 ▌进度条

本例演示ProgressBar组件的使用。ProgressBar使用事件模式。在事件模式下，加载的内容发出progress和complete事件，ProgressBar调度这两个事件来显示进度。当发生progress事件时，该实例将更新标签以显示已加载内容的百分比。当发生complete事件时，该示例将显示"Loading complete"以及bytesTotal属性的值，该属性值为文件的大小，同时删除舞台上的组件，并加载一个swf影片文件，并播放加载的mp3音乐。

Step1：创建一个新的Flash文件（ActionScript 3.0）文档。

Step2：将ProgressBar组件从组件面板拖到舞台上。在属性检查器中，输入实例名称aPb。在属性检查器中，输入310作为X值，输入260作为Y值，选择event作为mode参数，如图14.49所示。

Step3：将Button组件从组件面板拖到舞台上。在属性检查器中，输入loadButton作为实例名称。输入334作为X参数，输入290作为Y参数，在组件检查器中输入Load Sound作为label参数，如图14.50和图14.51所示。

图14.49　设置ProgressBar
　　　　　实例参数

图14.50　设置loadButton
　　　　　实例参数

图14.51　设置label参数

Step4：将一个Label组件拖到舞台上，然后为其指定实例名称progLabel。输入150作为W值，输入300作为X参数，输入200作为Y参数，在组件检查器中，清除text参数的值，如图14.52和图14.53所示。

Step5：打开动作面板，在主时间轴中选择第1帧，然后输入以下ActionScript代码，此代码用于加载一个mp3音频文件：

```
import fl.controls.ProgressBar;
import flash.events.ProgressEvent;
import flash.events.IOErrorEvent;
import flash.net.URLRequest;
```

```
var aSound:Sound = new Sound( );
aPb.source = aSound;
var url:String = "http://www.helpexamples.com/flash/sound/song1.mp3";
var request:URLRequest = new URLRequest(url);

var swf_loader:Loader = new Loader(   );

aPb.addEventListener(ProgressEvent.PROGRESS, progressHandler);
aPb.addEventListener(Event.COMPLETE, completeHandler);
aSound.addEventListener(IOErrorEvent.IO_ERROR, ioErrorHandler);
loadButton.addEventListener(MouseEvent.CLICK, clickHandler);

function progressHandler(event:ProgressEvent):void {
    progLabel.text = ("Sound  loading ... " + aPb.percentComplete);
}

function completeHandler(event:Event):void {
    trace("Loading  complete");
    trace("Size of file: " + aSound.bytesTotal);
    //aSound.close( );
    aSound.play ( );
    for (var i:uint=0; i < stage.numChildren-1; i++)
        {   stage.removeChildAt(i);
                }
    swf_loader.load( new URLRequest(  "head.swf" ) );
    addChild( swf_loader );

}

function clickHandler(event:MouseEvent) {
    aSound.load(request);
}

function ioErrorHandler(event:IOErrorEvent):void {
    trace("Load  failed  due  to: " + event.text);
}
```

Step6：选择【控制】|【测试影片】。单击如图14.54所示的Load Sound按钮，开始从指定URL地址下载音乐，进度条以及上面的label标签均显示下载进度，音乐加载完毕后，播放head.swf文件，如图14.55所示，同时输出面板输出所下载音乐的总字节数，如图14.56所示。

图14.52　设置Label实例参数

图14.53　设置text参数

图14.54　显示下载进度

完成后的源程序参见配套资料Sample\Chapter14\14_04文件。

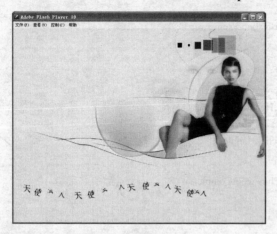

图14.55　播放head.swf文件

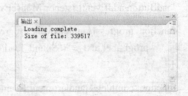

图14.56　输出文件总大小

14.5.8　RadioButton组件

单选按钮是任何表单或Web应用程序中的一个基础部分。如果需要让用户从一组选项中做出一个选择，可以使用单选按钮。在任何给定的时刻，都只有一个组成员被选中。选择组中的一个单选按钮将取消选择组内当前选定的单选按钮。

可以启用或禁用单选按钮。禁用的单选按钮不接收鼠标或键盘输入。当用户单击或使用Tab键切换到RadioButton组件组时，只有选定的单选按钮会接收焦点，然后用户可以使用以下按键来控制它：

表14-3　可以控制RadioButton组件的按钮

按键	说明
向上箭头/向左箭头	所选项会移至单选按钮组内的前一个单选按钮
向下箭头/向右箭头	选择将移到单选按钮组的下一个单选按钮
Tab	将焦点从单选按钮组移动到下一个组件

可以选择组件检查器中的【参数】选项卡来设置RadioButton组件的参数，如图14.57所示。

图14.57　RadioButton组件的参数

· groupName：单选按钮的组名称，默认值为RadioButtonGroup。

· label：设置按钮上的文本值。

· labelPlacement：确定按钮上标签文本的方向。该参数可以是下列四个值之一，left、right、top或bottom，默认值是right。

· selected：将单选按钮的初始值设置为被选中（true）或取消选中（false）。被选中的单选按钮中会显示一个圆点。一个组内只有一个单选按钮可以有被选中的值（true）。如果组内有多个单选按钮被设置为true，则会选中最后实例化的单选按钮。默认值为false。

・value：单选按钮关联的用户定义值

14.5.9　TextArea组件

在需要多行文本字段的任何地方都可使用文本域（TextArea）组件。默认情况下，显示在TextArea组件中的多行文字可以自动换行。另外，在TextArea组件中还可以显示html格式的文本（由html参数控制）。如果需要单行文本字段，可以使用TextInput组件。

可以选择组件检查器中的参数选项卡来设置TextArea组件的参数，如图14.58所示。

・condenseWhite：获取或设置一个布尔值，该值指示是否从包含HTML文本的TextArea组件中删除额外空白

・editable：指明TextArea组件是（true）否（false）可编辑。默认值为true。

・horizontalScrollBar：获取对水平滚动条的引用。

・htmlText：获取或设置文本字段所含字符串的HTML表示形式。

・maxChars：获取或设置用户可以在文本字段中输入的最大字符数。

・restrict：获取或设置文本字段从用户处接受的字符串。

・Text：指明TextArea的内容。用户无法在属性检查器或组件检查器面板中输入回车。默认值为""（空字符串）。

・verticalScrollBar：获取对垂直滚动条的引用。

・WordWrap：指明文本是（true）否（false）自动换行。默认值为true。

实例14.5　选　择

这个程序很简单，它共使用3个组件：RadioButton组件、TextArea组件和Label组件。

在本实例中，单选按钮用于显示是非问题。根据选择将在TextArea文本框内显示不同的信息，如图14.59和图14.60所示。

图14.58　TextArea组件的参数　　　图14.59　选择"是"按钮　　　图14.60　选择"否"按钮

Step1：新建一个Flash文档，舞台大小设置为300像素×250像素，背景颜色设置为灰色。

Step2：选择【窗口】|【组件】打开组件面板，将两个RadioButton组件从组件面板拖到舞台上，如图14.61所示。

Step3：选择一个单选按钮。选择【窗口】|【组件检查器】，为groupName输入myRadio-Group，为label输入"是"，为value输入"太好了！"，如图14.62所示。再选中另外一个单选

按钮，为groupName输入myRadioGroup，为label输入"否"，为value输入"真遗憾！"，如图14.63所示。

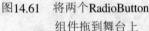

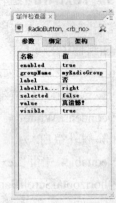

图14.61　将两个RadioButton　　　图14.62　设置单选按钮1的参数　　　图14.63　设置单选按钮2的参数
　　　　　组件拖到舞台上

Step4：将一个TextArea组件从组件面板拖到舞台上，并为其指定实例名称theVerdict，如图10.64所示。

Step5：将一个Label组件从组件面板拖到舞台上，在组件检查器的参数面板中将其text属性值设置为"你是Flash专业人员吗？"，如图14.65所示。

图14.64　为TextArea组件实例命名　　　　　　图14.65　设置label标签的text属性

Step6：在主时间轴中选择第一帧，打开动作面板，然后输入以下代码：

```
import fl.controls.RadioButton;
import fl.controls.RadioButtonGroup;
//RadioButtonGroup类将一组RadioButton组件定义为单个组件
//选中一个单选按钮后，不能再选中同一组中的其他单选按钮
var myRadioGroup:RadioButtonGroup = new RadioButtonGroup("options");
//注册侦听器函数
myRadioGroup.addEventListener(Event.CHANGE, changeHandler);

rb_yes.group = myRadioGroup;
rb_no.group = myRadioGroup;

function changeHandler(event:Event):void {
    var rbg:RadioButtonGroup = event.target as RadioButtonGroup;
    //在函数内部控制文本域实例中，显示所选择的单选按扭组件实例的value参数值
```

```
        if (rbg.selectedData != null) {
            theVerdict.text=rbg.selectedData;
        } else {
            trace("no value specified.");
        }
    }
```

事件处理函数changeHandler将theVerdict（TextArea组件实例）的text属性设置为radioGroup单选按钮组中所选单选按钮的value属性值。

Step7：调整各组件实例的位置，然后按快捷键**Ctrl+Enter**测试影片。完成后的源程序参见配套资料Sampe\Chapter14\14_05.fla文件。

14.5.10 TextInput组件

在任何需要单行文本字段的地方，都可以使用单行文本（TextInput）组件。TextInput组件可以采用HTML格式，或作为掩饰文本的密码字段。例如，可以在表单中将TextInput组件用做密码字段。

在应用程序中，TextInput组件可以被启用或者禁用。在禁用状态下，它不接收鼠标或键盘输入。

在组件检查器中可以设置TextInput组件的参数，如图14.66所示。

·displayAsPassword：获取或设置一个布尔值，该值指示当前创建的TextInput组件实例用于包含密码还是文本

·editable：获取或设置一个布尔值，指示用户能否编辑文本字段。

·maxChars：获取或设置用户可以在文本字段中输入的最大字符数。

·restrict：获取或设置文本字段从用户处接受的字符串。

·text：获取或设置字符串，其中包含当前TextInput组件中的文本。

实例14.6 登录界面

下面通过TextInput组件的使用以及事件侦听器的设置设计一个用户登录界面，如图14.67所示。可以预先设置用户名和密码，如果输入正确，将弹出如图14.68所示的"恭喜！登录成功"的提示信息。如果输入错误的用户名和密码，如图14.69所示，将弹出如图14.70所示的"对不起！再试一次"的提示信息。

图14.66 TextInput组件的参数

图14.67 登录界面

图14.68 弹出登录成功的提示

图14.69　输入用户名和密码

图14.70　弹出登录不成功的提示

Step1：打开配套资料Sample\Chapter14\14_06_before.fla文件。舞台上的元素分布如图14.71所示。第1帧是一些图形元素，2个文本框是ActionScript 3.0的TextInput组件，实例名分别为user和password，环状按钮的实例名为btn_submit，如图14.72所示。

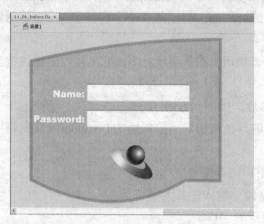

图14.71　舞台元素分布

图14.72　实例命名

Step2：选中时间轴"背景"图层上的第2帧，在该帧上的图形如图14.73所示，帧标签为NoPass。再单击选中时间轴"背景"图层上的第3帧，在该帧上的图形如图14.74所示，帧标签为Pass。

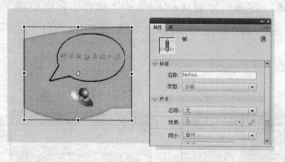

图14.73　第2帧的图形

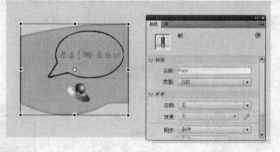

图14.74　第3帧的图形

Step3：选择【窗口】|【动作】，打开动作面板，可以看到背景层的第1帧、第2帧和第3帧均有一条stop( )语句，使动画停止播放，将在后续步骤中根据用户的输入选择跳转到第2帧或第3帧播放，如图14.75所示。

Step4：选中时间轴的第1帧，在动作面板中继续添加如下语句：

```
stop( );
btn_submit.addEventListener(MouseEvent.CLICK, submitLogin);

function  submitLogin(e:MouseEvent):void {
            //判断文本框输入是否等于预置用户名和密码
               if(user.text==""&&password.text=="")
                      //等于预置用户名和密码,
                      //播放Pass帧的动画
                      gotoAndPlay("Pass");
               else
                         //不等于预置用户名和密码,
                         //播放NoPass帧的动画
                         gotoAndPlay("NoPass");
            btn_submit.removeEventListener(MouseEvent.CLICK, submitLogin);


        }
```

Step5：按快捷键**Ctrl+Enter**测试影片，发现用来输入密码的文本框仍然以明文显示，选中时间轴图层“组件”上的password文本框，在组件检查器的参数面板中将参数displayASPassword更改为true，如图14.76所示。

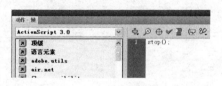

图14.75　用stop语句控制动画运行　　　　　图14.76　设置文本以密码形式显示

Step6：按快捷键**Ctrl+Enter**测试影片。完成后的源程序参见配套资料Chapter14\14_06_finish.fla文件。

14.6　使用FLVPlayback组件

通过FLVPlayback组件可以轻松地将视频播放器包括在Flash应用程序中，以便播放通过HTTP渐进式下载的Adobe　Flash视频（FLV）文件，或者播放来自Adobe的Macromedia　Flash　Media　Server或Flash　Video　Streaming　Service（FVSS）的FLV流文件。

FLVPlayback组件具有以下特性和优点：

- 可拖到舞台并顺利地快速实现；
- 支持全屏大小；
- 提供预先设计的外观集合，这些外观可用于自定义其播放控件的外观；

- 允许为预先设计的外观选择颜色和**Alpha**值；
- 允许高级用户创建自己的外观；
- 在创作过程中提供实时预览；
- 提供布局属性，以便在调整大小时使**FLV**文件保持居中；
- 允许渐进式下载**FLV**文件时下载到一定程度开始回放；
- 提供可用于将视频与文本、图形和动画同步的提示点；
- 保持合理大小的**SWF**文件。

　　FLVPlayback组件的使用过程基本上由两个步骤组成：第一步是将该组件放置在舞台上，第二步是指定一个供它播放的**FLV**文件。除此之外，还可以设置不同的参数，以控制其行为并描述**FLV**文件。

　　FLVPlayback组件包括**FLV**回放自定义用户界面组件。**FLVPlayback**组件是显示区域（或视频播放器）的组合，从中可以查看**FLV**文件以及对该文件进行操作的控件。**FLV**回放自定义用户界面组件提供控制按钮和机制，可用于播放、停止、暂停**FLV**文件以及对该文件进行其他控制。这些控件包括**BackButton、BufferingBar、CaptionButton**（用于**FLVPlaybackCaptioning**）、**ForwardButton、FullScreenButton、MuteButton、PauseButton、PlayButton、PlayPauseButton、SeekBar、StopButton**和**VolumeBar**。**FLVPlayback**组件和**FLV**回放自定义用户界面控件显示在组件面板中，如图14.77所示。

图14.77　组件面板

第15章　测试和发布影片

脚本编写完毕之后，在正式发布影片之前，可以使用Flash的调试工具对影片进行调试。

15.1　调试影片

Flash包括一个单独的ActionScript 3.0调试器，它与ActionScript 2.0调试器的操作稍有不同。ActionScript 3.0调试器仅用于ActionScript 3.0 FLA和AS文件。FLA文件必须将发布设置设为Flash Player 10。启动一个ActionScript 3.0调试会话时，Flash将启动独立的Flash Player调试版来播放SWF文件。调试版Flash播放器从Flash创作应用程序窗口的单独窗口中播放SWF。

ActionScript 3.0调试器将Flash工作区转换为显示调试所用面板的调试工作区，包括动作面板和或脚本窗口、调试控制台和变量面板。调试控制台显示调用堆栈并包含用于跟踪脚本的工具。变量面板显示了当前范围内的变量及其值，并允许用户自行更新这些值。

15.1.1　进入调试模式

开始调试会话的方式取决于正在处理的文件类型。调试会话期间，Flash遇到断点或运行时错误时将中断执行ActionScript。Flash启动调试会话时，将在为会话导出的SWF文件中添加特定信息。此信息允许调试器提供代码中遇到错误的特定行号。可以将此特殊调试信息包含在所有从【发布设置】中通过特定FLA文件创建的SWF文件中。这将允许用户调试SWF文件，即使用户并未显式启动调试会话。包含调试信息后，SWF文件将稍稍变大一些。

有以下几种调试影片的方法：

1. 从FLA文件开始调试

选择【调试】|【调试影片】命令。

2. 从ActionScript 3.0 AS文件开始调试

Step1：在脚本窗口中打开ActionScript文件后，从脚本窗口顶部的【目标】菜单中选择用来编译ActionScript文件的FLA文件。FLA文件必须也在Flash中打开才能显示在此菜单中。

Step2：选择【调试】|【调试影片】。

3. 向所有通过FLA文件创建的SWF文件添加调试信息

Step1：FLA文件打开后，选择【文件】|【发布设置】。

Step2：在【发布设置】对话框中，单击【Flash】选项卡。

Step3：选择【允许调试】。

15.1.2　设置和删除断点

向ActionScript代码中添加断点以中断代码执行。执行被中断之后，可以逐行跟踪并执行代码，查看ActionScript的不同部分，查看变量和表达式的值以及编辑变量值。在动作面板或脚本窗口中，单击希望显示断点的代码行的左边界，可以添加断点。在动作面板或脚本窗口中，单击要删除的断点可以删除断点。如图15.1所示即为向ActionScript代码添加断点。

15.1.3　跟踪代码行

在断点处或遇到运行时错误中断执行ActionScript后，可以逐行跟踪代码，选择跳入函数调用或跳过它们，也可以选择继续执行代码而不跳入或跳过。

下面列出了跟踪代码行的各项操作：

逐行跳入代码：单击【调试控制台】中的【跳入】按钮。

跳过函数调用：单击【调试控制台】中的【跳过】按钮。

跳出函数调用：单击【调试控制台】中的【跳出】按钮。

恢复正常代码执行：单击【调试控制台】中的【继续】按钮。

图15.1　添加断点　　　　　　　　　　　　　　图15.2　跟踪代码行的各项操作

15.1.4　显示和修改变量值

可以在变量面板中查看和编辑变量和属性的值。

1. 查看变量值

首先，在变量面板中，从面板菜单中选择要显示的变量类型，如图15.3所示。

• 显示常数：将显示常数值（具有固定值的变量）。

• 显示静态：将显示属于类的变量，而不是类的实例。

• 显示不可访问的成员变量：将显示其他类或命名空间不能访问的变量，包括命名空间的受保护、私有或内部变量。

• 显示其他十六进制显示：将在显示十进制值的地方显示十六进制值。这主要对颜色值有用。从0到9的十进制值不显示十六进制值。

• 显示限定名：将显示同时具有包名称和类名称的变量类型。

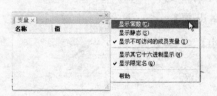

图15.3　变量面板菜单选项

然后展开FLA对象结构的树视图，直到看到要查看的变量。

2. 编辑变量值

首先，在变量面板中，双击变量值。输入新的变量值，然后按Enter。新值在接下来的代码执行中使用。

15.2　ActionScript发布设置

创建新FLA文档时，Flash将询问希望使用的
ActionScript版本。如果以后决定使用不同版本的
ActionScript编写脚本，可更改此设置。步骤为：

Step1：选择【文件】|【发布设置】，然后选
择【Flash】选项卡。

Step2：从弹出菜单中选择ActionScript版本，
如图15.4所示。

15.2.1　修改类路径

ActionScript编译器从类路径处获知在何处查找
FLA文件引用的外部ActionScript文件。使用
ActionScript 2.0时，可以设置文档级类路径。在创
建用户自己的类并且想要覆盖在ActionScript首选参

图15.4　设置ActionScript发布版本

数中设置的全局ActionScript类路径时，这样做很有用。修改类路径时，可以添加绝对目录路径
（例如，C:/my_classes）和相对目录路径（例如，../my_classes或"."）。

1. 修改全局类路径

Step1：选择【编辑】|【首选参数】，打开【首选参数】对话框。

Step2：在【类别】列表中单击【ActionScript】，然后单击【ActionScript 2.0设置】，如
图15.5所示。

Step3：在打开的如图15.6所示的对话框中执行下列操作之一：

· 若要将某个目录添加到类路径中，请单击【浏览到路径】，浏览到要添加的目录，然后
单击【确定】按钮。

· 也可以单击【添加新路径】按钮，在【类路径】列表中添加新的一行。双击新添加的行，
输入一个相对路径或绝对路径，然后单击【确定】按钮。

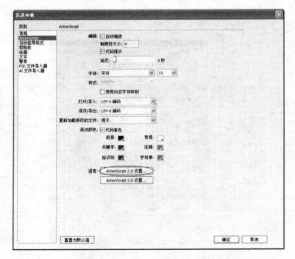

图15.5　【首选参数】面板

图15.6　修改全局类路径

· 若要从类路径中删除某个目录，请在【类路径】列表中选择该路径，然后单击【从路径删除】。

2. 修改文档级类路径

在发布设置中更改类路径仅适用于当前的FLA文件。

Step1：选择【文件】|【发布设置】。

Step2：在【发布设置】对话框中，单击【Flash】选项卡。

Step3：单击【ActionScript版本】下拉列表旁边的【设置】按钮，打开如图15.7所示的对话框。

Step4：执行下列操作之一：

· 若要将某个目录添加到类路径中，可单击【浏览到路径】按钮，浏览到要添加的目录，然后单击【确定】按钮。也可以单击【添加新路径】按钮，在【类路径】列表中添加新的一行。双击新添加的行，输入一个相对路径或绝对路径，然后单击【确定】按钮。

· 若要编辑现有的类路径目录，可在【类路径】列表中选择该路径，单击【浏览到路径】按钮，浏览到要添加的目录，然后单击【确定】按钮。也可以在【类路径】列表中双击该路径，输入所需的路径，然后单击【确定】按钮。

· 若要从类路径中删除某个目录，可在【类路径】列表中选择该路径，然后单击【从路径删除】按钮。

15.2.2 声明一个文档类

使用ActionScript 3.0时，SWF文件可以关联一个顶级类，此类称为文档类。Flash Player载入这种SWF文件后，将创建此类的实例作为SWF文件的顶级对象。SWF文件的该对象可以是用户选择的任何自定义类的实例。

例如，实现calendar组件的SWF文件可以将其顶级与Calendar类关联，使用calendar组件的方法和属性。载入这种SWF文件后，Flash Player将其创建为Calendar类的实例。具体步骤为：

Step1：单击舞台的空白区域，以取消选择舞台上和时间轴中的所有对象。该操作将在属性检查器中显示文档属性，如图15.8所示。

Step2：在属性检查器的【文档类】文本框中输入该类的ActionScript文件的路径和文件名。

图15.7 修改文档级类路径

图15.8 声明一个文档类

15.3　发布影片

当已准备好将影片传递给浏览者时，必须先将FLA格式的文件发布或导出为其他格式以便播放。

Flash的发布功能就是为在网上演示动画而设计的。发布命令可以创建Flash播放器能播放的SWF文件格式，并且可以根据需要生成HTML文件，使浏览者可以在浏览器中播放Flash影片。

发布Flash影片的过程分为两步：

首先选择要发布的文件格式，并且调整该文件格式的设置。Flash会自动按选定格式发布影片，基于选定设置发布创建附加文件，并且存储相应设置以便重复使用。Flash的导出命令具有和发布命令相似的功能，但是导出命令并不保存文件设置。

第二步是创建可选文件格式——GIF、JPEG、PNG和QuickTime，如果要在浏览器中播放影片，还需要创建HTML格式。可使用Windows系统独立播放的文件以及Flash影片中的QuickTime视频（分别是EXE、HQV或MOV文件）。

下面介绍几种常见的Flash发布文件。

15.3.1　发布SWF格式的影片

选择【文件】|【发布设置】，打开如图15.9所示的对话框，然后单击Flash选项卡，在Flash选项卡中进行设置，如图15.10所示。

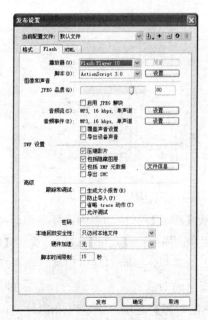

图15.9　发布设置　　　　　　　　图15.10　Flash发布设置

从【播放器】下拉列表中选择一种播放器版本，在【跟踪和调试】部分选择【生成大小报告】选项可生成一个报告，按文件列出最终的Flash影片的数据量。选择【防止导入】选项可防止其他人导入Flash影片并将它转换回Flash（FLA）文档。如果选择该选项，还可以选择用密码包含Flash影片，如图15.11所示。选择【允许调试】选项会激活调试器并允许远程调试Flash影片。

【压缩影片】选项可以压缩Flash影片，从而减小文件大小，缩短下载时间。当文件有大量的文本或动作脚本时，默认情况下会启用该选项。

要控制位图压缩，可调整【JPEG品质】滑块或输入一个值。要为影片中的所有音频流或事件声音设置采样率和压缩，可以单击【音频流】或【音频事件】旁边的【设置】按钮，然后在【声音设置】对话框中选择【压缩】、【比特率】和【品质】选项，完成后单击【确定】按钮。

设置完成后，单击【发布】按钮，SWF动画发布完成。

15.3.2 发布HTML页面

要在Web浏览器中播放Flash影片，则必须创建HTML文档，激活影片和指定浏览器设置。使用【发布】命令即可按模板文档中的HTML参数自动生成必需的HTML文档。

HTML参数可以控制Flash影片出现在浏览器窗口中的位置、背景颜色以及影片大小等，并且可以设置object和embed标签的属性。在【发布设置】对话框的HTML标签中也可以修改这些设置。改变这些设置将覆盖原先在影片中设置的选项，如图15.12所示。

图15.11　防止导入　　　　　　　　　图15.12　HTML发布设置

从【模板】下拉列表中选择一个已经安装的模板，单击右侧的【信息】按钮显示所选模板的说明。选择一种【尺寸】选项。选择【回放】选项可以控制影片的播放和各种功能。选择【品质】选项将在处理时间与应用消除锯齿功能之间确定一个平衡点，从而在将每一帧呈现在浏览者屏幕之前对进行平滑处理。指定一种【窗口模式】选项用于透明度、定位和层。选择一个【HTML对齐】选项，确定Flash影片窗口在浏览器窗口中的位置。如果已经改变了影片的原始宽度和高度，选择一种【缩放】选项可以将影片放到指定的边界内。选择一个【Flash对齐】选项可以设置如何在影片窗口内放置影片以及在必要时如何裁剪影片边缘。选择【显示警告消息】选项可以在标记设置发生冲突时显示错误消息。

设置完成后，单击【发布】按钮，HTML页面发布完成。

15.3.3 发布EXE可执行文件

使用发布命令可以创建可执行文件。通过发布建立的.EXE文件比.SWF动画文件要大一些，这是因为.EXE文件中内建Flash播放器。这样，即使电脑没有安装Flash，也能观看Flash动画。

在图15.9中选择【Windows放映文件】复选框，然后单击【发布】按钮，就可以发布.EXE可执行文件了。

15.4 导出影片

要准备用于其他应用程序的Flash内容，或以特定文件格式导出当前Flash文档的内容，可以使用【导出影片】和【导出图像】命令。【导出】命令不会为每个文件单独存储导出设置，【发布】命令也一样。

【导出影片】命令使用户可以将Flash文档导出为静止图像格式，而且可以为文档中的每一帧都创建一个带有编号的图像文件。还可以使用【导出影片】命令将文档中的声音导出为WAV文件。

也可以使用【导出图像】命令将当前帧内容或当前所选图像导出为一种静止图像格式或导出为单帧Flash Player应用程序。

在导出图像时，应该注意：

·在将Flash图像导出为矢量图形文件（Adobe Illustrator格式）时，可以保留其矢量信息。用户可以在其他基于矢量的绘画程序中编辑这些文件，但是不能将这些图像导入大多数的页面布局和文字处理程序中。

·将Flash图像保存为位图文件时，图像会丢失其矢量信息，仅以像素信息保存。可以在图像编辑器（例如Adobe Photoshop）中编辑导出为位图的Flash图像，但是不能再在基于矢量的绘画程序中编辑它们了。

反侵权盗版声明

电子工业出版社依法对本作品享有专有出版权。任何未经权利人书面许可，复制、销售或通过信息网络传播本作品的行为；歪曲、篡改、剽窃本作品的行为，均违反《中华人民共和国著作权法》，其行为人应承担相应的民事责任和行政责任，构成犯罪的，将被依法追究刑事责任。

为了维护市场秩序，保护权利人的合法权益，我社将依法查处和打击侵权盗版的单位和个人。欢迎社会各界人士积极举报侵权盗版行为，本社将奖励举报有功人员，并保证举报人的信息不被泄露。

举报电话： （010）88254396； （010）88258888

传　　真： （010）88254397

E-mail： dbqq@phei.com.cn

通信地址： 北京市万寿路173信箱

电子工业出版社总编办公室

邮　　编： 100036

欢迎与我们联系

为了方便与我们联系，我们已开通了网站（www.medias.com.cn）。您可以在本网站上了解我们的新书介绍，并可通过读者留言簿直接与我们沟通，欢迎您向我们提出您的想法和建议。也可以通过电话与我们联系：

电话号码： （010）68252397。

邮件地址： webmaster@medias.com.cn